现代数字图像处理技术

郭晓杰　李鑫慧　著

科 学 出 版 社

北 京

内 容 简 介

现代数字图像处理技术是现代科学的重要研究前沿领域。本书以数字图像处理的研究方法、图像处理传统算法以及基于深度学习的图像处理方法为主要内容,对近年来计算机视觉领域的先进研究方法进行了详细的归纳和介绍。系统介绍了数字图像处理相关基础操作、神经网络核心概念等基础知识,以及集中论述了图像复原、图像增强、目标检测、图像分割、多任务学习等核心图像处理技术。

本书可作为图像处理、计算机视觉、人工智能等专业高年级本科生和研究生的参考书,也可供从事相关领域研究的技术人员参考阅读。

图书在版编目(CIP)数据

现代数字图像处理技术/郭晓杰,李鑫慧著. —北京:科学出版社,2021.11
ISBN 978-7-03-070117-6

Ⅰ.①现… Ⅱ.①郭… ②李… Ⅲ.①数字图像处理 Ⅳ.①TN911.73

中国版本图书馆 CIP 数据核字(2021) 第 212079 号

责任编辑: 陈 静 高慧元/责任校对: 胡小洁
责任印制: 吴兆东/封面设计: 迷底书装

*科学出版社*出版
北京东黄城根北街 16 号
邮政编码: 100717
http://www.sciencep.com
北京中石油彩色印刷有限责任公司 印刷
科学出版社发行 各地新华书店经销
*

2021 年 11 月第 一 版 开本: 720×1 000 1/16
2023 年 3 月第二次印刷 印张: 16 1/4 插页: 4
字数: 317 000
定价: 128.00 元
(如有印装质量问题,我社负责调换)

前　　言

从 20 世纪 20 年代开始，数字图像逐渐成为承载、表达、传递信息的主要媒介。迄今一个世纪的时间里，尤其是经历了计算资源的突破和深度学习的爆发，数字图像处理领域的理论和应用研究发生了翻天覆地的变化。数字图像处理技术已经被广泛地应用到实际生产过程中，并且和社会发展产生了紧密的联系。正因如此，学习探索数字图像处理技术显得更加重要。

图像处理领域覆盖问题众多，涉及知识极广，因篇幅有限实难全面介绍。本书在介绍图像处理基本操作（第 1 章）和神经网络核心概念（第 2 章）之后，从图像处理的三个层次（即低层处理、中层分析和高层理解），以图像复原（第 3 章）、图像增强（第 4 章）、目标检测（第 5 章）及图像分割（第 6 章）等四个核心主题为代表，梳理一二。每个章节中包含了多个同类子问题，如图像复原中包括去噪、去模糊和去雾等，图像增强包括平滑、融合和低光照增强等。另外，为了拓宽视野，本书用多任务/跨语义学习一章（第 7 章）介绍如何桥接低层和高层任务，这也是目前和未来研究中的热点。本书的内容既涵盖了基于先验知识和经典优化的传统算法，也包含了基于大规模数据和深度学习的新兴技术。本书内容自成体系，对于有一定数学背景和计算机编程基础的学生和科研人员来说更容易阅读。期望本书读者在快速厘清目标问题发展脉络的同时，能够对核心问题和前沿技术有所掌握。

在此，我要感谢参与撰写本书的主要成员：李鑫慧、付园斌、胡启明、欧阳毅铮（同时负责排版与修正）、杨洋，以及各个章节的参与成员：韩东、侯政章、李晓鹏、刘智、田巧雨、汪海铃、张永华、李明佳、史育恒、贾雅男。感谢大家为本书所做的贡献。

限于作者水平，书中疏漏之处在所难免，欢迎各位专家和广大读者批评指正。

郭晓杰

于天津大学北洋园

2021 年 6 月 1 日

目　　录

彩图

第 1 章　数字图像处理基础

1.1　数字图像处理概述

数字图像处理（Digital Image Processing）是指通过计算机对图像进行分析、加工和处理，使之满足视觉、心理、工业生产等要求的技术。作为信号处理（Signal Processing）的一个子领域，相较于模拟图像处理（Analog Image Processing）技术，数字图像处理技术有很多优势。首先，数字图像处理的过程中不会引入新的噪声和失真，可以更好地保持图像原有的信息；其次，数字图像处理技术比模拟图像处理技术更加灵活，可以方便地引入多种多样的计算机算法。因此，数字图像处理逐渐取代了模拟图像处理技术，被广泛地应用于生活和生产中。

巴特兰有线图像传输系统（简称巴特兰系统）是数字图像处理技术的早期应用之一。该系统由哈里·巴塞洛缪和梅纳德·麦克法兰发明，利用电缆传输数字图像。在 1921 年，他们首次应用这一系统，通过大西洋的海底电缆将数字图像从伦敦传递到纽约。在该系统发明前，跨大西洋传输一幅图像需要数天，而巴特兰系统一次传输只需要花费几个小时，因而该系统的发明对新闻业产生了巨大的影响。

1957 年，罗素·基尔希和他的团队发明了世界上第一台数字图像扫描仪。基尔希曾选择自己刚刚出生不久的儿子的照片来测试扫描仪，这使得这张照片成为世界上最早通过扫描仪扫描并存储在计算机的图片之一。在将图片扫描后，他们还利用这些数字图像测试了边缘增强滤波器（Filter）等一系列图像处理算法。可以说，他们的发明显著地促进了数字图像处理技术和计算机视觉技术的进步。2003 年，这张照片入选了时代杂志评选的"改变世界的 100 张图片"。

数字图像处理作为一门学科形成于 20 世纪 60 年代初期。在 1964 年，徘徊者 7 号探测器成功地将上千张月球的图像传输回地球。受到电磁辐射等因素的干扰，这些图像的质量很差。为了改善图像的质量，加州理工学院的喷气推进实验室（Jet Propulsion Laboratory）率先将去噪、几何修正、灰度变换等数字图像处理技术应用于这些图像，并取得了巨大的成功。可以说，这是数字图像处理技术首次真正意义上的应用。图1.1是经过处理后徘徊者 7 号探测器从月球发回的照片。

1989 年，法国计算机科学家 LeCun 等率先将卷积神经网络（Convolutional Neural Network，CNN）应用于手写数字识别 [1]。随后在 1998 年，他们提出了 LeNet[2] 模型，这是人类首次使用卷积–池化（Pooling）–全连接（Fully Connected，

FC）层结构的神经网络结构。可以说，他们的一系列工作开启了在数字图像处理领域应用卷积神经网络的先河。然而由于计算能力的瓶颈以及神经网络本身的可解释性问题，在随后的几十年里，卷积神经网络的发展走向了暂时的低谷。

图 1.1　　徘徊者 7 号探测器发回的照片之一

图形处理单元（Graphics Processing Unit，GPU）是用于在计算机上运行绘图运算工作的微处理器，它拥有数百甚至数千个核心，具有进行并行计算的潜力。2011 年，Ciresan 等在 NVIDIA 公司推出的图形处理器上训练卷积神经网络，其训练速度是使用同时代中央处理器（Central Processing Unit，CPU）训练速度的 10~60 倍 [3]。随着计算能力的提升，基于卷积神经网络的一系列数字图像处理方法重新引起人们的关注。2012 年，由 Krizhevsky 等设计的 AlexNet[4] 在同年的 ImageNet 大规模视觉识别挑战赛上取得了 15.3% 的错误率，比第二名低 10.8%，掀起了卷积神经网络应用于数字图像处理领域的热潮。此后，在图像复原、图像增强、目标检测、图像分割等领域，基于卷积神经网络的一系列方法取得了出色的效果。目前，卷积神经网络已经成为数字图像处理领域的研究重点。

1.1.1　图像的概念

图像（Image）是人类对视觉感知的物质再现。图像可以通过光学设备获取，如显微镜成像；也可以通过自然事物人为地创作得到，如绘画、雕塑；也可以通过电子元件捕获，如数码相机通过其感光元件将图像转化为电信号，并存储在存储器中。

图像可以被定义为一个二维函数 $f(x,y) \in \mathbb{R}^n$，其中 x 和 y 都是空间坐标（这里我们不考虑动态图像，如视频，也不考虑三维图像，如全息图），而 f 在任意坐标 (x,y) 处的取值代表该点处图像的亮度情况。当 x、y、$f(x,y)$ 的取值都是有限的离散值时，这个图像就是数字图像，反之则为模拟图像。可以说，数字图像是由有限个位置上的亮度信息组成的，这些位置上的亮度信息是数字图像不可再分的基本元素，称为像素（Pixel）。

在实践中，人们往往需要将模拟图像转换成数字图像。为此，首先需要取一些点 (x, y) 处的亮度值，称为取样（Sampling），保证了 x、y 都是有限的离散值。为了使 $f(x, y)$ 的取值也是有限的离散值，还需要将源图像（Source Image）中 $f(x, y)$ 的取值按一定规则近似成某一范围的整数，这个过程称为量化（Quantization）。对模拟图像进行取样与量化并使其最终转化为数字图像的过程就称为数字化（Digitize）。

用来表示图像颜色的方法称为色彩模式。常见的色彩模式有很多：RGB 色彩模式通过红（Red）、绿（Green）、蓝（Blue）三原色光的强度来表示色彩；HSV 色彩模式通过色相（Hue）、饱和度（Saturation）、明度（Value）来表示色彩；而广泛应用于印刷领域的 CMYK 色彩模式则是利用青色、洋红色、黄色和黑色四种颜色的强度来表示图像。这些色彩模式都需要多个分量来表示颜色，每一个分量对应的灰度图像就称为通道（Channel）。

1.1.2　图像的分类

按照在计算机中存储的方式，数字图像可以分为二值图像（Binary Image）、灰度图像（Grayscale Image）、彩色图像、索引图像（Indexed Images）。

（1）二值图像：二值图像就是每个像素只有 0, 1 两种取值的数字图像。由于每个像素只有 0 和 1 两种取值，二值图像经常作为图像分割、图像二值化的处理结果。

（2）灰度图像：灰度图像是每个像素只有一个采样值的数字图像。如果采样值只有 0, 1 两种取值，灰度图像就退化为二值图像了。

（3）彩色图像：彩色图像的每个像素都需要用多个分量的强度值来表示。表示彩色图像的这些方式也就是色彩模式。

（4）索引图像：索引图像用颜色索引表存储图片中出现的所有颜色在色彩空间中的取值。而在图片矩阵中存储对应颜色在索引表中的索引值。在读取索引图像时，对每个像素，都要先查找颜色索引表，然后读取对应的色彩值。

从图像是否随时间变化，我们可以把数字图像分为静止图像和动态图像。如果一幅图像各像素的亮度值不随时间变化而变化，就称其为静止图像。在动态图像中，像素的位置不能用二维的 (x, y) 表示，而是变成了三维的 (x, y, t)，其中 t 是时间变量。动态图像最常见的一个例子就是视频。利用人眼成像的视觉暂留（Persistence of Vision）效应，动态图像通过把多张静态图像以较快的速度进行切换，使得人能够看到不断变化的图像。

1.1.3　图像的语义

语义，即语言所蕴含的意义。语言由符号组成，符号本身并没有含义，而由符号组成的语言却蕴含着丰富的信息，这些信息就是语义。同样地，图像是由一系列亮度值组成的，一个像素处的亮度值本身并不蕴含信息，而图像中却蕴含有丰富的信息。通过类比，我们可以定义图像的语义：图像的语义就是图像中蕴含的意义。

按照抽象程度的高低，图像语义可以分成低层语义（Low-level Semantics）与高层语义（High-level Semantics）两类。低层语义主要是图像的特征，如图像中的色彩、形状、纹理等。与低层语义相关的数字图像处理技术主要包括如下内容。

（1）图像边缘检测（Edge Detection）：图像边缘检测的目标是检测和标识数字图像中亮度或色彩变化明显的点。图像的边缘蕴含着丰富的图像结构信息，可以进一步用于改善图像增强、目标检测、图像分割等的效果。

（2）图像增强（Image Enhancement）：在图片增强问题中，人们希望能有选择地突出图像中一些感兴趣的区域，或者抑制一些不重要的特征，来改善图像的质量。例如，在较差的光照条件下拍摄的图像往往存在亮度低、对比度差等问题。这不仅影响观感，也影响目标检测、图像分割等下游任务的效果。低光照图像增强方法就可以用来改善这些图像的质量。

（3）图像融合（Image Fusion）：图像融合是通过两幅或多幅图像的信息综合生成一幅图像的技术。通过综合利用这些图像在时空上的相关性、信息上的互补性，图像融合技术可以生成高质量的图像，从而方便人或计算机的进一步使用。

（4）图像复原（Image Restoration）：数字图像在成像、数字化和传输过程中常受到成像设备与外部环境噪声干扰，这一过程就是图像的退化（Degenerate）。图像复原的目标是通过先验知识去恢复被退化的图像。由于退化的原因是多种多样的，图像复原有很多分支，如图像去噪（Image Denoising）、图像去雨、图像去雾、图像去模糊等。

高层语义侧重于图像中蕴含的物体与概念，如图像中物体的相对位置，图像通过场景、行为、情感表达的意义等。高层语义更接近于人类对图像的理解，抽象程度更高。与高层语义相关的数字图像处理技术主要包括如下内容。

（1）图像分类（Image Classification）：图像分类任务的目标是给图像一个或者多个标签，以指示图像中的主要内容或所属类别。常见的图像分类的应用有相册图片归类、以图搜图、场景识别、医疗病理图像分类等。

（2）目标检测（Object Detection）：目标检测技术是用于从图像中识别和定位预定义类别的物体实例的技术，一般包含目标定位和目标分类两个子任务，涉及了回归和分类两个课题。目标检测的应用方向包括：人脸识别、车辆检测、安保系统、医疗领域等。

（3）图像分割（Image Segmentation）：图像分割指的是根据图像的灰度、色彩、纹理、几何形状等特征，将图像划分成若干个互不相交的区域，使得同一区域内的像素有某种共同的视觉特性。图像分割算法在医学图像处理、无人驾驶、安防监控等领域都得到了广泛的应用。

1.2　数字图像处理基本运算

1.2.1　基本运算类型

在图像处理中，我们经常要采用各种各样的算法来对图像进行处理。根据输入图像得到输出图像运算的数学特征则可以将图像处理运算方式分为以下三种：① 点运算；② 代数运算；③ 几何运算。本节将对这三种类型分别进行详细的介绍，值得注意的是，上面几种类型的算法均属于在空间域上的操作，与之相对应的变换域操作则不在此进行介绍。

1.2.2　点运算

图像的点运算指将单张输入图像映射为单张输出图像，在此过程中输出图像每个像素点的灰度值只由对应输入图像像素点的值决定。而此类点运算常常用于改变图像的灰度范围及其分布，所以也是图像数字化及图像显示的重要工具。由于其作用性质，点运算也常被称为对比度增强、对比度拉伸或是灰度变换。点运算实质上是一种由灰度到灰度的映射过程，设输入图像为 $A(x)$，输出图像为 $B(x)$，则点运算可以表示为

$$B(x) = f(A(x)) \tag{1.1}$$

换言之，点运算完全由灰度映射函数 f 决定。由于仅为灰度间的映射，点运算不会改变图像像素之间的空间关系。接下来我们介绍一些常见的点运算方法。

1. 线性点运算

对于线性点运算，其灰度变换函数可以描述为以下形式：

$$f(x) = ax + b \tag{1.2}$$

其中，x 为像素点的灰度值；a 和 b 均为实数。根据 a、b 的取值不同，线性点运算对输入图像起到的效果也有所不同。

（1）当 $|a| > 1$ 时，输出的图像相较于原图像对比度增大。

（2）当 $|a| < 1$ 时，输出的图像相较于原图像对比度降低。

（3）当 $a = 1, b > 0$ 时，输出图像相较于原图像对比度不变，亮度增加。

（4）当 $a = 1, b < 0$ 时，输出图像相较于原图像对比度不变，亮度降低。

（5）特别地，当 $a < 0$ 时，在灰度图中输出的图像与原图像的黑白相反，在 RGB 彩色图像中暗区域会变亮而亮的区域将会变暗。

2. 非线性点运算

非线性点运算指的是输出图像的灰度与输入图像对应位置的灰度呈非线性关系的点运算。通常这类变换函数的斜率会始终大于零，从而保证图像的基本外貌不会发生改变。下面给出一些常见的非线性点运算方法。

1）对数变换

对数变换的表达式如下：

$$I'(x) = c \cdot \log(1 + I(x)) \tag{1.3}$$

其中，c 为尺度比例常数；$I(x)$ 为原图像 I 在 x 处的灰度值；$I'(x)$ 为变换后的灰度值。其效果如图1.2所示，左边为原图像，右边为变换后图像。可以看到建筑较暗的细节处得到了一定的增强。

图 1.2   对数变换效果

对数变换的主要作用是对较暗的部分进行增强，其主要应用于傅里叶变换的分析。

2）伽马变换

伽马变换常用于修复过曝或欠曝的图片，其表达式如下：

$$I'(x) = (I(x) + \epsilon)^{\gamma} \tag{1.4}$$

其中，ϵ 为补偿系数；γ 是伽马系数；$I(x)$ 为输入图像在位置 x 处的灰度值；$I'(x)$ 为输出图像在位置 x 处的灰度值。在 γ 取不同值时的伽马变换曲线如图 1.3 所示。从图1.3中可以看到，对于不同的伽马系数其函数曲线不同，起到的效果也不尽相同。例如，当 $\gamma = 1$ 时，其等价于线性变换；当 $\gamma > 1$ 时，该变换曲线的斜率逐渐增加，此时伽马变换会增加灰度值原本较高的区域的灰度；在 $\gamma < 1$ 时则相反，变换曲线斜率逐渐减小，此时伽马变换对于原本灰度较低的区域会有增强效果。

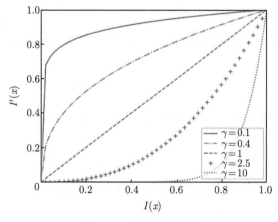

图 1.3　伽马变换曲线

1.2.3　代数运算

图像的代数运算指的是对两张输入图像进行点对点的算术运算或逻辑运算等操作从而得到输出图像的过程。算术运算包括图像间的相加、相减、相乘、相除，逻辑运算包括与、或、非等操作。

1. 算术运算

算术运算指两幅输入图像之间进行点对点的加、减、乘、除运算从而得到输出图像的过程。如果记输入图像为 $I_1(x)$ 和 $I_2(x)$，输出图像为 $I'(x)$，则有如下四种简单形式：

$$I'(x) = I_1(x) + I_2(x) \tag{1.5}$$

$$I'(x) = I_1(x) - I_2(x) \tag{1.6}$$

$$I'(x) = I_1(x) \cdot I_2(x) \tag{1.7}$$

$$I'(x) = \frac{I_1(x)}{I_2(x)} \tag{1.8}$$

这些操作十分简单，但应用很广泛。例如，图像相乘可以用于对图像进行局部显示，假设有一张图像 $I(x)$，如果仅希望显示其图像的一部分，便可以将感兴趣的位置标记为 1，不感兴趣的位置标记为 0，从而获得一张掩码图像 M，那么感兴趣的部分图像 $I'(x)$ 就可以表示为

$$I'(x) = I(x) \cdot M \tag{1.9}$$

图像的除法运算除可以用来校正由照明或者传感器的非均匀性造成的图像灰度阴影外，还可用于产生比率图像。

2. 逻辑运算

图像的逻辑运算包括图像间的与、或、非和异或操作。基本的逻辑操作运算规则如下所示。

（1）按位与：

$$0\&0 = 0, \quad 0\&1 = 0, \quad 1\&0 = 0, \quad 1\&1 = 1 \tag{1.10}$$

（2）按位或：

$$0|0 = 0, \quad 0|1 = 1, \quad 1|0 = 1, \quad 1|1 = 1 \tag{1.11}$$

（3）按位非：

$$!0 = 1, \quad !1 = 0 \tag{1.12}$$

（4）按位异或：

$$0 \otimes 0 = 0, \quad 0 \otimes 1 = 1, \quad 1 \otimes 0 = 1, \quad 1 \otimes 1 = 0 \tag{1.13}$$

而针对图像的逻辑操作则需要先将像素转化为二进制，然后逐像素进行相应的逻辑操作。假设我们有图 1.4(a) 和图 1.4(b) 两张图像，图像间的与、或、非、异或操作结果分别如图 1.4(c)～ 图 1.4(f) 所示。

(a) 输入图像 1 　 (b) 输入图像 2 　 (c) 按位与结果 　 (d) 按位或结果 　 (e) 按位非结果 　 (f) 按位异或结果

图 1.4 　 对图像进行按位运算结果

1.2.4 几何运算

与点运算不同，几何运算可以改变输入图像中各个像素之间的空间关系。也就是说几何运算可以看作将各个像素在图像中进行移动。这种操作可以形式化为

$$I'(x) = I(g(x)) \tag{1.14}$$

其中，$I(x)$ 为输入图像；$I'(x)$ 为输出图像；x 为图像像素所在的位置；$g(x)$ 表示对像素的位置进行空间变换。常见的图像几何运算包括图像的旋转与平移、图像的缩放与裁切、图像的镜像变换、图像的扭曲、图像的变形等。

1. 图像的旋转变换

图像的旋转指以某点为中心将图像中的所有点都旋转一定角度。如图1.5所示，我们假设中心位于原点 O 处，待旋转点 P_0 坐标为 (x_0, y_0)，其与原点连线 OP_0 和 X 轴夹角为 α，设其绕原点 O 逆时针旋转 θ 角度后到达 $P(x,y)$，此时我们有

$$x = x_0 \cos\theta + y_0 \sin\theta, \quad y = y_0 \cos\theta - x_0 \sin\theta \tag{1.15}$$

图像旋转前后的示意图如图 1.6(a) 和图 1.6(b) 所示。

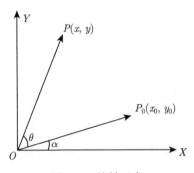

图 1.5　旋转示意

 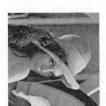 

　(a) 原图像　　　　　(b) 图像旋转后　　　　　(c) 垂直镜像后　　　　　(d) 图像平移后

图 1.6　对图像进行旋转、平移、镜像变换

2. 图像的平移

图像的平移变换就是将图像所有的像素坐标分别加上指定的水平偏移量和垂直偏移量。假设原先像素位于坐标 (x_0, y_0)，经过平移 $(\Delta x, \Delta y)$ 后坐标为 (x, y)，该过程可以描述为

$$x = x_0 + \Delta x, \; y = y_0 + \Delta y \tag{1.16}$$

图像平移前后的示意图如图 1.6(a) 和图 1.6(d) 所示。

3. 镜像变换

图像的镜像变换顾名思义就是将图像映射为原来的镜像状态,更确切地说,是

以图像的垂直中线为轴进行轴对称变换。根据镜像的轴不同可分为水平镜像和垂直镜像。水平镜像以图像垂直中线为轴,垂直镜像以图像的水平中线为轴。以尺寸为 $H \times W$ 的图像为例,对于原先在 (x_0, y_0) 的像素点变换至 (x, y) 的水平镜像过程可以描述为

$$x = W - x_0 - 1, \quad y = y_0 \tag{1.17}$$

垂直镜像变换同理,仅需将 x, y 交换即可。

垂直镜像变换前后的示意图如图 1.6(a) 和图 1.6(c) 所示。

4. 图像缩放

图像缩放指的是将图像的尺寸缩小或放大。图像缩小时会删除部分像素,从而使图像变得更加清晰。但在图像放大时,由于会增加部分像素,这些像素只能根据已有像素估计(插值)得到,从而会导致图像的质量下降,产生模糊的现象。

假设原图像的像素点为 (x_0, y_0),我们希望在水平方向上缩放 S_x 倍,竖直方向上缩放 S_y 倍,这种关系可以用下面的公式来表示:

$$x = S_x \cdot x_0, \quad y = S_y \cdot y_0 \tag{1.18}$$

5. 图像插值

图像放大中的一个必要环节就是图像插值(Interpolation)。插值指的是利用已知数据去预测未知数据,图像插值则是给定一个像素点,根据它周围像素点的信息来对该像素点的值进行预测。当我们调整图片尺寸或者对图片变形的时候常会用到图片插值。例如,我们想把一张长宽分别为 4 像素的图片进行放大,就必然要插入一些新的像素点,如何给这些点赋值使得生成的图像更加清晰合理,就是图像插值所要解决的问题。常见的图像插值算法包括最近邻插值(Nearest Neighbour Interpolation)法和双线性插值(Bilinear Interpolation)法。

1)最近邻插值

最近邻插值将最接近像素的值赋给输出图像中的像素,是最快的插值方法,但产生的图像可能包含锯齿边缘。假设一幅大小为 H 像素 $\times W$ 像素的图像要放大到 H' 像素 $\times W'$ 像素。一种简单的放大方法是创建一个假想的 $H' \times W'$ 网格,它与原始图像有相同的间隔。然后将其收缩,使它准确地与原图像匹配。显然收缩后的 $H' \times W'$ 网格的像素间隔要小于原图像的像素间隔。为了对覆盖的每一个点赋以灰度值,我们在原图像中寻找最接近的像素,并把该像素的灰度赋给 $H' \times W'$ 网格中的新像素。当我们完成对网格中覆盖的所有点的灰度赋值之后,就把图像扩展到原来规定的大小,得到放大后的图像。其插值前后的示意图如图 1.7(a) 和图 1.7(b) 所示。

(a) 图像插值前　　　　　　(b) 最近邻插值后　　　　　　(c) 双线性插值后

图 1.7　对图像进行不同插值的结果

2）双线性插值

双线性插值是一种常用的图像插值方法，在介绍双线性插值前有必要介绍线性插值。坐标 (x_0, y_0) 与 (x_1, y_1)，要得到 $[x_0, x_1]$ 区间内某一位置 x 在直线上的值。根据式 (1.19)：

$$\frac{y - y_0}{x - x_0} = \frac{y_1 - y_0}{x_1 - x_0} \tag{1.19}$$

因为 x 值已知，所以可以得到 y 的值：

$$y = y_0 + (x - x_0)\frac{y_1 - y_0}{x_1 - x_0} = y_0 + \frac{(x - x_0)y_1 - (x - x_0)y_0}{x_1 - x_0} \tag{1.20}$$

已知 y 求 x 的过程与以上过程相同，只是 x 与 y 要进行交换。而双线性插值是有两个变量的插值函数的线性插值扩展，其核心思想是在两个方向分别进行一次线性插值。如图1.8所示，假如想得到未知函数 f 在点 $P = (x, y)$ 的值，假设已知函数 f 在 $Q_{11} = (x_1, y_1), Q_{12} = (x_1, y_2), Q_{21} = (x_2, y_1), Q_{22} = (x_2, y_2)$ 四个点的值。首先在 x 方向进行线性插值，得到

$$f(R_1) = \frac{x_2 - x}{x_2 - x_1}f(Q_{11}) + \frac{x - x_1}{x_2 - x_1}f(Q_{21}) \tag{1.21}$$

$$f(R_2) = \frac{x_2 - x}{x_2 - x_1}f(Q_{12}) + \frac{x - x_1}{x_2 - x_1}f(Q_{22}) \tag{1.22}$$

然后在 y 方向进行线性插值，得到

$$f(P) = \frac{y_2 - y}{y_2 - y_1}f(R_1) + \frac{y - y_1}{y_2 - y_1}f(R_2) \tag{1.23}$$

最后 $f(x,y)$ 计算公式为

$$
\begin{aligned}
f(x,y) =\ & \frac{f(Q_{11})}{(x_2-x_1)(y_2-y_1)}(x_2-x)(y_2-y) \\
& + \frac{f(Q_{21})}{(x_2-x_1)(y_2-y_1)}(x-x_1)(y_2-y) \\
& + \frac{f(Q_{12})}{(x_2-x_1)(y_2-y_1)}(x_2-x)(y-y_1) \\
& + \frac{f(Q_{22})}{(x_2-x_1)(y_2-y_1)}(x_2-x_1)(y-y_1)
\end{aligned}
\tag{1.24}
$$

双线性插值效果如图 1.7(c) 所示，相比其他的插值方法，其产生的结果更加平滑。

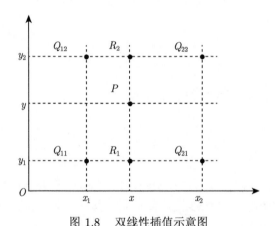

图 1.8   双线性插值示意图

1.3   数字图像处理基础知识

1.3.1   图像的色彩空间

1. RGB 颜色空间

RGB（红绿蓝）是依据人眼识别的颜色定义出的空间，可表示大部分颜色。它是最通用的面向硬件的彩色模型。该模型用于彩色监视器和一大类彩色视频摄像，其中电视和计算机彩色显示器都是使用该模型来产生颜色。RGB 颜色空间通过红、绿、蓝三个颜色分量的线性组合来让人眼感受到不同的颜色。例如，$(0,0,0)$ 表示纯黑色，$(255,255,255)$ 表示纯白色。

2. HSV 颜色空间

HSV 即色相（Hue）、饱和度（Saturation）、明度（Value），又称 HSB（B 即 Brightness）。色相是色彩的基本属性，就是平常说的颜色的名称，如红色、黄色等。饱和度（S）是指色彩的纯度，值越高则色彩越纯，低则逐渐变灰，取值范围为 $[0, 100\%]$。明度（V），取值范围为 $[0, \max]$（max 取值范围和计算机存储长度有关）。HSV 颜色空间可以用一个圆锥空间模型来描述。圆锥的顶点处 $V = 0$，H 和 S 无定义，代表黑色。圆锥的顶面中心处 $V = \max$，$S = 0$，H 无定义，代表白色。RGB 颜色空间中，三种颜色分量的取值与所生成的颜色之间的联系并不直观，但 HSV 颜色空间，更类似于人类感知颜色的方式。

3. YUV/YCbCr 颜色空间

YUV(也称 YCrCb) 是被欧洲电视系统所采用的一种颜色编码方法。其中"Y"表示明亮度（Luminance 或 Luma），而"U"和"V"则表示的是色度（Chrominance 或 Chroma）。采用 YUV 色彩空间的重要性是它的亮度信号 Y 和色度信号 U、V 是分离的。如果只有 Y 信号分量而没有 U、V 信号分量，那么这样表示的图像就是黑白灰度图像。彩色电视采用 YUV 空间也是为了解决彩色电视机与黑白电视机的兼容问题，使黑白电视机也能接收彩色电视信号。

4. CMY/CMYK 颜色空间

CMY 是工业印刷采用的颜色空间。RGB 颜色空间是一种混合配色体系，CMY 是一种颜料混合配色体系。CMYK 模型针对印刷媒介，即基于油墨的光吸收和反射特性，眼睛看到的颜色实际上是物体吸收白光中特定频率的光而反射其余的光的颜色。以彩色印刷机为例，一般采用四色墨盒，即 CMY 加黑色墨盒。CMY 是 3 种印刷油墨颜色的首字母，其中 C 为 Cyan（青色），M 为 Magenta（洋红色），又称为"品红色"，Y 为 Yellow（黄色），为了避免与蓝色混淆，K 取的是 Black（黑色）最后一个字母。四种颜色空间的示意图如图 1.9 所示。

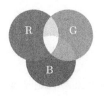

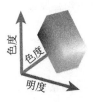

(a) RGB 颜色空间　　(b) HSV 颜色空间　　(c) YUV 颜色空间　　(d) CMYK 颜色空间

图 1.9　图像的色彩空间（见彩图）

1.3.2　图像的二值形态学

1. 腐蚀和膨胀

腐蚀会造成图像的边界收缩，可以用来消除小且无意义的目标物。腐蚀的具体做法是取每个位置的一个邻域（不局限为矩形结构）内的最小值代替该位置的输出像素值。因为取每个位置邻域内的最小值，所以腐蚀后的图像整体会变暗，图像中比较亮的区域的面积会变小甚至消失，而比较暗的区域面积会增大一些。它的具体定义为结构元，作用类似于平滑操作中的卷积核（Kernel）。结构元 S 对图像 I 的腐蚀操作可以记为 $E = I \ominus S$。

和腐蚀操作原理相似，膨胀是选取每个位置邻域内的最大值作为输出灰度值。膨胀后的图像的整体亮度会有提高，图形中较亮物体的尺寸变大，而较暗物体的尺寸会减小甚至消失。结构元 S 对图像 I 的膨胀操作可以记为 $D = I \oplus S$。

2. 开运算和闭运算

先腐蚀后膨胀的操作称为开运算，可记为 $I \circ S = (I \ominus S) \oplus S$。它可以消除亮度较高的细小区域，除去孤立的点、毛刺和细小连接，且总的位置和形状保持不变。不同的结构元以及不同的结构元尺寸会导致最终效果的不同。

先膨胀后腐蚀的操作称为闭运算，可记为 $I \bullet S = (I \oplus S) \ominus S$。闭运算能填补小孔以及小裂缝，且总的位置和形状保持不变。不同的结构元以及不同的结构元尺寸也会导致最终效果的不同。

1.3.3　图像的直方图

1. 图像直方图定义

一幅图像由不同灰度值的像素组成，图像中灰度的分布情况是该图像的一个重要特征。图像的灰度直方图就描述了图像中灰度分布情况，能够很直观地展示出图像中各个灰度级所占的比例。例如，对于一个位深为 8 的图像，其灰度范围就是从 0 到 255。灰度直方图就是统计每个灰度级拥有的像素比例。通过直方图可以直观地反映出图像的明暗程度，用数学公式来表达，即

$$\rho(i) = \frac{1}{HW} \sum_{I(x,y)} \delta(I = i) \tag{1.25}$$

其中，ρ 为当前灰度级 i 的像素比例；δ 为二值函数，当图像中当前像素满足 $I = i$ 时，δ 为 1，否则为 0。

图像直方图的示例如图1.10所示，其中给出了四个不同明暗程度的图，每张图的下方为其对应图像的直方图。Histogram of dark image 为较暗图像的直方图，Histogram of light image 为较亮图像的直方图，Histogram of low-contrast image

为低对比度图像的直方图，Histogram of high-contrast image 为高对比度图像的直方图。

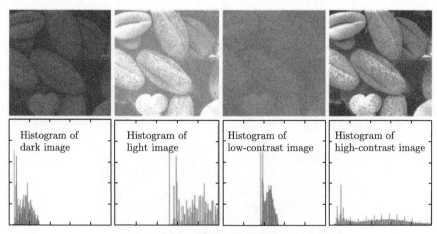

图 1.10　图像直方图示例

2. 直方图均衡化

直方图均衡化是指一幅输入图像经过点运算，得到一幅灰度直方图均匀分布的新图像的方法，即将一幅输入图像转化为在每一灰度级上都有近似的像素点数。但因为数字图像的灰度级是离散且有限的，所以直方图均衡化的结果只是近似均衡，并非理想的水平直线。直方图均衡化可以自动地增加图像像素灰度的分布范围，达到增强整个图像对比度的效果。

下面从数学的角度理解直方图均衡化。假设待处理图像为灰度图像，r 表示待处理图像的灰度，取值范围为 $[0, L-1]$，则 $r = 0$ 表示黑色，$r = L-1$ 表示白色，直方图均衡化的过程对应于一个变换 T：

$$s = T(r), \quad 0 \leqslant r \leqslant L-1 \tag{1.26}$$

对于输入图像的某个灰度值 r，可以通过变换 T 得到均衡化后的图像对应位置的灰度值 s。其中变换 T 满足以下条件：

（1）$T(r)$ 在 $[0, L-1]$ 上严格单调递增；

（2）当 $0 \leqslant r \leqslant L-1$ 时，$0 \leqslant T(r) \leqslant L-1$。

可以证明，图像的累积分布函数（Cumulative Distribution Function，CDF）是将直方图变换为均匀分布的转换函数，且满足上述条件。此时直方图的变换过程如下：

$$s_k = T(r_k)$$

$$= (L-1) \sum_{j=0}^{k} P_r(r_j) = \frac{L-1}{MN} \sum_{j=0}^{k} n_j, \quad k = 0, 1, 2, \cdots, L-1 \tag{1.27}$$

其中，MN 为图像像素总数；n_k 为灰度级为 r_k 的像素个数；P_r 表示图像灰度的概率密度；L 是图像最大灰度级（对于 8 位图像，L 为 256）。通过式(1.27)，输出图像中像素的灰度值可由输入图像中像素灰度 r_k 映射为 s_k 后得到。式(1.27)中的变换（映射）$T(r_k)$ 称为直方图均衡化。图像直方图均衡化效果图以及均衡化前后直方图示例如图1.11所示。

图 1.11　图像直方图均衡化效果图以及均衡化前后直方图

3. 直方图匹配/直方图规定化

直方图均衡化的优点是能自动增强整个图像的对比度，但它的具体增强效果不易控制，处理的结果总是得到全局的均衡化的直方图。实际工作中，有时需要变换直方图，使之成为某个特定的形状，从而有选择地增强某个灰度值范围内的对比度，这时可采用比较灵活的直方图规定化（Histogram Specification）方法。

直方图规定化又称直方图匹配，是指使一幅图像的直方图变成规定形状的直方图而对图像进行变换的增强方法。就是通过一个灰度映像函数，将原灰度直方图改造成所希望的直方图。所以，直方图修正的关键就是灰度映像函数。

直方图规定化原理是对两个直方图都进行均衡化，变成相同的归一化的均匀直方图。以此均匀直方图作为媒介作用，对参考图像进行均衡化的逆运算。直方图均衡化是直方图规定化的桥梁。

对图像进行直方图规定化操作，原始图像的直方图和规定化后的直方图是已知的。假设 $P_r(r)$ 表示原始图像的灰度概率密度，$P_z(z)$ 表示规定化图像的灰度概率密度（r 和 z 分别是原始图像的灰度级和规定化后图像的灰度级）。

（1）对原始图像进行均衡化操作，有 $s_k = T(r_k) = L \cdot \sum_{i=0}^{k} P_r(r_i)$。

（2）对规定化的直方图进行均衡化操作，则 $v_k = G(z_m) = L \cdot \sum_{j=0}^{m} P_z(z_j)$。

（3）因为是对同一图像的均衡化操作，所以有 $s_k = v_k$。

（4）规定化操作的目的就是找到原始图像的像素 s_k 到规定化后图像像素的 z_k，有了步骤（3）的等式后，可以得到 $s_k = G(z_m)$，因此要想找到 s_k 对应的 z_k，只需要在 z 上进行迭代，找到使式子 $G(z_m) - s_k$ 的绝对值最小即可。

直方图规定化的效果如图1.12所示。

(a) 原图像　　　　　　　　(b) 规定化目标图像　　　　　　　(c) 规定化后的原图像

图 1.12　直方图规定化效果

1.3.4　图像金字塔

1. 图像金字塔定义

图像金字塔（Image Pyramid）是图像中多尺度表达的一种，主要用于图像的分割，是一种以多分辨率来解释图像的有效但概念简单的结构。图像金字塔最初用于机器视觉和图像压缩，一幅图像的金字塔是一系列以金字塔形状排列的分辨率逐步降低，且来源于同一张原始图的图像集合。其通过依次向下采样获得，直到达到某个终止条件才停止采样。金字塔的底部是待处理图像的高分辨率表示，而顶部是低分辨率的近似。将一层一层的图像比喻成金字塔，层级越高，则图像越小，分辨率越低。

2. 高斯金字塔

高斯金字塔（Gaussian Pyramid）是在尺寸不变特征变换（Scale Invariant Feature Transform，SIFT）算子中提出来的概念，用于特征提取。高斯金字塔不是一个金字塔，而是很多组（Octave）金字塔，而且每组金字塔包含若干层。高斯金字塔的构建过程为：先将原图像扩大一倍，之后图像作为高斯金字塔的第 1

组第 1 层；再将第 1 组第 1 层图像经高斯滤波，之后图像作为第 1 组金字塔的第 2 层，高斯卷积函数为

$$G(x,y) = \frac{1}{2\pi\sigma^2} e^{-\frac{(x-x_0)^2+(y-y_0)^2}{2\sigma^2}} \tag{1.28}$$

其中，σ 为高斯函数的标准差，在 SIFT 算子中取的是固定值 1.6。

（1）将 σ 乘以一个比例系数 k，等到一个新的平滑因子 $\sigma = k \cdot \sigma$，用它来平滑第 1 组第 2 层图像，结果图像作为第 3 层。

（2）如此这般重复，最后得到 L 层图像，在同一组中，每一层图像的尺寸都是一样的，只是平滑系数不一样。它们对应的平滑系数分别为 $0, \sigma, k\sigma, k^2\sigma, k^3\sigma, \cdots, k^{L-2}\sigma$。

（3）将第 1 组倒数第三层图像进行比例因子为 2 的下采样，得到的图像作为第 2 组的第 1 层，然后对第 2 组的第 1 层图像进行平滑因子为 σ 的高斯平滑，得到第 2 组的第 2 层，就像步骤（2）中一样，如此得到第 2 组的 L 层图像，同组内它们的尺寸是一样的，对应的平滑系数分别为 $0, \sigma, k\sigma, k^2\sigma, k^3\sigma, \cdots, k^{L-2}\sigma$。但是在尺寸方面第 2 组是第 1 组图像的一半。

这样反复执行，就可以得到一共 O 组，每组 L 层，共计 $O \times L$ 个图像，这些图像一起构成了高斯金字塔，结构如图1.13所示。

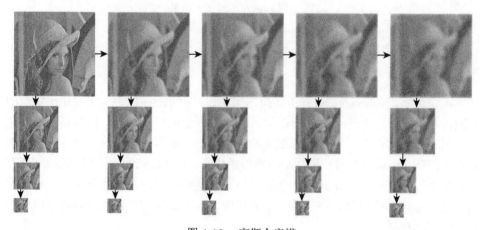

图 1.13　高斯金字塔

图 1.13 第一行第一列是原图经过双线性插值上采样之后得到的图像。图像一共 4 行 5 列，代表了图像金字塔有 4 层 5 组。同一列，从上至下是下采样过程，可以看到图像尺寸不断缩小；同一行，从左往右是使用不同平滑系数进行高斯模糊过程，可以看到图像越来越模糊。

3. 差分金字塔

差分金字塔（Difference of Gaussian，DOG）[5] 是在高斯金字塔的基础上构建起来的，其实生成高斯金字塔的目的就是为了构建差分金字塔。

差分金字塔的第 1 组第 1 层是由高斯金字塔的第 1 组第 2 层减第 1 组第 1 层得到的。以此类推，即第 o 组第 l 层图像是由高斯金字塔的第 o 组第 $l+1$ 层减第 o 组第 l 层得到的。逐组逐层生成每一个差分图像，所有差分图像构成差分金字塔。差分金字塔如图1.14所示。

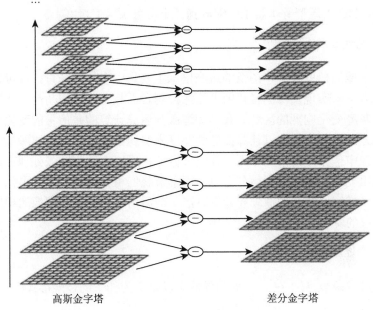

高斯金字塔　　　　　　　　　　　　　　　差分金字塔

图 1.14　差分金字塔 [5]

4. 拉普拉斯金字塔

在高斯金字塔的运算过程中，图像经过卷积和下采样操作会丢失部分高频细节信息。为描述这些高频信息，人们定义了拉普拉斯金字塔（Laplacian Pyramid，LP）。用高斯金字塔的每一层图像减去其上一层图像上采样并高斯卷积之后的预测图像，得到一系列的差值图像即为拉普拉斯金字塔分解图像。拉普拉斯金字塔与差分金字塔类似，差分金字塔的公式定义为

$$\begin{aligned}
\mathrm{DOG}(x,y,\sigma) &= (G(x,y,k\sigma) - G(x,y,\sigma)) * I(x,y) \\
&= L(x,y,k\sigma) - L(x,y,\sigma)
\end{aligned} \tag{1.29}$$

其中,∗ 为卷积操作;$G(x,y,\sigma)$ 代表了高斯核,$G(x,y,\sigma) = \dfrac{1}{\sqrt{2\pi}}e^{\frac{x^2+y^2}{2\sigma^2}}$;$L(x,y,\sigma) = G(x,y,\sigma) * I(x,y)$。缩放之后的 LP 表达式为

$$\mathrm{LP}(x,y,\sigma) = \sigma^2\nabla^2 L(x,y,\sigma) = \sigma^2\left(L_{xx}+L_{yy}\right) \tag{1.30}$$

其中，L_{xx} 和 L_{yy} 分别表示 $L(x,y,\sigma)$ 对 x 和 y 的二阶导数。最终推导结果如下：

$$(k-1)\sigma^2\,\mathrm{LP} \approx \mathrm{DOG} \tag{1.31}$$

可以看到，DOG 近似等于将 LP 缩放到一个常量 $k-1$ 尺度上。

1.3.5　边缘特征提取

从频率域的角度来看，图像的边缘信息主要集中在高频分量，故可以通过高频滤波的方法来实现图像的锐化或者边缘检测。而从空间域的角度看，图像的边缘往往是灰度变化剧烈的区域。我们知道微分运算计算的是信号的变化率，因此在空间域方法中，往往通过计算图像的梯度来实现图像的锐化或边缘检测。因为在数字图像中信号是离散的，无法计算其微分，所以在数字图像处理方法中，人们往往使用差分运算来近似微分运算。本小节我们将介绍传统方法中几种不同类型的边缘（梯度）算子的原理和计算方法，随后引出几种基于图像的梯度信息进行特征提取的算子。

1. 一阶边缘算子

一个可导函数 $f(\cdot)$ 在 x 点处的导数可以定义为如下的极限形式：

$$f'(x) = \lim_{h\to 0}\frac{f(x+h)-f(x)}{h} \tag{1.32}$$

式 (1.32) 是一个前向差分形式的定义，等价地，可以写成中心差分形式的微分定义：

$$f'(x) = \lim_{h\to 0}\frac{f(x+0.5h)-f(x-0.5h)}{h} \tag{1.33}$$

对于离散的信号，往往通过差分的形式来近似微分。此时往往固定 h 为可以取得的最小值。在连续函数中，式 (1.32) 和式 (1.33) 具有相同的值，而在计算差分时，可以证明，比起通过前向差分估计的微分，利用中心差分估计的微分具有更小的误差。如图1.15所示，在离散的一维信号中，可以使用一维的差分滤波器来计算其差分。

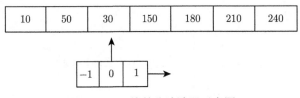

图 1.15 一维差分滤波器示意图

当前位置的计算公式可写为

$$f'(x) = \frac{f(x+1) - f(x-1)}{2} = \frac{150 - 50}{2} = 50 \tag{1.34}$$

那么对于二维的图像而言呢？一幅图像可定义为一个二元函数 $f(x, y)$，其中 x 和 y 是空间坐标，对于任意一对空间坐标 (x, y) 处的函数值 f 称为图像在该点处的强度（或灰度）。可以使用如式 (1.35) 所示的一对 3×3 的 Prewitt 算子来分别计算对于图像沿 x 方向和沿 y 方向上的梯度：

$$\begin{bmatrix} 1 & 0 & -1 \\ 1 & 0 & -1 \\ 1 & 0 & -1 \end{bmatrix} \quad 和 \quad \begin{bmatrix} 1 & 1 & 1 \\ 0 & 0 & 0 \\ -1 & -1 & -1 \end{bmatrix} \tag{1.35}$$

Prewitt 滤波器可以分解为均值滤波器和差分滤波器的乘积的形式，从而平滑地计算图像的梯度。记原始图像矩阵为 A，在 x 方向的卷积结果为 G_x，在 y 方向的卷积结果为 G_y，则 Prewitt 算子可以拆分为式 (1.36) 的形式：

$$\begin{aligned} G_x &= \begin{bmatrix} 1 \\ 1 \\ 1 \end{bmatrix} * \left(\begin{bmatrix} 1 & 0 & -1 \end{bmatrix} * A \right) \\ G_y &= \begin{bmatrix} 1 \\ 0 \\ -1 \end{bmatrix} * \left(\begin{bmatrix} 1 & 1 & 1 \end{bmatrix} * A \right) \end{aligned} \tag{1.36}$$

如式 (1.37) 所示，当增强 Prewitt 算子中心位置的梯度的权重（Weight）时，就可以得到如下所示的 Sobel 算子：

$$\begin{bmatrix} 1 & 0 & -1 \\ 2 & 0 & -2 \\ 1 & 0 & -1 \end{bmatrix} \quad 和 \quad \begin{bmatrix} 1 & 2 & 1 \\ 0 & 0 & 0 \\ -1 & -2 & -1 \end{bmatrix} \tag{1.37}$$

类似地，它可以分解为

$$G_x = \begin{bmatrix} 1 \\ 2 \\ 1 \end{bmatrix} * \left(\begin{bmatrix} 1 & 0 & -1 \end{bmatrix} * A \right)$$

$$G_y = \begin{bmatrix} 1 \\ 0 \\ -1 \end{bmatrix} * \left(\begin{bmatrix} 1 & 2 & 1 \end{bmatrix} * A \right)$$

(1.38)

对于图像的每个像素，Prewitt 和 Sobel 算子都先计算水平和垂直方向上的梯度大小。随后，图像梯度的大小 $|G|$ 和方向 Θ 就可以利用水平方向和垂直方向两个向量的加和来近似。具体而言，这可以通过平行四边形法则计算得到，如式 (1.39) 所示：

$$|G| = \sqrt{G_x^2 + G_y^2}$$

$$\Theta = \arctan\left(G_y / G_x\right)$$

(1.39)

类似于前面所述的一系列 3×3 的算子，2×2 的 Roberts 算子可以被定义为下面的形式：

$$y_{i,j} = \sqrt{x_{i,j}}$$

$$z_{i,j} = \sqrt{\left(y_{i,j} - y_{i+1,j+1}\right)^2 + \left(y_{i+1,j} - y_{i,j+1}\right)^2}$$

(1.40)

它对应的模板如下所示：

$$\begin{bmatrix} 1 & 0 \\ 0 & -1 \end{bmatrix} \quad \text{和} \quad \begin{bmatrix} 0 & 1 \\ -1 & 0 \end{bmatrix}$$

(1.41)

正如式 (1.41) 所示，Roberts 算子估计的是图像两个对角方向的梯度。比起前面提到的两种 3×3 算子，2×2 的 Roberts 算子具有更小的时间开销。但因为它没有平滑分量，对噪声很敏感，所以随着算力的提升，人们就更倾向于使用 3×3 的算子了。

2. 二阶边缘算子

前面介绍了利用一阶差分求梯度来实现边缘检测，那么更高阶的差分能否起到边缘检测的作用呢？

离散函数的二阶导数可以用式 (1.42) 来近似估计：

$$f''(x) \approx \frac{f(x+h) - 2f(x) + f(x-h)}{h^2}$$

(1.42)

它对应的一维和二维模板我们定义为如式 (1.43) 的形式，称为 Laplace 滤波器：

$$\begin{bmatrix} 1 & -2 & 1 \end{bmatrix} \quad 和 \quad \begin{bmatrix} 0 & 1 & 0 \\ 1 & -4 & 1 \\ 0 & 1 & 0 \end{bmatrix} \tag{1.43}$$

我们注意到 Laplace 算子只需要一个梯度算子，而不必像一阶算子那样需要不同方向的一对梯度算子。一阶和二阶算子对于二维图像的边缘提取的对比结果如图1.16所示，其中左列是 Sobel 算子提取的边缘，右列是 Laplace 算子提取的边缘。上方的两张图是两种方法提取到的边缘图，而下方则是对边缘图进行局部放大后的结果。可以看到两类算子所提取的边缘的主要差异就在于 Sobel 算子提取的边缘是单实线的，而 Laplace 算子提取的边缘是复线，中间为过零点的值。

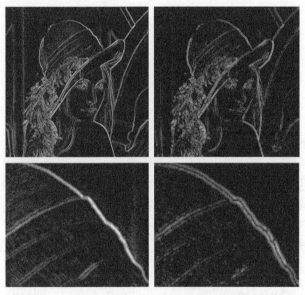

图 1.16   一阶和二阶算子对二维图像的边缘提取对比图

3. Canny 算子

前面已经提到，在进行边缘提取之前，往往需要对图像和信号进行平滑，这样才能得到噪声较小的边缘。而在得到边缘后，常常还要使用后处理来得到更为清晰和连贯的边缘。Canny 算子就很好地实现了这样的想法。

Canny 算法进行图像边缘检测的基本步骤为：利用高斯平滑滤波器进行平滑滤波、计算梯度的方向与大小、对梯度幅值进行非极大值抑制、选择阈值（Threshold）、检测和连接边缘等。下面将逐一介绍这些步骤。

（1）利用高斯平滑滤波器进行平滑滤波。大小为 $(2k+1) \times (2k+1)$ 的高斯核由式 (1.44) 得到：

$$H_{ij} = \frac{1}{2\pi\sigma^2} \exp\left(-\frac{(i-(k+1))^2 + (j-(k+1))^2}{2\sigma^2}\right), \quad 1 \leqslant i,j \leqslant (2k+1)$$
(1.44)

式 (1.45) 是一个 5×5 的高斯核的例子，其中，B 是经过高斯平滑滤波器得到的平滑图像。值得注意的是，进行平滑时高斯核大小的选择会影响梯度检测算子的表现：高斯核越大，梯度算子对于噪声就越不敏感，不过对于边缘的定位的偏差也会略微变大。一般而言，选择 5×5 大小的高斯核是比较合适的。当然，对于一些特定的场景也可能会有其他的选择。

$$B = \frac{1}{159} \begin{bmatrix} 2 & 4 & 5 & 4 & 2 \\ 4 & 9 & 12 & 9 & 4 \\ 5 & 12 & 15 & 12 & 5 \\ 4 & 9 & 12 & 9 & 4 \\ 2 & 4 & 5 & 4 & 2 \end{bmatrix} * A$$
(1.45)

（2）计算梯度的方向与大小。一张图像中的梯度可能会指向不同的方向，Canny 算法使用四个滤波器来分别检测图像水平、垂直和两个对角方向的梯度。前面提到的一阶边缘算子返回的是水平和垂直方向的一阶梯度 (G_x, G_y)，可以根据式 (1.39) 来使用这两个方向上的梯度来近似计算各点处梯度的方向，并将梯度的方向四舍五入到 $(0°, 45°, 90°, 135°)$ 四个角度。

（3）对梯度幅值进行非极大值抑制。采用非极大值抑制的方式来寻找灰度变化最剧烈的位置。对于图像中每个像素，进行如下的处理。

① 将当前像素的边缘强度与像素在正和负渐变方向上的边缘强度进行比较。

② 如果当前像素的梯度大小在模板中和相同方向的其他像素相比是最大的（如指向 y 方向的像素要和它上方和下方的像素进行比较），则将保留该值。否则，该值将被抑制。

（4）选择阈值。对梯度进行非极大值抑制之后就可以得到图像边缘的更准确的估计了。注意到此时提取到的一部分边缘是噪声和颜色的细小差异导致的，所以应该过滤掉梯度值较小的边缘像素，保留梯度值较大的边缘像素。Canny 算子设置了高低两个阈值，对于梯度值大于高阈值的像素标记为强边缘像素，对于低于高阈值高于低阈值的像素标记为弱边缘像素，对于低于低阈值的像素则需要对它进行抑制。

（5）检测和连接边缘等。接下来考虑步骤（4）中标记为弱边缘的像素。这些像素仍可能是由噪声和颜色差异导致的。真实的边缘产生的弱边缘像素和强边缘像素是相连接的，而噪声的响应往往是孤立的。因此，可以通过观察一个弱边缘像素和它周围的 8 个连通的邻接像素来跟踪边缘的连接情况。可以应用 blob 分析来跟踪边缘的连接，只要 blob 中有一个强边缘像素，就认为应该保留这一弱边缘像素。

Canny 算子的优点包括：使用高斯滤波器较大程度上去除了图像中噪声的影响；通过非最大值抑制方法，可以提高信噪比；通过应用双阈值的方法进一步细化噪声状态下的边缘，可以提取到更准确的边缘。它的应用包括医疗图像、材料科学、地质勘测等。

4. 方向梯度直方图

可以利用前面所述的边缘算子来提取图像的特征。方向梯度直方图（Histogram of Oriented Gradient，HOG）特征是一种在计算机视觉和图像处理中用来进行目标检测的特征描述子。该特征是通过计算和统计图像局部区域的梯度方向直方图来实现的。在此前的一段时间里，HOG 特征结合支持向量机（Support Vector Machine，SVM）分类器（Classifier）的方式广泛应用到了各种目标检测任务中，尤其在行人检测方面获得了很大的成功 [6]。

提取 HOG 特征的过程就是将一张图像（即要检测的目标或者扫描窗口）进行如下处理。

（1）将彩色图像转换为灰度图（将图像看作一个二元函数 $f(x,y)$ 的形式）。

（2）使用伽马（Gamma）校正进行输入图像的标准化，从而调节图像的对比度，降低局部阴影和光照变化带来的影响，并在一定程度上抑制噪声的干扰。

（3）使用前面提到的边缘算子计算图像每个像素的梯度大小及方向（如最简单的一阶边缘算子），这一步骤主要是为了捕获轮廓信息，同时进一步降低光照所带来的干扰。

（4）将图像划分成相同大小的网格（如 6×6 像素大小的网格）。

（5）统计每个网格区域的梯度直方图，直方图的分段由 $360°$ 的 18 个等分角度范围给定 $(0° \sim 20°, 20° \sim 40°, \cdots, 340° \sim 360°)$。这样就显著降低了 HOG 方法所提取的特征的维度。

（6）将每若干个网格组成一个块（如 3×3 网格构成一块），一个块内的所有网格的梯度直方图串联起来便得到这一块的 HOG 特征描述子。

（7）将图像的所有块的 HOG 特征描述子串联起来就可以得到该图像的 HOG 特征描述子，即可用于图像分类的特征向量。

1.3.6　其他特征提取

1. 局部二值模式

局部二值模式（Local Binary Pattern，LBP）具有灰度不变性和旋转不变性等显著优点。该特征具有简单、易计算的优点，虽然其总体效果不如 Haar 特征，但计算该特征的速度却快于 Haar 算法。所以该方法也得到了广泛的使用。

1）LBP 特征的描述

原始的 LBP 算子定义为在 3×3 的窗口内，以窗口中心像素为阈值，将相邻的 8 像素的灰度值与其进行比较，若周围像素值大于等于中心像素值，则该像素点的位置被标记为 1，否则为 0。这样，3×3 邻域内的 8 个点经比较可产生 8 位二进制数（通常转换为十进制数即 LBP 码，共 256 种），即得到该窗口中心像素点的 LBP 值。这个值可以反映该区域的纹理信息。需要注意的是，LBP 值是按照顺时针方向组成的二进制数。

2）LBP 特征的改进

基本的 LBP 算子的最大缺陷在于它只覆盖了一个固定半径范围内的小区域，而这显然不能满足不同尺寸和频率纹理的需要。为了适应不同尺度的纹理特征，同时满足对灰度和旋转不变性的要求，Ojala 等对 LBP 算子进行了改进，将 3×3 邻域扩展到任意邻域，并用圆形邻域代替了正方形邻域，改进后的 LBP 算子允许在半径为 R 的圆形邻域内有任意多个像素点，从而得到了诸如半径为 R 的圆形区域内含有 P 个采样点的 LBP 算子，称为 Extended LBP，也称为 Circular LBP。

例如，对于 5×5 的邻域，图 1.17 中有 8 个黑色的采样点。从正右方的采样点起，顺时针方向上第 p 个采样点的值可以通过以下公式计算：

$$x_p = x_c + R \cos \left(\frac{2\pi(p-1)}{P} \right)$$
$$y_p = y_c - R \sin \left(\frac{2\pi(p-1)}{P} \right) \tag{1.46}$$

其中，(x_c, y_c) 为邻域中心点；(x_p, y_p) 为某个采样点。通过式 (1.46) 可以计算任意一个采样点的坐标。注意到计算得到的坐标未必总是整数，这里可以通过双线性插值来得到图像 f 中采样点的像素值：

$$f(x,y) \approx \left[\begin{array}{cc} \lceil x \rceil - x & x - \lfloor x \rfloor \end{array} \right] \left[\begin{array}{cc} f(\lfloor x \rfloor, \lfloor y \rfloor) & f(\lfloor x \rfloor, \lceil y \rceil) \\ f(\lceil x \rceil, \lfloor y \rfloor) & f(\lceil x \rceil, \lceil y \rceil) \end{array} \right] \left[\begin{array}{c} \lceil y \rceil - y \\ y - \lfloor y \rfloor \end{array} \right] \tag{1.47}$$

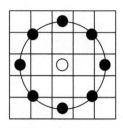

图 1.17　5 × 5 邻域的 LBP 特征的圆形改进示意图

当改变采样点的半径的时候，我们就可以得到如图 1.18 所示的不同大小的
LBP 算子。

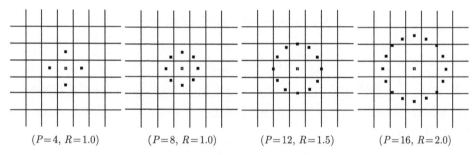

$(P=4, R=1.0)$　　　$(P=8, R=1.0)$　　　$(P=12, R=1.5)$　　　$(P=16, R=2.0)$

图 1.18　几种不同采样半径大小的 LBP 算子

3）LBP 特征用于检测的原理

上述提取的 LBP 算子在每个像素点都可以得到一个 LBP "编码"，那么，对
一幅图像（记录的是每个像素点的灰度值）提取其原始的 LBP 算子之后，得到的
原始 LBP 特征依然是 "一幅图像"（记录的是每个像素点的 LBP 值）。在 LBP 的
一些应用，如纹理分类、人脸分析中，一般都不将 LBP 图谱作为特征向量用于分
类识别。类似于 HOG，人们往往采用 LBP 特征谱的统计直方图作为特征向量用
于分类识别。例如，一幅 100 像素 ×100 像素大小的图片，划分为 $10 \times 10 = 100$
个子区域，也就得到了 100 个统计直方图，利用这 100 个统计直方图，以及各种
相似性度量函数，就可以判断两幅图像之间的相似性了。

4）LBP 算子的优缺点

LBP 算子的优点是一定程度上消除了光照变化的问题，具有旋转不变性、纹
理特征维度低、计算速度快等。而它的缺点是当光照变化不均匀时，各像素间的
大小关系被破坏，对应的 LBP 算子也就发生了变化；通过引入旋转不变的定义，
使 LBP 算子更具鲁棒性，但这也使得 LBP 算子丢失了方向信息。

2. SIFT 特征

尺度不变特征变换（SIFT）特征对旋转、尺度缩放、亮度变化等都能够保持不变性，是一种比较稳定的局部特征算子。

1）尺度空间

除前面所介绍的图像金字塔外，还可以通过图像的模糊程度来模拟人在距离物体由远到近时物体在视网膜上成像的过程，即距离物体越近其尺寸越大、图像也越模糊。从这一想法出发，人们提出了高斯尺度空间。它使用不同的参数模糊图像（分辨率不变），是尺度空间的另一种表现形式。我们知道图像和高斯函数进行卷积运算能够对图像进行模糊，使用不同的"高斯核"可得到不同模糊程度的图像。一幅图像其高斯尺度空间可由其和不同的高斯卷积得到：

$$L(x,y,\sigma) = G(x,y,\sigma) * I(x,y)$$

$$G(x,y,\sigma) = \frac{1}{2\pi\sigma^2}e^{\frac{x^2+y^2}{2\sigma^2}}$$

(1.48)

其中，$G(x,y,\sigma)$ 是高斯核函数；σ 称为尺度空间因子，它是高斯分布的标准差，反映了图像被模糊的程度，其值越大图像越模糊，对应的尺度也就越大；$L(x,y,\sigma)$ 代表着图像的高斯尺度空间。

2）SIFT 特征检测的步骤

SIFT 特征能够在图像发生很大范围的仿射失真、三维视点的变化、噪声的增加和光照的变化下提供鲁棒的匹配检测，该算法通常包含以下四个步骤。

（1）尺度空间的极值检测：搜索所有尺度空间上的图像，通过高斯微分函数来识别潜在的对尺度和选择不变的兴趣点。

（2）特征点定位：在每个候选的位置上，通过一个拟合精细模型来确定位置尺度，依据它们的稳定程度来选取关键点。

（3）特征方向赋值：基于图像局部的梯度方向，给每个关键点位置分配一个或多个方向。后续的所有操作都是对于关键点的方向、尺度和位置进行的变换，从而提供这些特征的不变性。

（4）特征点描述：在每个特征点周围的邻域内，在选定的尺度上测量图像的局部梯度，这些梯度被变换成一种表示，这种表示允许比较大的局部形状的变形和光照变换。

参 考 文 献

[1] LeCun Y, Boser B, Denker J S, et al. Backpropagation applied to handwritten zip code recognition. Neural Computation, 1989, 1: 541–551.

[2] LeCun Y, Bottou L, Bengio Y, et al. Gradient-based learning applied to document recognition. Proceedings of the IEEE, 1998, 86: 2278–2324.

[3] Ciresan D C, Meier U, Masci J, et al. Flexible, high performance convolutional neural networks for image classification. International Joint Conference on Artificial Intelligence, Barcelona, 2011.

[4] Krizhevsky A, Sutskever I, Hinton G E. ImageNet classification with deep convolutional neural networks. Proceedings of the 25th International Conference on Neural Information Processing Systems, Lake Tahoe, 2017: 1106–1114.

[5] Lowe D G. Distinctive image features from scale-invariant keypoints. International Journal of Computer Vision, 2004, 60: 91–110.

[6] Dalal N, Triggs B. Histograms of oriented gradients for human detection. IEEE Computer Vision and Pattern Recognition, San Diego, 2005: 886–893.

第 2 章 神 经 网 络

2.1 神经网络基础知识

人工神经网络（Artificial Neural Network，ANN），简称神经网络（Neural Network，NN），在机器学习和认知科学领域，是一种模仿生物神经网络的结构和功能的数学模型或计算模型，用于对函数进行估计或近似。神经网络由大量的人工神经元联结起来进行计算。大多数情况下人工神经网络能在外界信息刺激的基础上改变内部结构，是一种自适应系统，通俗地讲就是具备学习功能的系统。

2.1.1 神经元与感知机

神经元模型是通过模拟生物神经元结构设计出来的，神经元大致可以分为树突、突触、细胞体和轴突。树突为神经元的输入通道，其功能是将其他神经元的动作电位传递至细胞体。其他神经元的动作电位借由位于树突分支上的多个突触传递至树突上。神经细胞可以视为有两种状态的机器，激活时为"是"，不激活时为"否"。神经细胞的状态取决于从其他神经细胞接收到的信号量，以及突触的性质。当信号量超过某个阈值时，细胞体就会被激活，产生电脉冲。电脉冲沿着轴突并通过突触传递到其他神经元。

1943 年，McCulloch 和 Pitts 将上面的情形进行简化，忽略时间整合作用、不应期等复杂因素，并把神经元的突触时延和强度当成常数，得到经典的 M-P 神经元模型，简化后的模型如图2.1所示。

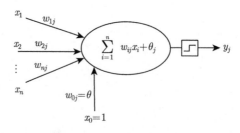

图 2.1　M-P 神经元模型

结合 M-P 神经元模型示意图来看，对于某一个神经元 j，它可能同时接收了多个输入信号，这些输入信号用 x_i 表示。由于生物神经元具有不同的突触性质和突触强度，所以对神经元的影响不同，我们将该影响用权值 w_{ij} 表示。θ_j 表示为一个阈值，或称为偏置（Bias）。由于神经元可能同时接收了多个输入信号，我们对此神经元的全部输入信号进行累加整合，相当于生物神经元中的膜电位，其值为

$$\mathrm{net}_j(x) = \sum_{i=1}^{n} w_{ij}x_i + \theta_j \tag{2.1}$$

神经元激活与否取决于某一阈值电平，即只有当其输入总和超过阈值 θ_j 时，神经元才被激活而发射脉冲，否则神经元不会产生输出信号。整个过程可以用下面这个函数来表示：

$$y_j = f\left(\mathrm{net}_j\right) \tag{2.2}$$

其中，y_j 表示神经元 j 的输出；函数 f 称为激活函数（Activation Function）；$\mathrm{net}_j(t)$ 为前面累加整合的输入信号。

感知机（Perceptron）是 Rosenblatt 在 1957 年所发明的一种人工神经网络，是一种二元线性分类器。在人工神经网络领域中，感知机也被视为单层的人工神经网络，便于和更为复杂的多层感知机（Multilayer Perceptron）进行区分。虽然感知机结构简单，但是它能够学习并解决相当复杂的问题。不过感知机仍有不足，它本质上的缺陷是不能处理线性不可分问题。感知机由两层神经元组成，输入层接收外界输入信号后传递给输出层，经过 M-P 神经元输出，它的拓扑结构如图2.2所示。

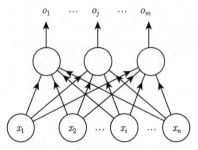

图 2.2 感知机拓扑结构

一般采用符号函数作为单层感知机的激活函数，此时节点的输出为

$$o_j = \mathrm{sgn}\left(\mathrm{net}_j\right) = \mathrm{sgn}\left(\sum_{i=1}^{n} w_{ij}x_i + \theta_j\right) = \mathrm{sgn}\left(w_j^{\mathrm{T}}X\right) \tag{2.3}$$

在表述感知机的学习算法之前，首先定义一些变量：$x(j)$ 表示 n 维输入向量中的第 j 项；$w(j)$ 表示权重向量的第 j 项；$f(x)$ 表示神经元接收输入 x 产生的输出；α（学习率）是一个常数，满足 $0 < \alpha \leqslant 1$。更进一步，为了简便，假定偏置量 θ 等于 0。因为我们可以定义一个额外的维度，也就是第 $n+1$ 维，可以用 $x(n+1) = 1$ 的形式加到输入向量，这样就可以用 $w(n+1)$ 代替偏置量。

感知机通过迭代所有训练实例进行学习，对感知机权重进行更新的方式来建模。令 $D_m = \{(x_1,y_1),\cdots,(x_m,y_m)\}$ 表示一个有 m 个训练实例的训练集（Training Set）。在每次迭代中，权重向量 $w(j)$ 以如下方式更新：对于训练集 $D_m = \{(x_1,y_1),\cdots,(x_m,y_m)\}$ 中的每个样本 (x,y)，根据梯度下降法有

$$w(j) = w(j) + \alpha(y - f(x))x(j), \quad j = 1,\cdots,n \tag{2.4}$$

虽然单层感知机简单而优雅，但它显然不够聪明，因为它仅对线性问题具有分类能力。什么是线性问题呢？简单来讲，就是可以通过线性函数来区分不同类别的样本。例如，逻辑"与"和逻辑"或"就是线性问题，可以用一条直线来分隔 0 和 1。但如果要让单层感知机来处理非线性的问题（如异或问题），它就无能为力了。

介绍完单层感知机，下面来分析多层感知机。所谓多层感知机，就是在输入层和输出层之间加入隐层，以形成能够将样本正确分类的凸域（Convex Domain）。多层感知机的拓扑结构如图2.3所示。

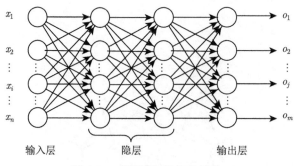

图 2.3　多层感知机拓扑结构

加入隐层后的多层感知机与单层感知机的分类能力对比如图2.4所示。

由图 2.4 可以看出，随着隐层层数的增多，凸域将可以形成任意的形状，因此可以解决任意复杂的分类问题。实际上，Kolmogorov 理论指出：双隐层感知机就足以解决任意复杂的分类问题。

结构	决策区域类型	区域形状	异或问题
无隐层	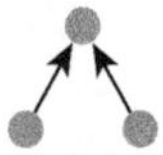 一个超平面分成两个		
单隐层	 开凸区域或闭凸区域		
双隐层	 任意形状		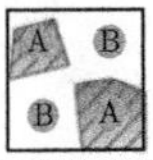

图 2.4　单层感知机与多层感知机对比

2.1.2　反向传播算法

反向传播（Back Propagation，BP）的基本思想就是通过计算输出层与期望值之间的误差来调整网络参数，从而使得误差变小。事实上，人工神经网络的强大力量几乎是建立在反向传播算法基础之上的。为了便于后续推导过程，在此引入了激活函数与损失函数。常用的激活函数为 Sigmoid 函数，其数学表示为

$$\mathrm{Sigmoid}(z) = \frac{1}{1 + \mathrm{e}^{-z}} \tag{2.5}$$

引入激活函数的目的是在模型中引入非线性。可以证明，任意多个线性函数的组合都可以表示为一个单一的线性函数，所以单纯组合线性函数不能解决线性不可分问题。引入非线性可以让模型解决线性不可分问题。

损失函数是用来衡量模型的输出 $\hat{y}$ 与真实值（Ground Truth）y 之间的差距的，从而确定模型优化的具体方向。常见的损失函数为交叉熵损失（Cross Entropy Loss，CE）函数，数学表示为

$$L = -(y \log \hat{y} + (1 - y) \log(1 - \hat{y})) \tag{2.6}$$

在进行反向传播算法之前，做如下符号约定：记 $w_{jk}^{[l]}$ 表示从网络 $(l-1)$ 层中 k 个神经元指向第 l 层中第 j 个神经元的连接权重。同理，使用 $b_j^{[l]}$ 来表示第 l 层中第 j 个神经元的偏差，用 $z_j^{[l]}$ 来表示第 l 层中第 j 个神经元的线性结果。用 $a_j^{[l]}$ 来表示第 l 层中第 j 个神经元的激活函数输出。使用符号 σ 表示激活函数，从而第 l 层中第 j 个神经元的激活为

$$a_j^{[l]} = \sigma \left(\sum_k w_{jk}^{[l]} a_k^{[l-1]} + b_j^{[l]} \right) \tag{2.7}$$

使用 $w^{[l]}$ 表示权重矩阵，它的每一个元素表示一个权重，即每一行都是连接第 l 层的权重。更一般地，可以把前向传播过程表示：

$$a^{[l]} = \sigma \left(w^{[l]} a^{[l-1]} + b^{[l]} \right) \tag{2.8}$$

介绍完前向传播算法后，来分析反向传播是如何指导网络训练的。反向传播能够指导如何更改网络中的权重 w 和偏差 b 来改变代价函数值。最终这意味着它能够计算偏导数：

$$\frac{\partial L \left(a^{[l]}, y \right)}{\partial w_{jk}^{[l]}}, \frac{\partial L \left(a^{[l]}, y \right)}{\partial b_{j}^{[l]}} \tag{2.9}$$

为了计算这些偏导数，首先引入一个中间变量 $\delta_j^{[l]}$，把它称为网络中第 l 层中第 j 个神经元的误差。反向传播能够计算出误差 $\delta_j^{[l]}$，然后再将其对应回 $\dfrac{\partial L \left(a^{[l]}, y \right)}{\partial w_{jk}^{[l]}}$ 和 $\dfrac{\partial L \left(a^{[l]}, y \right)}{\partial b_j^{[l]}}$。

那么，如何定义每一层的误差呢？如果为第 l 层第 j 个神经元添加一个扰动 $\Delta z_j^{[l]}$，使得损失函数或者代价函数变小，那么这就是一个好的扰动。根据梯度下降原理，通过沿着函数的梯度方向，函数变化最快，所以通过选择 $\Delta z_j^{[l]}$ 与 $\dfrac{\partial L \left(a^{[l]}, y \right)}{\partial z_j^{[l]}}$ 符号相反，就可以每次都添加一个好的扰动最终达到最优。受此启发，定义网络第 l 层第 j 个神经元的误差为 $\delta_j^{[l]}$：

$$\delta_j^{[l]} = \frac{\partial L \left(a^{[l]}, y \right)}{\partial z_j^{[l]}} \tag{2.10}$$

在求解输出层的误差时，期望找到 $\partial L / \partial z_j^{[l]}$（此处的 L 为前面 $\partial L \left(a^{[l]}, y \right)$ 的缩写），然后朝着方向相反的方向更新网络参数，根据链式法则，有

$$\delta_j^{[l]} = \sum_k \frac{\partial L}{\partial a_k^{[l]}} \frac{\partial a_k^{[l]}}{\partial z_j^{[l]}} \tag{2.11}$$

当 k 不等于 j 时，$\partial a_k^{[l]} / \partial z_j^{[l]}$ 就为零。重新定义：$a_j^{[l]} = \sigma \left(z_j^{[l]} \right)$，就可以得到

$$\delta_j^{[l]} = \frac{\partial L}{\partial a_j^{[l]}} \sigma' \left(z_j^{[l]} \right) \tag{2.12}$$

其中，l 表示输出层层数。上述为输出层的误差求取过程，得到输出层的误差后便可进一步根据链式法则求取隐藏层误差，根据链式法则有

$$z_j^{[l]} = \sum_k w_{jk}^{[l]} a_k^{[l]} + b_k^{[l]} \tag{2.13}$$

对 $b_j^{[l]}$ 求偏导得到

$$\frac{\partial L}{\partial b_j^{[l]}} = \frac{\partial L}{\partial z_j^{[l]}} \frac{\partial z_j^{[l]}}{b_j^{[l]}} = \delta_j^{[l]} \tag{2.14}$$

类似地，对 $w_{jk}^{[l]}$ 求偏导得到

$$\frac{\partial L}{\partial w_{jk}^{[l]}} = \frac{\partial L}{\partial z_j^{[l]}} \frac{\partial z_j^{[l]}}{w_{jk}^{[l]}} = a_k^{[l-1]} \delta_j^{[l]} \tag{2.15}$$

之后便可以根据梯度下降法原理，朝着梯度的反方向更新参数：

$$b_j^{[l]} \leftarrow b_j^{[l]} - \alpha \frac{\partial L}{\partial b_j^{[l]}}$$
$$w_{jk}^{[l]} \leftarrow w_{jk}^{[l]} - \alpha \frac{\partial L}{\partial w_{jk}^{[l]}} \tag{2.16}$$

此处的 α 指的是学习率。学习率指定了反向传播过程中梯度下降的步长（Stride）。至此，反向传播算法的整个流程就介绍完毕。

2.1.3　输入与输出

在给定一系列训练样本 (x, y)，我们的网络需要学习 x 到 y 的映射关系。此处的 x 称为神经网络的输入，网络预测的结果 $\hat{y}$ 称为神经网络的输出。在具体的神经网络结构中，与输入、输出对应的分别为输入层和输出层。输入层的神经元数量等于待处理数据中输入变量的数量，输出层的神经元的数量等于与每个输入相关联的输出的数量。

2.1.4　激活函数

在神经网络前向传播的计算中，如果不引入非线性函数，最后得到的模型只能是线性的，而线性模型的表达能力不够，所以需要引入激活函数来增加非线性因素，解决线性模型所不能解决的问题。为了在网络中引入非线性，可以在每一层计算之后，对输出的结果加一个激活函数，激活函数为非线性函数，如 Sigmoid 函数。当将激活函数扩展到多层后，如图2.5所示，就形成了非线性的网络结构。

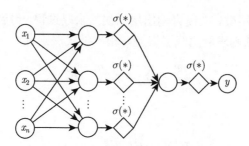

图 2.5　加入激活函数的多层感知机

与之前没有加激活函数的多层感知机相比，这里每个感知机输出都加上了激活函数，这样最终可以形成一个复杂的函数模型。而这个函数模型相比于线性模型，表达能力更加强大。因此，为了提高网络的表达能力，最好的办法就是使用激活函数，使线性网络变成非线性的网络。

下面列举几种典型的激活函数并分析他们的优缺点。首先是 Sigmoid 函数。Sigmoid 函数曾被广泛地应用，也是非常经典的函数，Sigmoid 函数表达式参考式 (2.5)。

Sigmoid 函数的优点为：函数的输出映射在 (0,1) 范围内，单调连续，输出范围有限，优化稳定，可以用作输出层，并且求导容易。缺点为：容易产生梯度消失，导致很深的网络难以进行训练并且输出并不是以 0 为中心的。

然后是 tanh 函数。tanh 函数的表达式为

$$\tanh(x) = \frac{1 - \exp\left(-2x\right)}{1 + \exp\left(-2x\right)} \tag{2.17}$$

相较于 Sigmoid 函数其优点为：收敛速度更快，输出以 0 为中心。其缺点在于没有改变 Sigmoid 函数的最大问题——容易产生梯度消失。

ReLU[1] 函数是最近几年非常受欢迎的激活函数，被定义为

$$y = \begin{cases} 0, & x \leqslant 0 \\ x, & x > 0 \end{cases} \tag{2.18}$$

相较于前面提到的两个函数，ReLU 函数具有很多优点：ReLU 在梯度下降法中能够快速收敛，可以更加简单地实现，有效缓解了梯度消失的问题，在没有无监督预训练的时候也能有较好的表现，提供了神经网络的稀疏表达能力。同样地，ReLU 函数也有它的缺点：随着训练的进行，可能会出现神经元死亡，权重无法更新的情况。神经元死亡问题是由于它在输入为负的区段导数恒为零，而使得它对异常值特别敏感，这种异常值可能会使 ReLU 永久关闭，而杀死神经元。如果发生这种情况，那么流经神经元的梯度从这一点开始将永远是 0，也就是说，

ReLU 神经元在训练中不可逆地死亡了。为了解决 ReLU 函数神经元死亡的问题，一些学者提出了它的改进版本，如 LReLU[2]、PReLU[3] 与 RReLU[4]。

由此可见，无论 ReLU 还是 tanh、Sigmoid，每个激活函数都有自身的优点以及缺点。如何使得网络能够获取更高的准确性，需要根据不同的需求（如计算量、梯度变化等）来进行选择。同时，也期待越来越多的新想法，改进目前存在的不足。

2.1.5　损失函数

损失函数是用来衡量模型输出 $\hat{y}$ 与真实值 y 之间的差距，从而对模型进行优化。下面我们具体介绍一些常见的损失函数。

均方误差（Mean Square Error，MSE）损失是机器学习、深度学习回归任务中最常用的一种损失函数，也称为 L_2 损失函数。其基本形式如下：

$$J_{\mathrm{MSE}} = \frac{1}{N} \sum_{i=1}^{N} (y_i - \hat{y}_i)^2 \tag{2.19}$$

从形式上来看，均方误差损失由欧氏距离得到，而在一定的假设下，也可以使用最大似然估计得到均方误差损失函数，假设成立的条件是模型预测与真实值之间的误差服从标准高斯分布。

平均绝对误差（Mean Absolute Error，MAE）是另一类常用的损失函数，也称为 L_1 损失函数。其函数形式如下：

$$J_{\mathrm{MAE}} = \frac{1}{N} \sum_{i=1}^{N} |y_i - \hat{y}_i| \tag{2.20}$$

同样地，可以在一定的假设下通过最大似然估计得到 MAE 损失的形式，假设的条件是模型预测与真实值之间的误差服从拉普拉斯分布 $\mathrm{La}(\mu=0, b=1)$。

上面两种损失函数各有各的优点。MSE 比 MAE 能够更快收敛，不过 MAE 对异常点更加鲁棒；从两个损失函数的假设上看，MSE 假设了误差服从高斯分布，MAE 假设了误差服从拉普拉斯分布，拉普拉斯分布本身对于异常点更加鲁棒。

对于分类问题，最常用的损失函数是交叉熵损失（CE）函数。对于二分类问题，通常使用 Sigmoid 函数将模型的输出压缩到 $(0,1)$ 区间内，进而判断正类的概率，由于只有正负两类，因此同时也得到了负类的概率：

$$p(y_i \mid x_i) = (\hat{y}_i)^{y_i} (1 - \hat{y}_i)^{1-y_i} \tag{2.21}$$

对似然取对数，取负值后变成最小化负对数似然（Negative Log Likelihood，NLL），即为交叉熵损失函数的形式：

$$\text{NLL}(x,y) = J_{\text{CE}} = -\sum_{i=1}^{N} \left(y_i \log\left(\hat{y}_i\right) + \left(1 - y_i\right) \log\left(1 - \hat{y}_i\right)\right) \tag{2.22}$$

对于多分类问题，交叉熵损失函数的推导思路和二分类是一样的，真实值 y_i 用 One-Hot 向量进行表示（即只有 y_i 所在的维度值为 1，其余为 0），同时对模型输出进行压缩的函数由原来的 Sigmoid 函数换成 Softmax 函数。Softmax 函数将每个维度的输出范围都限定在 $(0,1)$ 范围内，同时所有维度的输出和为 1，用于表示一个概率分布：

$$p\left(y_i \mid x_i\right) = \prod_{k=1}^{K} \left(\hat{y}_i^k\right)^{y_i^k} \tag{2.23}$$

其中，$k \in K$ 表示 K 个类别中的一类。同样地假设数据点之间独立同分布，可得到负对数似然为

$$\text{NLL}(x,y) = J_{\text{CE}} = -\sum_{i=1}^{N} \sum_{k=1}^{K} y_i^k \log\left(\hat{y}_i^k\right) \tag{2.24}$$

由于 y_i 是一个 One-Hot 向量，除了目标类为 1 之外其他类别上的输出都为 0，因此式 (2.24) 也可以写为

$$J_{\text{CE}} = -\sum_{i=1}^{N} y_i^{c_i} \log\left(y_i^{\hat{c}_i}\right) \tag{2.25}$$

其中，c_i 是 x_i 的目标类，通常这个应用于多分类的交叉熵损失函数（Categorical Cross Entropy Loss）也被称为 Softmax Loss。对于逻辑回归损失（Logistics Regression Loss），我们说的是二分类问题，$\hat{y}$ 是一个数；对于 Categorical Cross Entropy Loss，我们说的是多分类问题，$\hat{y}$ 是一个 k 维的向量。当 $k = 2$ 时，Logistics Loss 与 Categorical Cross Entropy Loss 一致。

2.2 神经网络的优化及面临的问题

2.2.1 参数初始化

神经网络的参数学习是一个非凸问题，利用梯度下降法优化参数时，参数的初始化十分关键。常见的参数初始化方式有以下三种。

（1）预训练初始化：一般是在大规模数据集上训练过的模型可以提供一个较好的参数初始值，并能提升模型的泛化能力，而另一种解释是预训练起到一定的正则化作用。

（2）固定值初始化：最简单的权重初始化方法是给所有的权重赋予一个相同的数值。假设有一个 L 层的网络 A，该网络的每层有 n 个神经元。现在将该网络每层的所有权重初始化为 w^l 并将偏置初始化为 β^l，但是不同层之间的权重和偏置可以不同。在训练网络 A 之后，其每层的权重和偏置将收敛到 w_f^l 和 β_f^l，但是每层的权重和偏置将会是一样的。所以，使用这种固定值初始化（对称权重初始化）最终网络 A 会变成一个每层只有一个神经元的 L 层网络，这降低了网络的学习能力。一个神经网络可以认为是一个拥有两个维度的矩阵，其中一个是深度，表示网络的层数；另一个是宽度，表示每层的神经元个数（因为每个网络都可以扩展成一个每层有着相同神经元个数的网络）。在所有的层使用线性激活函数会压缩网络的深度，使其表现为只有一层的神经网络。使用固定值初始化会压缩网络的宽度，使其表现为一个每层只有一个神经元的网络。

（3）随机初始化：如果使用方法（2）中的初始化方法，那么在神经网络第一次前向传播时，所有隐层的激活值相同，反向传播权重更新也相同，从而导致隐层的神经元没有区分性，这被称为"对称权重"现象。为了打破这个平衡，比较好的方式是对每个参数进行随机初始化。虽然预训练初始化有很好的收敛性和泛化性，但是不够灵活。因此好的随机初始化方法十分重要，下面介绍一种常用的随机初始化方法——LeCun 初始化 [5]。

在介绍随机初始化方法之前，先介绍随机初始化方法需要遵循的一些假设条件：

（1）假设每层的权重是独立同分布的；

（2）假设输入的特征也是独立同分布的，并且被归一化；

（3）假设在第一次迭代时激活函数是线性状态的（线性状态是指当 z 接近 0 时，依据麦克劳林展开式可知 Sigmoid 和 tanh 函数可以近似于线性函数）。

1. LeCun 初始化 [5]

因为需要防止在反向传播时出现梯度消失或者梯度爆炸，所以网络在前向传播计算出来的损失不应该消失或者爆炸。又因为每层输出的损失是最后一层输出损失的函数，并且输出层的损失是输出层激活的一个函数，所以在前向传播过程中，激活值消失或爆炸，对应的损失也会消失或爆炸。因此只需要防止前向传播时每层的激活值消失或爆炸。一种防止每层激活值消失或爆炸的简单方法是保证每层激活值的均值和方差和前一层的均值和方差大致相等，即满足以下两个条件：

$$\mathbb{E}[a_i^l] = \mathbb{E}[a_j^{l-1}], \quad \mathrm{Var}(a_i^l) = \mathrm{Var}(a_j^{l-1}) \tag{2.26}$$

当 $l = 1$ 时，因为前一层的激活值就是输入的特征，而根据假设条件特征已经被归一化了，所以对于所有层激活值的方差和均值都是 1 和 0。但是该约束条件也带来了相应的限制，就是该方法只能用于在 $z = 0$ 处可导的激活函数。

下面是该方法的推导过程：

$$\mathrm{Var}(a_i^l) = \mathrm{Var}(g^l(z_i^l)) = \mathrm{Var}(z_i^l)$$
$$= \sum_{k=1}^{n^{l-1}} (\mathrm{Var}(w^l)\mathrm{Var}(a_k^{l-1}) + \mathrm{Var}(w^l)\mathbb{E}[a_k^{l-1}]^2) \tag{2.27}$$

$$\mathbb{E}[a^{l-1}] = \mathbb{E}[a_i^{l-1}] = \mathbb{E}[g^{l-1}(z_i^{l-1})] = \mathbb{E}[z_i^{l-1}] = 0 \tag{2.28}$$

其中，$g(z) = \tanh(z) \approx z$；$l$ 表示第 l 层神经网络；a_i^l 表示第 l 层网络中的第 i 个神经元的激活值。所以有

$$\mathrm{Var}(a^l) = \sum_{k=1}^{n^{l-1}} \mathrm{Var}(w^l)\mathrm{Var}(a^{l-1})$$
$$= n^{l-1}\mathrm{Var}(w^l)\mathrm{Var}(a^{l-1}) \tag{2.29}$$

又因为 $\mathrm{Var}(a^l) = 1$ 和 $\mathrm{Var}(a^{l-1}) = 1$，所以有

$$n^{l-1}\mathrm{Var}(w^l) = 1 \implies \mathrm{Var}(w^l) = \frac{1}{n^{l-1}} \tag{2.30}$$

这就是 LeCun 初始化形式，如果假设权重遵循正态分布，就可以从均值为 0，方差为 $\frac{1}{n^{l-1}}$ 的正态分布中随机采样权重初始值。如果假设权重遵循均匀分布 $[a, b]$，它的均值是 $\frac{a+b}{2}$，方差是 $\frac{(b-a)^2}{12}$，分别令均值为 0，方差为 $\frac{1}{n^{l-1}}$，求解出 a 和 b 来。因此，可以从均匀分布 $\left[-\sqrt{\frac{3}{n^{l-1}}}, \sqrt{\frac{3}{n^{l-1}}}\right]$ 中采样得到权重的初始值。

2. 总结

权重随机初始化技术是指从一个正态分布或者均匀分布中随机采样出权重值来初始化权重。分布的均值设为 0，分布的方差需要小心选取来避免在梯度下降的第一次迭代中出现权重消失或者爆炸。权重初始化对于训练一个神经网络而言是重要的，但是这并不意味着它们可以完全消除梯度消失或者爆炸问

题。它们只能在梯度下降的第一次迭代过程中控制权重的方差,但是在后续的迭代中,权重还是可能会变得太大或者变得太小。然而,一个好的权重初始化方法可以延缓这种问题的发生。通过在第一次迭代过程中控制权重的方差,可以使网络在权重消失或者爆炸之前迭代更多次,因此网络有一个更大的收敛概率。

2.2.2 正则化

没有免费的午餐(No Free Lunch,NFL[6])定理告诉我们,我们设计的机器学习算法必须在某项任务上表现优良,而这可以通过将学习算法设计成具有某些偏好来实现。当这些偏好和我们需要解决的问题相匹配时,算法表现得更好。算法的行为不仅受到函数集合的假设空间大小的影响(即解空间),而且受到函数本身性质的影响。例如,使用线性回归来预测 $\sin x$ 的效果不会好。因此,可以通过选择函数的种类或者通过控制函数的数量来控制算法的性能。

除此之外,当存在多个解时,还可以将学习算法设置成偏好于某类解。只有当其他解比偏好解更适应训练数据时,其才会被选择。例如,可以在线性回归的训练标准上添加权重衰减项。因此,修改后的损失函数为 $J(w)$,其包含一个均方误差项和一个偏好于更小的权重的 L_2 正则项。其公式如下:

$$J(w) = \mathrm{MSE_{train}} + \lambda w^{\mathrm{T}} w \tag{2.31}$$

其中,λ 是事先选好的,其控制着偏好更小权重的强度。最小化 $J(w)$ 可以得到一个在适应训练数据和变小之间权衡的权重。更一般地,可以通过对 $f(x;\theta)$ 添加一个称为正则项的惩罚项来正则化模型。在权重衰减(Weight Decay)方法中,正则项是 $\Omega(w) = w^{\mathrm{T}} w$。

在上面的例子中,我们通过一个额外的惩罚项来显式地表达我们模型对于更小权重的偏好。有许多方法来表示对于不同解的偏好,或显式的,或隐式的,这些方法统称为正则化。对学习算法所做的任何修改都可以称为正则化,其旨在减小泛化误差而不是训练误差(Training Error)。

2.2.3 常用优化算法

1. 随机梯度下降

随机梯度下降及其变种是机器学习和深度学习中使用最广泛的优化算法。通过计算 m 个独立同分布的小批量数据的平均梯度,是有可能得到整体数据梯度的一个无偏估计的。算法 2.1 展示了该梯度下降的估计方法。

算法 2.1   随机梯度下降

Require: 学习率表: $\epsilon_1, \epsilon_2, \cdots$

Require: 初始参数 θ

1: $k \longleftarrow 1$

2: while 不满足停止条件 do

3:      从训练集 $x^1, \cdots, x^n$ 中采样出小批量的 m 个样本及其对应的 y^i

4:      计算梯度估计: $\hat{g} \longleftarrow \frac{1}{m} \nabla_\theta \sum_i L(f(x^i; \theta), y^i)$

5:      更新 θ: $\theta \longleftarrow \theta - \epsilon_k \hat{g}$

6:      $k \longleftarrow k + 1$

7: end while

在随机梯度下降算法中一个比较重要的参数是学习率。在实践中需要逐渐减小学习率,所以在上面的算法中我们将在第 k 次迭代的学习率定义为 ϵ_k。这是因为在随机梯度下降算法中引入了噪声(随机采样 m 个训练样本),即使在极小点外,该噪声也不会消失。作为对比,当使用批量梯度下降到达最低点,损失函数的真实梯度也相应减小至 0 时,批处理梯度下降就可以使用一个固定的学习率。随机梯度下降算法收敛的充分条件是

$$\sum_{k=1}^{\infty} \epsilon_k = \infty, \quad \sum_{k=1}^{\infty} \epsilon_k^2 < \infty \tag{2.32}$$

在实践中,通常根据迭代次数来线性地减小学习率:

$$\epsilon_k = (1 - \alpha)\epsilon_1 + \alpha\epsilon_\tau \tag{2.33}$$

其中,$\alpha = \dfrac{k}{\tau}$。在 τ 次迭代后,通常将学习率设置为常数。

2. Adam

Adam 是一个自适应学习率的优化算法,其算法流程如算法 2.2 所示。"Adam"源自于短语"adaptive moments"。Adam 算法可以看作是 RMSProp(算法 2.3)和动量相结合的方法,但是又有些重要的区别。首先,在 Adam 中,动量直接作为梯度的一阶矩(指数加权)的估计值。向 RMSProp 添加动量的最直接的方法是将动量应用于重新缩放的梯度上,但是这没有一个明确的理论动机。其次,Adam 对一阶矩(动量项)和(非中心)二阶矩的估计值进行了偏差修正,以说明它们在原点的初始化,详见算法 2.2。RMSProp 还包含(非中心)二阶矩的估计值,但是其缺少校正因子。因此,与 Adam 不同的是,RMSProp 二阶矩估计在训练早期可能有很大的偏差。尽管有时需要改变默认的学习率,但是人们通常认为 Adam 对于超参数的选择相当稳健。

算法 2.2 Adam 算法

Require: 步长 ϵ（建议：0.001）

Require: 动量估计的指数衰减率 ρ_1 和 ρ_2，范围为 $[0,1)$（建议分别取 0.9 和 0.999）

Require: 常量 δ，用于数值稳定（建议取 10^{-8}）

Require: 初始参数 θ

1: 初始化第一个和第二个动量变量 $s = 0, r = 0$

2: 初始化时间步长 $t = 0$

3: while 不满足停止条件 do

4:     从训练集 $x^1, \cdots, x^n$ 中采样出小批量的 m 个样本及其对应的 y^i

5:     计算梯度：$g \longleftarrow \dfrac{1}{m} \nabla_\theta \sum_i L(f(x^i; \theta), y^i)$

6:     $t \longleftarrow t + 1$

7:     更新第一个动量估计的偏差：$s \longleftarrow \rho_1 s + (1 - \rho_1)g$

8:     更新第二个动量估计的偏差：$r \longleftarrow \rho_2 r + (1 - \rho_2)g \odot g$

9:     修正第一个动量的偏差：$\hat{s} \longleftarrow \dfrac{s}{1 - \rho_1^t}$

10:    修正第二个动量的偏差：$\hat{r} \longleftarrow \dfrac{r}{1 - \rho_2^t}$

11:    计算参数更新：$\triangle\theta = -\epsilon\dfrac{\hat{s}}{\sqrt{\hat{r}} + \delta}$ （逐元素操作）

12:    更新 θ：$\theta \longleftarrow \theta + \triangle\theta$

13: end while

算法 2.3 RMSProp 算法

Require: 全局学习率 ϵ，衰减率 ρ

Require: 初始参数 θ

Require: 常量 δ，通常是 10^{-6}，用来稳定除法

1: 初始化累积变量 $r = 0$

2: while 不满足停止条件 do

3:     从训练集 $x^1, \cdots, x^n$ 中采样出小批量的 m 个样本及其对应的 y^i

4:     计算梯度：$g \longleftarrow \dfrac{1}{m} \nabla_\theta \sum_i L(f(x^i; \theta), y^i)$

5:     累积梯度平方：$r \longleftarrow \rho r + (1 - \rho)g \odot g$

6:     计算参数更新：$\triangle\theta = -\dfrac{\epsilon}{\sqrt{\delta + r}} \odot g$ $\left(\dfrac{1}{\sqrt{\delta + r}}\right)$

7:     更新 θ：$\theta \longleftarrow \theta + \triangle\theta$

8: end while

2.2.4 神经网络面临的问题

1. 梯度消失/梯度爆炸

在神经网络中，目前的优化方法基于反向传播，即根据损失函数计算的误差通过梯度反向传播的方式指导神经网络权值的更新优化。在梯度传递的过程中，算法利用了链式法则，在传播的过程中，连乘的链式法则将以指数形式进行传播。当神经网络存在过多的层时，就容易出现梯度的不稳定，得到的梯度值或接近零或非常大，即梯度消失/梯度爆炸。产生梯度消失/梯度爆炸的根本原因可以从三个方面来考虑：① 深度网络；② 激活函数；③ 网络初始化。

1）深度网络

从深度网络方面来看，由于深度网络是多层非线性函数的堆砌，整个深度网络可以视为是一个复合的非线性多元函数（这些非线性多元函数其实就是每层的激活函数），那么对损失函数求不同层的权值偏导相当于应用梯度下降的链式法则，链式法则是一个连乘的形式，所以当层数越深的时候，梯度值将以指数形式累积。如果接近输出层的激活函数求导后梯度值大于 1，那么层数增多的时候，最终求出的梯度很容易指数级增长，就会产生梯度爆炸；相反，如果小于 1，那么经过链式法则的连乘形式，也会很容易衰减至 0，就会产生梯度消失。

2）激活函数

从激活函数的角度来看，当选择不合适的激活函数时（如 Sigmoid、tanh 等函数），容易导致梯度消失。例如，Sigmoid 函数的梯度最大不超过 0.25，当多层函数都使用 Sigmoid 函数时，很容易引起梯度消失问题。

3）网络初始化

当网络的初始化的权重过大时，根据链式相乘（反向传播）可得，前面的网络层比后面的网络层梯度变化更快，很容易发生梯度爆炸的问题。

梯度消失/梯度爆炸问题本质上是由梯度反向传播中的连乘效应且网络太深造成的，因此网络权值更新不稳定。解决梯度消失和爆炸主要有以下几种方法。

（1）梯度剪切：对梯度设置阈值，对超过一定阈值的梯度进行限制，可以有效地解决梯度爆炸的问题。

（2）权重正则化：采用权重正则化，正则化主要是通过对网络权重进行正则来限制过拟合。如果发生梯度爆炸，那么权值就会变得非常大，反过来，通过正则化项来限制权重的大小，也可以在一定程度上防止梯度爆炸的发生。

（3）选择 ReLU 等梯度大部分落在常数上的激活函数：ReLU 函数的导数在正数部分是恒等于 1 的，因此在深层网络中使用 ReLU 激活函数就不会导致梯度消失和爆炸的问题。

（4）进行批归一化：批归一化就是通过对每一层的输出规范为均值和方差一致的方法，消除了权重参数放大缩小带来的影响，进而解决梯度消失和爆炸的问题。

（5）在网络中使用残差网络。

2. 过拟合及欠拟合

从训练数据中学习目标函数时，一个重要的评价指标是模型对新数据的泛化能力。模型的泛化能力是非常重要的，因为我们使用的训练数据只是真实数据的一个子集，训练数据是不完整的而且含有噪声的。泛化指的是模型对于未见样本的预测能力，一个良好模型的目标是将训练数据很好地推广到问题邻域中的任何数据，从而使模型能够对从未见过的数据做出正确预测。

当我们训练神经网络模型时，在训练集上计算的度量误差称为训练误差，训练目标是降低训练误差。而在测试过程中，我们称测试集（Test Set）上计算得到的误差为测试误差（Test Error），期望测试误差也很低，同时缩小训练误差和测试误差的差距。通常我们度量模型在测试集样本上的性能来评估机器学习模型的泛化性能。

（1）过拟合。

过拟合是指训练误差小，而测试误差较大。主要是因为模型学习了训练数据中的细节和噪声，对训练数据建模得太好，从而出现过拟合现象。

（2）欠拟合。

欠拟合是指训练误差和测试误差都比较大。欠拟合通常在给定的性能指标下，很容易检测出来，补救办法是增加训练迭代次数，或者尝试新的神经网络结构。

欠拟合和过拟合现象广泛存在于机器学习的研究中，到目前为止，主流观点认为过拟合与欠拟合与神经网络结构的复杂性、隐层节点数量和类型，以及训练集和训练迭代次数有关。欠拟合问题通常增加迭代次数就可以解决，而对于过拟合问题通常有以下几种方法。

（1）获取更多的训练数据。通常，训练数据越多，泛化能力自然也越好，这个是最优的方法。但是很多情况下我们无法获取更多的数据，所以一般会在训练过程中采用一些数据增强方法，如对图像数据进行几何变换和颜色变换等。

（2）减小网络容量。通过减小网络容量，使网络的表达能力与当前任务相匹配。容量低的模型可能很难拟合训练集；而容量高的模型可能会过拟合，因为记住了训练集中的误差和噪声。

（3）添加权重正则化。根据奥卡姆剃刀原理：如无必要，勿增实体。这个原理同样适用于深度学习，在神经网络中，应该优先比较简单的网络结构，而不是复杂的。

2.3　卷积神经网络

2.3.1　基础知识

在卷积神经网络中，假设输入的二维张量是一张图像，则对输入的图像从左上方起始的位置开始，将图像中的每个像素值同对应的卷积核内的参数值相乘，所有对应 $N \times N$ 的参数值都会和对应图像相同空间位置的像素值相乘，之后将乘法结果相加即可得到对应空间位置的输出特征图的像素值。将卷积核从左到右、从上到下根据步长进行移动，每次移动后均按照上述过程进行卷积运算，即可得到整个图像卷积后的输出结果，其结果通常表示为一张特征图或者称为特征映射。常见的图像为 RGB 三通道彩色图像，图像需要与通道数相同的滤波器进行卷积，其中的滤波器由多张卷积核组成，该卷积过程如图2.6所示。卷积运算操作通常可分为一维、二维、三维卷积操作。其中二维卷积是最常见的卷积，在计算机视觉中被大量应用，之后提到的卷积操作大多数均为二维卷积操作。下面简要介绍卷积过程中所涉及的卷积核、步长等相关概念。

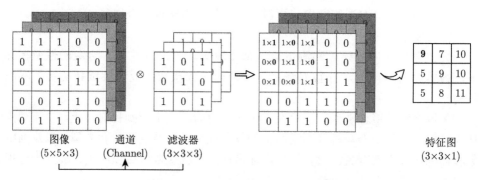

图 2.6　三通道图像卷积过程示意图

卷积核通常是一个二维矩阵，矩阵中每个空间位置处都是一个参数，这些核内的参数用于同特征图进行卷积运算，生成新的特征图。对于生成的特征图，每个像素的感受野（Receptive Field）大小均受到卷积核大小的影响。在卷积神经网络中，特征图上某个像素的计算受输入图像上某个区域的影响，这个区域即该像素的感受野。在一次卷积操作中，使用的卷积核越大，输出特征图的每个像素对应于输入特征图的感受野就会越大，受到输入特征图影响的区域越大。卷积核与滤波器是不同的。卷积核指一个权重矩阵；滤波器指多个卷积核的串联，每个卷积核分配给输入的特定通道进行卷积操作。在卷积神经网络中，一个卷积层由多个滤波器构成，而一个滤波器由多个卷积核组成，共同用于进行卷积运算操作。卷积核的大小通常是预先定义的，但卷积核的权重通常是先初始化而后训练得到的。一般卷积神经网络在训练前的常见卷积核初始化方式有 Gaussian、MSRA 和 Xavier 初始化等。

步长是在滑动窗口过程中前后两个窗口间隔的像素数。在卷积操作中，卷积核大小通常小于输入图像大小，为了让卷积运算操作覆盖到整张输入图像，必须以一定的规则上下、左右移动卷积核，每次移动卷积核后进行一次卷积运算，得到的特征值将被赋值给输出特征图的对应空间位置上（图2.7）。步长参数的作用是成倍地缩小输入图像或特征图的尺寸，以便压缩输入图像或特征图的信息，具体缩小的倍数可以根据步长参数值计算得出。

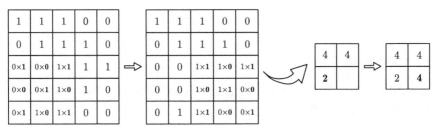

图 2.7　步长为 2 的卷积操作示意图

通道是卷积神经网络中最基本的参数之一，对于通道的概念，众多深度学习框架在其文档中都有所介绍和解释。在 TensorFlow 中给出了对于通道的一个解释示例：RGB 彩色图像的通道数为 3，即红色、绿色、蓝色三个通道；单色图像，如灰度图像的通道数为 1，即只有一个通道。在 MXNet 中也提到通道的一般含义，即通道是输出空间的维度，例如，在卷积操作中滤波器的数量。一般情况下，卷积操作涉及的滤波器的通道数（滤波器中卷积核的数量）应与输入的图像或输入特征图的通道数相同。

填充（Padding）是在输入特征图矩阵的边界处填充一些值，以便增加输入特征图矩阵的大小（图2.8）。通过填充的方法，可以使得卷积核扫描输入数据时，能延伸到边缘以外的伪像素，从而使输出特征图和输入数据的大小相同，且不损失边缘信息。填充操作的常见种类有零填充、常数填充、镜像填充、重复填充，这些不同的填充操作决定了填充的边界像素值是多少。根据卷积后输出特征图的形状相对于输入特征图的形状的变化进行分类，深度学习框架中还有两种常见的填充模式：VALID 填充和 SAME 填充。

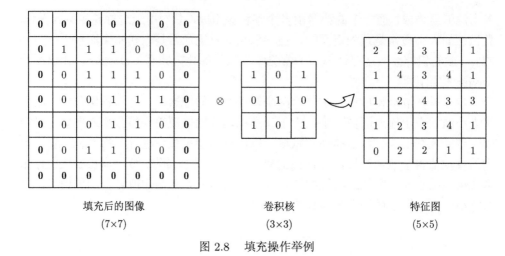

填充后的图像　　　　　卷积核　　　　　特征图

(7×7)　　　　　　　(3×3)　　　　　(5×5)

图 2.8　　填充操作举例

2.3.2　卷积神经网络组成

卷积神经网络一般由卷积层、池化层和全连接层构成。部分网络包含反卷积层与归一化层，这里做统一介绍。

1. 卷积层

在一般的全连接前馈神经网络中，如果第 l 层有 n_l 个神经元，第 $l-1$ 层有 n_{l-1} 个神经元，那么权重矩阵就有 $n_l \times n_{l-1}$ 个参数。由于上下层之间的神经元是全部连接的（图 2.9(a)），因此随着层数的不断增加，网络的参数会非常多，导致训练效率的降低。因此引入卷积运算。在神经网络中，假设第 l 层卷积层的输入 z_{l-1} 为第 $l-1$ 层的激活值 a_{l-1} 与卷积核 w_l 卷积后的结果，即

$$z_l = w_l \otimes a_{l-1} + b_l \tag{2.34}$$

其中，$\otimes$ 代表卷积操作；w_l 为可学习的权重；b_l 为可学习的偏置。

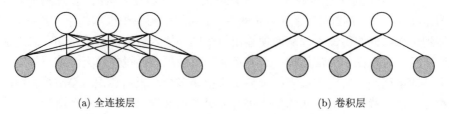

(a) 全连接层　　　　　　　　　(b) 卷积层

图 2.9　　全连接层和卷积层对比

根据卷积的定义，卷积层有两个相当重要的性质。

1）局部连接

普通神经网络把输入层和隐层进行"全连接"的设计。从计算的角度来讲，相对较小的图像从整幅图像中计算特征是可行的。但是，如果是更大的图像（如 96×96 的图像），要通过这种全连接网络的方法来学习整幅图像上的特征，从计算角度而言，将变得非常耗时。卷积层解决这类问题的一种简单方法是对隐含单元和输入单元间的连接加以限制：每个隐含单元仅仅只能连接输入单元的一部分（图 2.9(b)）。例如，每个隐含单元仅仅连接输入图像的一小片相邻区域。每个隐含单元连接的输入区域大小叫 r 神经元的感受野。由于卷积层的神经元也是三维的，所以也具有深度。

具体来说，在卷积层（假设是第 l 层）中的每一个神经元都只和下一层（第 $l-1$ 层）中某个局部窗口内的神经元相连，构成一个局部连接网络。卷积层和下一层之间的连接数显著减少，由原来的 $n_l \times n_{l-1}$ 个连接变为 $n_l \times m$ 个连接，m 为滤波器的数量。

2）权重共享

应用参数共享可以大量减少参数数量，参数共享基于一个假设：如果图像中的一点 (x_1, y_1) 包含的特征很重要，那么它应该和图像中的另一点 (x_2, y_2) 一样重要。换种说法，我们把同一深度的平面称为深度切片，那么同一个切片应该共享同一组权重和偏置。我们仍然可以使用梯度下降法来学习这些权值，只需要对原始算法做一些小的改动，这里共享权值的梯度是所有共享参数的梯度的总和。

具体来说，从式 (2.34) 可以看出，作为参数的滤波器 w_l 对于第 l 层的所有的神经元都是相同的。正是由于局部连接和权重共享，卷积层的参数只有一个 m 维的权重 w_l 和 1 维的偏置 $b(l)$，共 $m+1$ 个参数。参数个数和神经元的数量无关。此外，第 l 层的神经元个数不是任意选择的，而是满足 $n_l = n_{l-1} - m + 1$。

完整卷积层的结构示意图如图2.10所示。卷积层的作用是提取一个局部区域的特征，不同的卷积核相当于不同的特征提取器。既然卷积网络主要应用在图像处理上，而图像为两维结构，因此为了更充分地利用图像的局部信息，通常将神经元组织为三维结构的神经层，其大小为 M（高度）$\times N$（宽度）$\times D$（深度），由 D 个 $M \times N$ 大小的特征映射构成。而特征映射为一幅图像在经过卷积提取到的特征，每个特征映射可以作为一类抽取的图像特征。为了提高卷积网络的表示能力，可以在每一层使用多个不同的特征图，以更好地表示图像的特征。

2. 池化层

池化层的作用是进行特征选择，降低特征数量，从而减少参数数量。卷积层虽然可以显著减少网络中连接的数量，但神经元个数并没有显著减少。如果后面接一个分类器，分类器的输入维数依然很高，很容易出现过拟合。为了解决这个问题，可以在卷积层之后加上一个池化层，从而降低特征维数，避免过拟合。减少特征维数也可以通过增加卷积步长来实现。池化是指对每个区域进行下采样得到一个值，作为这个区域的概括。

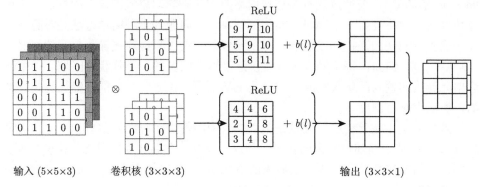

输入 (5×5×3)　　　卷积核 (3×3×3)　　　　　　　　　　输出 (3×3×1)

图 2.10　完整卷积层的结构示意图

常见的池化函数包括以下两种。

1）最大池化

取一个区域内所有神经元的最大值：

$$Y_{m,n}^d = \max_{t \in R_{m,n}^d} x_i \tag{2.35}$$

其中，x_i 是区域 $R_{m,n}^d$ 内每个神经元的激活值。

2）平均池化

区域内所有神经元的平均值：

$$Y_{m,n}^d = \frac{1}{|R_{m,n}^d|} \sum_{t \in R_{m,n}^d} x_i \tag{2.36}$$

对每一个输入特征映射 X^d，将其划分为多个子区域 $R_{m,n}^d$，并在整个 $M \times N$ 个区域进行子采样，得到池化层的输出特征映射 $Y^d = \{Y_{m,n}^d\}, 1 \leqslant m \leqslant M, 1 \leqslant n \leqslant N$。

典型的池化层是将每个特征映射划分为 2×2 大小的不重叠区域，然后使用最大池化的方式进行下采样。池化层也可以看作一个特殊的卷积层，卷积核大小为 $m \times m$，步长为 $s \times s$。过大的采样区域会急剧减少神经元的数量，会造成过多的信息损失。

3. 全连接层

全连接的操作在最早的人工神经网络中已有涉及，因此不做赘述。在卷积神经网络中，全连接层起到"分类器"的作用。如果说卷积层、池化层和激活函数层等操作是将原始数据映射到隐层特征空间，全连接层则起到将学到的"分布式特征表示"映射到样本标记空间的作用。在实际使用中，全连接层可由卷积操作实现。对前层是全连接层的可以转化为卷积核为 1×1 的卷积；而前层是卷积层的可以转化为卷积核为 $h \times w$ 的卷积，h 和 w 分别为前层卷积结果的高和宽。

在 CNN 中，全连接常出现在最后几层，用于对前面设计的特征做加权和。例如，在 RNN 中，全连接用来把潜在空间映射到隐层空间，把隐层空间转回标记空间等。目前由于全连接层参数冗余（仅全连接层参数就可占整个网络参数 80% 左右），因此一些性能优异的网络模型如深度残差网络（Deep Residual Network ResNet）和 GoogLeNet 等均用全局平均池化取代全连接来融合学到的深度特征，最后仍用 Softmax 等损失函数作为网络目标函数来指导学习过程。

2.3.3　其他卷积方式

1. 转置卷积

转置卷积又称反卷积，从字面上来理解，是在深度学习中卷积的一个逆向过程，可以根据卷积核大小和输出的大小，恢复卷积前的图像尺寸，而不是恢复原始值。随着转置卷积在神经网络可视化上的成功应用，其被越来越多的工作所采纳，如场景分割、生成模型等。

一般可以通过卷积操作来实现高维特征到低维特征的转换。例如，在一维卷积中，一个 5 维的输入特征，经过一个大小为 3 的卷积核，其输出为 3 维特征。如果设置步长大于 1，可以进一步降低输出特征的维数。但在一些任务中，需要将低维特征映射到高维特征，并且依然希望通过卷积操作来实现。

假设有一个高维向量为 $x \in \mathbb{R}^d$ 和一个低维向量为 $z \in \mathbb{R}^p, p \leqslant d$。如果用仿射变换来实现高维到低维的映射：

$$z = Wx \tag{2.37}$$

其中，$W \in \mathbb{R}^{p \times d}$ 为转换矩阵，那么可以很容易地通过转置 W 来实现低维到高维的反向映射，即

$$x = W^{\mathrm{T}} z \tag{2.38}$$

在全连接网络中，忽略激活函数，前向计算和反向传播就是一种转置关系。例如，前向计算时，第 $l+1$ 层的净输入为 $z^{(l+1)} = W^{(l+1)} z^{(l)}$；反向传播时，第 l 层的误差项为 $\delta^{(l)} = (W^{(l+1)})^{\mathrm{T}} \delta^{(l+1)}$。

其实卷积层的前向传播过程就是反卷积层的反向传播过程，卷积层的反向传播过程就是反卷积层的前向传播过程。而在数学上，转置卷积的操作也非常简单，

把正常卷积的操作反过来即可。在实际应用中，转置卷积是一种上采样技术，被广泛地应用在图像分割、超分辨率等应用中。与传统的上采样技术，如线性插值、双线性插值等方法相比，转置卷积是一种需要训练、可学习的方法，在编码器-解码器架构的模型中会经常出现。

2. 空洞卷积

空洞卷积（Dilated/Atrous Convolution），广泛应用于语义分割与目标检测等任务中，语义分割中经典的 Deeplab 系列与密集上采样卷积（Dense Upsampling Convolution，DUC）对空洞卷积进行了深入的思考。对于一个卷积层，如果希望增加输出单元的感受野，一般可以通过三种方式实现：①增加卷积核的大小；②增加层数；③在卷积之前进行池化操作。前两种操作会增加参数数量，而第三种会丢失一些信息。而空洞卷积是一种不增加参数数量，同时增加输出单元感受野的一种卷积方法。

空洞卷积通过给卷积核插入"空洞"来变相地增加其大小。如果在卷积核的每两个元素之间插入 d 个空洞，那么卷积核的有效大小为

$$m' = m + (m - 1) \times (d - 1) \tag{2.39}$$

其中，d 为膨胀率（Dilation Rate）。当 $d = 1$ 时卷积核为普通的卷积核。

空洞卷积的作用如下。

（1）扩大感受野：在深度网络中为了增加感受野且降低计算量，需要进行降采样，这样虽然可以增加感受野，但空间分辨率降低了。为了能不丢失分辨率，且仍然扩大感受野，可以使用空洞卷积。这在检测、分割任务中十分有用。一方面感受野大了可以检测分割大目标，另一方面分辨率高了可以精确定位目标。

（2）捕获多尺度上下文信息：空洞卷积有一个参数可以设置膨胀率，具体含义就是在卷积核中填充 $d - 1$ 个零，因此，当设置不同膨胀率时，感受野就会不一样，即获取了多尺度信息。

由此可见，空洞卷积可以任意扩大感受野，且不需要引入额外参数，但如果提高图像的分辨率，则算法的整体计算量也会有所增加。

3. 可分离卷积

在可分离卷积中，可以将卷积操作分成多个步骤。可分离卷积主要有两种类型：空间可分离卷积和深度可分离卷积。

空间可分离卷积之所以如此命名，是因为它主要处理图像和卷积核的空间维度：宽度和高度（另一个维度，"深度"维度，是每个图像的通道数）。空间可分离卷积简单地将卷积核划分为两个较小的卷积核。最常见的情况是将 3×3 的卷

积核划分为 3×1 和 1×3 的卷积核。进行分离之后，不是用 9 次乘法进行一次卷积，而是进行两次卷积，每次 3 次乘法（总共 6 次）以达到相同的效果。由于乘法较少，因此计算复杂性下降，网络运行速度更快。空间可分离卷积的主要问题是并非所有卷积核都可以"分离"成两个较小的卷积核。这在训练期间变得特别麻烦，因为网络可能采用所有可能的卷积核，它最终只能使用可以分成两个较小卷积核的一小部分。

与空间可分离卷积不同，深度可分离卷积的卷积核无法"分解"成两个较小的内核。因此它更常用。深度可分离卷积之所以如此命名，是因为它不仅涉及空间维度，还涉及深度维度（通道数）。输入图像可以具有 3 个通道：R、G、B。在几次卷积之后，图像可以具有多个通道。可以将每个通道想象成对该图像特定的解释说明，具有 64 个通道的图像即具有对该图像的 64 种不同解释。类似于空间可分离卷积，深度可分离卷积将卷积核分成两个单独的卷积核，这两个卷积核进行两个卷积：深度卷积和逐点卷积。假设在一个 16 输入通道和 32 输出通道上有一个 3×3 的卷积层，那么 16 个通道中的每一个都由 32 个 3×3 的卷积核进行遍历，从而产生 512 的特征映射。接下来，通过将每个输入通道中的特征映射相加从而合成一个大的特征映射。由于可以进行此操作 32 次，因此得到了期望的 32 个输出通道。可以计算，假设通过相同的输入得到 4 张特征图，可分离卷积的参数个数是常规卷积的约 1/3。因此，在参数量相同的前提下，采用可分离神经网络层数可以做得更深。

2.3.4 常用卷积神经网络

1. VGG 网络

VGG 网络的名称为提出者所在的牛津大学视觉几何组（Visual Geometry Group）的缩写，该模型在 2014 年的 ImageNet 图像分类与定位挑战赛（ILSVRC）的图像分类任务上排名第二，目标检测任务上排名第一。VGG 主要关注有关卷积神经网络结构设计的另一个重要方面——深度，通过增加更多的卷积层来稳定地增加网络的深度，这种增加网络深度的方式是可行的，因为在所有层中都使用非常小的（3×3）卷积核。

VGG 网络的配置如图2.11所示，每列都是一种网络结构。随着向网络中添加更多层，配置的深度从左（A）到右（E）逐渐增加。卷积层参数表示为"conv< 感受野 >-< 通道数 >"。为简洁起见，未显示每个卷积层后面的 ReLU 激活函数。在下面内容中，每种网络结构被称作网络 A~ 网络 E，并将通过名称（A~E）来引用各个网络。所有配置仅在深度上有所不同：从网络 A 中的 11 个权重层（8 个卷积和 3 个全连接层）到网络 E 中的 19 个权重层（16 个卷积层和 3 个全连接层）。卷积层的宽度（通道数）非常小，从第一层的 64 开始，然后在每个最大池化层之后增加 2 倍，直到达到 512。

VGG 网络结构					
A	A-LRN	B	C	D	E
11 层	11 层	13 层	16 层	16 层	19 层
输入 (224 × 224RGB 图像)					
conv3-64	conv3-64	conv3-64	conv3-64	conv3-64	conv3-64
	LRN	conv3-64	conv3-64	conv3-64	conv3-64
池化					
conv3-128	conv3-128	conv3-128	conv3-128	conv3-128	conv3-128
		conv3-128	conv3-128	conv3-128	conv3-128
池化					
conv3-256	conv3-256	conv3-256	conv3-256	conv3-256	conv3-256
conv3-256	conv3-256	conv3-256	conv3-256	conv3-256	conv3-256
			conv1-256	conv3-256	conv3-256
					conv3-256
池化					
conv3-512	conv3-512	conv3-512	conv3-512	conv3-512	conv3-512
conv3-512	conv3-512	conv3-512	conv3-512	conv3-512	conv3-512
			conv1-512	conv3-512	conv3-512
					conv3-512
池化					
conv3-512	conv3-512	conv3-512	conv3-512	conv3-512	conv3-512
conv3-512	conv3-512	conv3-512	conv3-512	conv3-512	conv3-512
			conv1-512	conv3-512	conv3-512
					conv3-512

图 2.11   VGG 网络的配置

在训练时，网络的输入是固定大小 224×224 的 RGB 图像，所做的唯一的预处理是从每个像素中减去训练集上计算的平均 RGB 值。图像通过一系列卷积操作，这些卷积层使用具有非常小的感受野的卷积核：3×3（这是捕获左/右、上/下、中心关系的最小尺寸）。一种可能的配置是使用 1×1 卷积滤波器，这可以看作输入通道的线性变换（其次是非线性），卷积步长固定为 1。网络的卷积层的空间填充的方式为：卷积后空间分辨率保持不变，即 3×3 变换层的填充为 1 个像素。空间上的池化操作由五个最大池化层执行，它们在一些卷积层后面（并非所有卷积层后面都有最大池化层）。最大池在 2 像素 $\times 2$ 像素窗口上执行，步长为 2。

网络的卷积层（在不同的网络结构中具有不同的深度）后面是三个全连接层：前两个层各有 4096 个通道，第三个层输出 1000 类的分类结果，因此包含 1000 个通道（每个类一个通道）。最后一层是 Softmax 层。所有网络中全连接层的配置都是相同的。VGG 网络中所有卷积层都跟有一个 ReLU 激活函数。

VGG 网络的配置与当时在 ILSVRC 竞赛中表示较好的模型有很多不同。VGG 网络没有在第一层就采用大的感受野（例如，使用 11×11 步长为 4 的卷积，或

7×7 步长为 2 的卷积），而是在整个网络中均采用小的 3×3 步长为 1 的卷积核。很明显，两个 3×3 的卷积核（中间有池化层）可以获得 5×5 的感受野，三个 3×3 的卷积核（中间有池化层）可以获得 7×7 的感受野。举例来说，用一堆 3×3 卷积层而不是一个 7×7 的卷积层，能够得到什么？首先，将三个后接非线性激活函数的网络层合并在一起，相比于一个网络层能够使得决策函数更具区分性。其次，这种方式减少了网络参数的数目：假设堆叠起来的三个 3×3 卷积层的输入和输出都有 C 个通道，这些堆叠起来的卷积层参数量为 $3(3^2 C^2) = 27 C^2$ 个参数；同时，单个 7×7 卷积层需要 $7^2 C^2 = 49 C^2$ 个参数，即多了 81%。这可以被视为对 7×7 卷积核施加正则化，迫使它们通过 3×3 卷积核进行分解（其间注入非线性）。

引入 1×1 卷积层是一种在不影响感受野的情况下增强网络非线性的方法。即使在我们的例子中，1×1 卷积本质上是相同维数空间上的线性投影（输入和输出通道的数目相同），校正函数也引入了额外的非线性。

2. ResNet

ResNet 的提出是卷积神经网络发展史上的一个重大进步，它在 ILSVRC 和 COCO 2015 年比赛中取得了 5 项第一。

1）深度网络的退化问题

从经验来看，网络的深度对模型的性能至关重要，当增加网络层数后，网络可以进行更加复杂的特征模式的提取，所以当模型更深时理论上可以取得更好的结果。然而，网络的深度提升不能通过层与层的简单堆叠来实现。过深的网络结构会带来梯度消失的问题，因为梯度反向传播到前面的层，多次相乘可能使梯度无穷小。结果就是随着网络层数的加深，其性能趋于饱和，甚至开始迅速下降。

在 ResNet 出现之前有几种方法来应对梯度消失问题，例如，在中间层添加一个辅助损失作为额外的监督等，但其中没有一种方法真正解决了这个问题。ResNet 的核心思想是引入一个"恒等短路连接"（Identity Shortcut Connection），使当前层的输出有机会跳过一个或多个层，如图2.12所示。

对于一个堆积层结构（几层堆积而成），当输入为 x 时其学习到的特征记为 $H(x)$，现在希望其可以学习到残差 $F(x) = H(x) - x$，这样其实原始学习的特征是 $F(x) + x$。之所以这样是因为残差学习相比原始特征直接学习更容易。当残差为 0 时，堆积层仅仅做了恒等映射，至少网络性能不会下降，实际上残差不会为 0，这也会使得堆积层在输入特征基础上学习到新的特征，从而拥有更好的性能。这有点类似于电路中的"短路"，所以是一种短路连接（Shortcut Connection）。

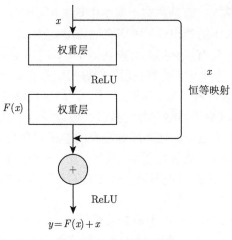

图 2.12　残差模块结构

2）ResNet 的网络结构

ResNet 网络参考了 VGG19 网络，在其基础上进行了修改，并通过短路机制加入了残差单元。变化主要体现在 ResNet 直接使用步长为 2 的卷积进行下采样，并且用全局平均池化层替换了全连接层。ResNet 的一个重要设计原则是：当特征图尺寸降低为原来的一半时，特征图的数量增加一倍，以保持网络层的复杂度。ResNet 相比普通网络每两层间增加了短路机制，形成了残差学习，通过残差学习解决了深度网络的退化问题，使训练出更深的网络成为可能。

<h2 style="text-align:center">参 考 文 献</h2>

[1] Glorot X, Bordes A, Bengio Y. Deep sparse rectifier neural networks. International Conference on Artificial Intelligence and Statistics, Fort Lauderdale, 2011: 315–323.

[2] Maas A L, Hannun A Y, Ng A Y. Rectifier nonlinearities improve neural network acoustic models. International Conference on Machine Learning, Atlanta, 2013.

[3] He K, Zhang X, Ren S, et al. Delving deep into rectifiers: Surpassing human-level performance on imageNet classification. International Conference on Computer Vision, Santiago, 2015: 1026–1034.

[4] Xu B, Wang N, Chen T, et al. Empirical evaluation of rectified activations in convolutional network. arXiv preprint arXiv:1505.00853, 2015.

[5] LeCun Y A, Bottou L, Orr G B, et al. Efficient backprop//Orr G B, Müller K R. Neural Networks: Tricks of the Trade. Berlin: Springer, 2012: 9–48.

[6] Wolpert D H, Macready W G. No free lunch theorems for optimization. IEEE Transactions on Evolutionary Computation, 1997, 1(1): 67–82.

第 3 章 图 像 复 原

3.1 图 像 去 噪

3.1.1 简介

图像噪声（Image Noise）是数字图像中亮度或颜色信息的随机变化。图像噪声广泛地存在于数字图像中并通常体现为电子噪声，其主要来源于图像的获取以及传输过程。数字传感器、扫描仪和数码相机的电路都可能会产生噪声并体现在最终的数字图像中。为了消除噪声对图像的影响，获得更加清晰的照片，我们需要对有噪声的图像进行图像去噪。

1. 图像去噪的基本概念

图像去噪是指移除数字图像中噪声的过程。图像去噪问题历史悠久，目前研究人员已经提出了大量方法尝试从不同角度来解决这一问题。根据不同的分类角度，可以将图像去噪方法分为不同的种类。本章将经典的图像去噪方法分为传统的基于模型的去噪方法和基于深度学习的去噪方法两个大类来进行介绍。

2. 图像去噪的意义

如先前所介绍，图像噪声广泛地存在于数字图像中。图像中的噪声不仅会影响人们对于图像内容的观测，也会影响计算机算法（如图像分类、物体检测、语义分割等）对于图像的进一步处理。因此对数字图像进行去噪是十分必要且重要的。图像去噪往往是图像处理流程的第一个步骤，对数字图像去噪的结果也会直接影响后续算法对图像处理的效果。

3.1.2 常见噪声模型

1. 噪声图像退化模型

在空间域中，典型的单张噪声图像可以用式 (3.1) 来描述：

$$I_N = I + N \tag{3.1}$$

其中，I_N 表示噪声图像；I 表示清晰图像；N 表示加性噪声。图像去噪的目的是，对于给定的输入图像 I_N，希望得到一个对原始图像的估计 $\hat{I}$。估计出的 $\hat{I}$ 越接近于原始图像 I，去噪效果也就越好。

对于 N 而言，单个像素位置的具体噪声值是不可预测的，只能通过概率统计的方法来描述某种噪声的分布，常用的方法包括概率密度函数（Probability Density Function，PDF）以及累积分布函数（CDF）。因为噪声的种类繁多，性质不一，所以下面选取几种常见的噪声模型来进行介绍。

2. 高斯噪声

高斯噪声指的是其概率密度函数服从高斯分布（正态分布）的噪声，即对于像素 x，其噪声概率密度函数 $p(x)$ 为

$$p(x) = \frac{1}{\sqrt{2\pi}\sigma} e^{-\frac{(x-\mu)^2}{2\sigma^2}} \tag{3.2}$$

其中，μ 和 σ 为高斯噪声的参数，μ 表示噪声的均值，σ 表示噪声的标准差。在图像去噪任务中通常认为噪声符合零均值的假设，即 $\mu = 0$，使用 σ 来描述噪声的强度。σ 越大，噪声强度越大，原图像失真越明显，对其进行去噪效果也就越差。图3.1(b) 展示了图3.1(a) 被 $\sigma = 50$ 的高斯噪声污染的图像。

(a) 清晰图像   (b) 高斯噪声影响的图像   (c) 椒盐噪声影响的图像

图 3.1   被高斯噪声和椒盐噪声影响的图像（见彩图）

高斯噪声模型被广泛应用于图像去噪仿真中，后面对于这一做法的合理性和局限性进行了详细的讨论。

3. 脉冲（椒盐）噪声

脉冲噪声（Impulsive Noise）通常是信号在传输过程中受到外界突发且强烈的干扰而形成的。脉冲噪声的概率密度函数定义如下：

$$p(x) = \begin{cases} P_a, & x = a \\ P_b, & x = b \\ 1 - P_a - P_b, & \text{其他} \end{cases} \tag{3.3}$$

直观上理解，像素 x 受噪声影响会使其像素值由 P_a 的概率变为 a，由 P_b 的概率变为 b，有 $1 - P_a - P_b$ 的概率保持不变。当 P_a, P_b 有一项为 0 时的脉冲噪声

被称为单极脉冲噪声，两项均不为 0 时则称为双极脉冲噪声。由于脉冲噪声的污染通常大于原数字图像信号的强度，常假设 a,b 分别为数字图像值域的最大值和最小值。被脉冲噪声影响的图像在较暗的区域会有较亮的像素点而在较亮的区域会有较暗的像素点，形似在图像上随机分布的胡椒（黑色）和盐粉（白色）颗粒，如图3.1(c) 所示，所以脉冲噪声又常被称为椒盐噪声（Salt and Pepper Noise）。在实际应用中常使用中值滤波的方法来去除图像中的脉冲噪声。

4. 均匀噪声

均匀噪声（Uniform Noise）是概率密度函数符合均匀分布的噪声。其概率密度函数如下：

$$p(x) = \begin{cases} \dfrac{1}{b-a}, & a \leqslant x \leqslant b \\ 0, & \text{其他} \end{cases} \tag{3.4}$$

其中，a,b 是均匀噪声的参数。特别地，均匀噪声的均值 μ、方差 σ^2 可由 a,b 确定，分别为

$$\mu = \frac{a+b}{2}, \quad \sigma^2 = \frac{(b-a)^2}{12}$$

量化噪声（Quantization Noise）便是一种典型的均匀噪声，这种噪声通常在连续变量向离散变量的转换过程中引入，也可能因将原本离散的数据压缩为更少像素等级的表示而引入。例如，在数字图像的获取过程中，由传感器得到的图像值往往是连续的，但为了后期进一步处理和显示方便，必须对其进行量化处理从而引入了此类噪声。图3.2便是将原始 8bit 表示的像素量化至 4bit 的效果，可以看到原本光滑的天空出现了"阶跃"的变化。

图 3.2　量化噪声污染的图像 [1]

3.1.3 经典传统去噪方法

图像去噪在 20 世纪 90 年代就已成为研究热点，而那时深度学习技术还远未发展。当时被研究人员应用于图像去噪的思路多种多样，主要包括基于滤波器的去噪方法和基于稀疏编码的去噪方法。

1. 基于滤波器的去噪方法

随机噪声的一种重要性质就是所有噪声信号的均值为 0。由此性质出发，可以设计一系列滤波方法来分析某中心像素一定大小的邻域内的其他像素与该像素之间的关系，并获取一个新的像素值代替该中心像素值。下面介绍的均值滤波和高斯滤波便是此类方法中的经典代表。

1）算术均值滤波

算术均值滤波器是最简单的滤波器。简单而言其使用像素 x 周围 $d \times d$ 个像素的均值来替代像素 x 的值。d 越大，计算均值的窗口越大，平滑/去噪效果也就明显，但同样结果也会更加模糊。如图 3.3(c) 所示，算术均值滤波可以在一定程度上抑制原图像的噪声，但结果的边缘部分也会被平滑变得不再明显。

2）高斯滤波

高斯滤波核的计算方法如式 (3.5) 所定义：

$$G(x,y) = \frac{1}{\sqrt{2\pi\sigma^2}} e^{-\frac{x^2+y^2}{2\sigma^2}} \tag{3.5}$$

其中，x,y 为相对于中心点的位置坐标；σ 为高斯滤波的尺度因子，σ 越大，平滑效果越强。相对于算术均值滤波而言，高斯滤波考虑了邻域间各个像素与中心像素间的距离关系，其矩阵权值随与中心像素的距离增加而以高斯分布衰减。这样做的好处是可以更好地保留图像的边缘特征。如图3.3所示，对清晰图像（图 3.3(a)）增加噪声后如图 3.3(b) 所示。相较于算术均值滤波，高斯滤波同样可以抑制图像上的噪声（图 3.3(d)），同时更好地保留边缘细节，但程度也十分有限。

(a) 原图像　　　　　　(b) 有噪声图　　　　(c) 算术均值滤波去噪结果　　(d) 高斯滤波去噪结果

图 3.3　对图像进行去噪

3）非局部均值

先前的方法仅仅是简单地对邻域像素求均值并替代中心像素，并未充分考虑图像的结构信息。结构信息主要位于图像边缘处，而要对位于边缘上的像素进行滤波去噪并尽量保持边缘特征，则参与计算均值的像素应当尽量来源于相似的区域。先前所介绍的算术均值滤波和高斯滤波显然不能满足这一需求。针对这种局限性，非局部均值（Non-local Means，NLM[2]）算法以图像块为单位在整幅图像中寻找相似区域并求均值。该方法能够更好地消除高斯噪声并保留原始图像的边缘信息。其具体计算过程如下。

给定一张有噪声的图像 $v = v(i)|i \in I$，对于第 i 个像素，该算法得出的结果 $\mathrm{NL}[v](i)$ 由整张图像中所有其他像素加权求均值得到：

$$\mathrm{NL}[v](i) = \sum_{j \in I} w(i,j)v(j) \tag{3.6}$$

其中，权重项 $w(i,j)$ 的取值取决于像素 i,j 邻域的灰度组成的向量 $v(\mathcal{N}_i), v(\mathcal{N}_j)$ 的相似程度（$\mathcal{N}_k$ 表示以像素 k 为中心的固定大小的方形邻域），这种相似度由加权的欧氏距离定义：

$$\|v(\mathcal{N}_i) - v(\mathcal{N}_j)\|_{2,a}^2$$

其中，$a > 0$ 表示高斯核的标准差。作为权重项，$w(i,j)$ 还需满足 $0 \leqslant w(i,j) \leqslant 1$ 且 $\sum_j w(i,j) = 1$。$w(i,j)$ 的具体计算方法如下：

$$w(i,j) = \frac{1}{Z(i)} \mathrm{e}^{-\frac{\|v(\mathcal{N}_i) - v(\mathcal{N}_j)\|_{2,a}^2}{h^2}} \tag{3.7}$$

$Z(i)$ 为归一化因子：

$$Z(i) = \sum_j \mathrm{e}^{-\frac{\|v(\mathcal{N}_i) - v(\mathcal{N}_j)\|_{2,a}^2}{h^2}} \tag{3.8}$$

其中，h 通过控制权重值随欧氏距离变化而衰减的程度来控制滤波的程度。图3.4展示了非局部均值算法对于每张图像中心像素估计的权值分布，权值由 0 到 1 对应图中的黑色到白色。

图 3.4　NLM 算法估计权重的可视化 [2]

图3.5展示了 NLM 算法及其他对比算法去噪的结果,从左至右、从上到下分别为噪声强度为 20 的噪声图像、高斯滤波去噪结果、各向异性滤波去噪结果、全微分去噪结果、邻域滤波去噪结果和 NLM 去噪结果。可以看出相对于高斯滤波,NLM 滤波可以更好地去除噪声并且保留高频细节。

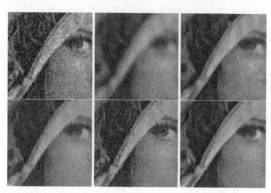

图 3.5   NLM 及其他对比方法去噪结果 [2]

尽管 NLM 方法可以获得比较好的去噪效果,但其有一个明显的缺点就是该方法的计算时间会随图像尺寸的增大显著增加,该方法中对于相似区域的搜索范围是整张图像,这就必然带来大量的计算开销。在实际应用该算法进行图像去噪时往往不会在全图范围进行搜索,而是将搜索范围局限在一个较大的窗口中。尽管后续改进该算法并加入多线程进行计算,但对单张图像的处理时间往往需要几十秒,这远远不能达到实时处理的需求。

2. 基于稀疏编码的去噪方法

本节主要介绍基于 K-奇异值分解(K-Singular Value Decomposition, KSVD)的图像去噪方法 [3],该方法主要思路是利用训练的词典对图像进行稀疏和冗余表示。与其他方法相同,该方法考虑被高斯白噪声污染的图片 $y = x + v$,其中 v 均值为 0,方差为 σ。设一个图像块尺寸为 $\sqrt{n} \times \sqrt{n}$,其中 n 为该图像块的总像素数。将该图像块按照字典的方式排列为列向量 $x \in \mathbb{R}^n$。为了构造一个稀疏的模型,定义一个字典 $D \in \mathbb{R}^{n \times k}$,其中 $k > n$,用于过完备表示。假设该字典已知,此时问题变为:找到一个稀疏矩阵 α 来稀疏地表达 x,即可以用下面的公式来进行表达和求解:

$$\begin{cases} \hat{\alpha} = \underset{\alpha}{\arg\min} \|\alpha\|_0 \\ \text{s.t.} \quad D\alpha \approx x \end{cases} \tag{3.9}$$

为了保证稀疏性,即用字典中尽量少的列来表示 x,我们希望 $\|\hat{\alpha}\|_0 \ll n$。以上限制条件可以表示为 $\|D\alpha - x\| \leqslant \epsilon$ $\|\hat{\alpha}\|_0 \leqslant L \ll n$。我们将此模型定义为

(ϵ, L, D)。此时假设 x 属于 (ϵ, L, D)，考虑噪声图像 y，其去噪结果可以通过以下公式得出：

$$
\begin{cases}
\hat{\alpha} = \underset{\alpha}{\arg\min} \|\alpha\|_0 \\
\text{s.t.} \quad \|D\alpha - y\|_2^2 \leqslant T
\end{cases}
\tag{3.10}
$$

其中，T 由 ϵ, σ 决定。去噪后的结果由 $\hat{x} = D\hat{\alpha}$ 给出。值得注意的是上面的优化任务可以修改为

$$
\hat{\alpha} = \underset{\alpha}{\arg\min} \|D\alpha - y\|_2^2 + \mu\|\alpha\|_0
\tag{3.11}
$$

即稀疏性的限制成了一个惩罚项。通过选择合适的 μ，这两种形式的表示对应的问题是等价的。而为了求解这个问题，该方法选择使用正交匹配追踪（Orthogonal Matching Pursuit，OMP）算法进行求解。

当想用同样的模型处理一张更大的图片而非图像块时（尺寸为 $\sqrt{N}\times\sqrt{N}, N \ll n$），一种方案是重新定义一个有着更大字典的模型，但由于训练时通常只能编制较小的字典，并且小字典可以利用算法的局部性简化全局的图片处理。而如果直接处理 $\sqrt{n} \times \sqrt{n}$ 的小图像块再进行拼接会造成结果的边界效应。这一问题可以通过处理重叠的图像块再进行求平均的操作来解决。对于一张尺寸较大的图像 X 来说，假设其由属于上述 (ϵ, L, D) 模型的所有图像块构成，此时式 (3.11) 可以被替换为

$$
\{\hat{\alpha}_{ij}, \hat{X}\} = \underset{\alpha_{ij}, X}{\arg\min} \lambda\|X - Y\|_2^2 + \sum_{ij} \mu_{ij}\|\alpha_{ij}\|_0 + \sum_{ij} \|D\alpha_{ij} - R_{ij}X\|_2^2
\tag{3.12}
$$

其中，等式右边第一项用于衡量去噪图像和噪声图像的相似程度，第二项以及第三项是稀疏先验的表示，其确保了 X 中的每一个图像块 $x_{ij} = R_{ij}X$（R_{ij} 表示从图像中取第 (ij) 个图像块组成的 $n \times N$ 的矩阵）都有一定的稀疏表示。

在假设字典已知的情况下，式 (3.12) 中只有 α_{ij} 和 X 未知。对于这两个未知数，可以采取分开处理的方法，首先初始化 $X = Y$，再寻找 $\hat{\alpha}_{ij}$，对每一个图像块由下面公式进行处理：

$$
\hat{\alpha}_{ij} = \underset{\alpha}{\arg\min} \mu_{ij}\|\alpha_0\| + \|D\alpha_{ij} - R_{ij}X\|_2^2
\tag{3.13}
$$

可以利用 OMP 算法求解此式，当 $\|D\alpha_{ij} - R_{ij}X\|_2^2 \leqslant T$ 时停止迭代。之后更新 X，此时 $\hat{\alpha}_{ij}$ 已知，通过下式求解出最优的 X：

$$
\hat{X} = \underset{x}{\arg\min} \lambda\|X - Y\|_2^2 + \sum_{ij} \|D\hat{\alpha}_{ij} - R_{ij}X\|_2^2
\tag{3.14}
$$

这是一个二次型，其近似解的表示式如下：

$$\hat{X} = \left(\lambda I + \sum_{ij} R_{ij}^{\mathrm{T}} R_{ij} \right)^{-1} \left(\lambda Y + \sum_{ij} R_{ij}^{\mathrm{T}} D \hat{\alpha}_{ij} \right) \tag{3.15}$$

即在最优化每个图像块后将这些图像块进行拼接从而得到 X，在此时 X 存在着边界效应。通过最优化 X 可以消除这种效应。这一步可以理解为一个平均操作，之后得到新的 X 并重复该处理过程直到迭代结束。

值得注意的是，我们一直假设字典 $D \in \mathbb{R}^{n \times k}$ 已知，而对于字典有多种构造方式，比较常见的为离散余弦变换（Discrete Cosine Transform，DCT）字典，对字典的训练方式有两种：①从高质量的图像集进行训练；②从噪声图像进行训练。从高质量图像集合训练可以描述为：给定一个图像块的集合 $Z = \{z_j\}_{j=1}^M$，其中每一个图像块的大小为 $\sqrt{n} \times \sqrt{n}$，根据以下公式得到最优解：

$$\epsilon(D, \{\alpha_j\}_{j=1}^M) = \sum_{j=1}^M [\mu_j \|\alpha_j\|_0 + \|D\alpha_j - z_j\|_2^2] \tag{3.16}$$

可以利用 KSVD 算法更新字典，同时更新稀疏表示的系数。而在噪声图片 Y 上，训练字典则可以表示为

$$\{\hat{D}, \hat{\alpha}_{ij}, \hat{X}\} = \underset{D, \alpha_{ij}, X}{\arg\min} \lambda \|X - Y\|_2^2 + \sum_{ij} \mu_{ij} \|\alpha_{ij}\|_0 + \sum_{ij} \|D\alpha_{ij} - R_{ij}X\|_2^2 \tag{3.17}$$

并最终由式 (3.15) 给出。KSVD 对图像的去噪效果如图3.6所示。

(a) 清晰图像   (b) $\sigma = 20$ 的噪声图像   (c) KSVD 去噪结果

图 3.6   KSVD 对噪声图像的去噪结果 [3]

3.1.4 基于深度学习的去噪方法

随着大数据时代的来临和计算机算力的急速提升，以卷积神经网络为代表的深度学习方法凭借其有效性在计算机视觉领域逐渐成为主流方法，在图像去噪领域也不例外。虽然大部分传统方法在图像去噪上能达到不错的性能，但是它们有

以下缺点：① 在测试阶段涉及复杂优化方法；② 手动设置参数；③ 处理单个去噪任务时模型是固定的。而深度学习模型拥有灵活的结构以及强大的自学习能力，可以被用来解决这些不足。本节主要介绍基于深度学习的去噪方法。根据是否需要清晰图像作为监督，将这些方法分为有监督的去噪方法和无监督的去噪方法进行介绍。

1. 有监督的深度学习去噪方法

1）RED

RED[4] 是早期将深度学习应用于图像去噪的代表性工作，其全称为深度残差编码解码网络（Very Deep Residual Encoder-Decoder Networks）。总体来看该网络结构比较简单，其网络结构图如图3.7所示。

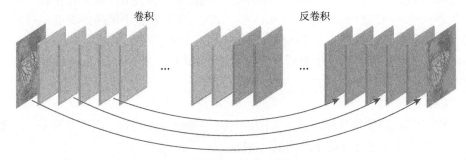

图 3.7　RED 网络结构 [4]

该网络首先对输入图像进行卷积逐层提取特征，同时该过程也可以起到抑制图像噪声，降低噪声影响的效果。随后再通过反卷积对提取的特征进行上采样最终得到去噪后的图像。该网络在对称的上采样与下采样层间加入了跳跃连接（Skip Connection），与 U-Net 中的跳跃连接不同的是，这里对应的像素直接进行逐像素相加操作而非通道的连接（Concatenate）操作。跳跃连接可以解决网络层数较深的情况下梯度消失的问题，同时有助于梯度的反向传播，加快训练过程。通过传递卷积层的特征图到反卷积层，有助于解码器拥有更多图像细节信息，从而恢复出更高质量的去噪图像。此外，该网络不直接估计清晰图像，而是估计噪声图像与清晰图像的残差。

2）DNCNN

DNCNN（Beyond a Gaussian Denoiser: Residual Learning of Deep CNN for Image Denoising）[5] 是一种体积小且去噪效果好的经典图像去噪模型，用于多种图像恢复任务上。该方法还验证了残差学习和批量归一化在图像恢复任务中的重要性，从而在较深的网络层数中带来较快的收敛和更高的性能。

（1）网络结构。

DNCNN 的网络结构十分简洁，主要为卷积层（Conv）+ 批量归一化（BN）+ReLU 层的堆叠，其网络结构如图 3.8 所示。

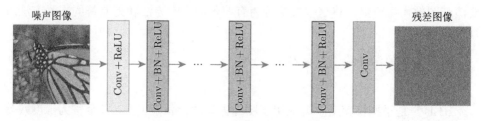

图 3.8　DNCNN 网络结构 [5]

网络的第一层使用了卷积层 +ReLU 层，输出通道数为 64。第 2 层至第 $(D-1)$ 层为卷积层 + 批量归一化层 +ReLU 层，其中 D 表示整个网络的深度。最后一层为卷积层，输出最后的去噪结果。网络中所有卷积层使用填充使其保持原尺寸，即池化后的结果经过卷积运算后与输入图像尺寸相同。DNCNN 同样估计清晰图像与噪声图像间的残差。

（2）残差学习。

DNCNN 的优化目标不是真实图片与网络输出之间的均方误差（MSE），而是真实残差图片与网络输出之间的 MSE。

根据 ResNet[6] 中的理论，当残差为 0 时，卷积层之间等价于恒等映射，而恒等映射是非常容易训练优化的。该方法注意到在图像复原领域（尤其是在噪声程度较小的情况下），噪声图像与清晰图像间的残差非常小，所以理论上残差学习非常适合运用到图像复原上。

通俗地讲，这样的网络设计就是在隐层中将真实的图片从原噪声图中消去。该方法注意到：在超分辨率领域，低分辨率图片就是高分辨率图片的双三次上采样操作形成的，故超分领域的残差图片和去高斯噪声领域的残差图片是等价的，同理还有去除 JPEG 压缩领域的残差图片。所以理论上该模型可以处理以上多种问题，文献 [5] 也进行了相关实验，证明了该方法的有效性。

3）SADNet

先前的工作表明卷积神经网络已可以在图像去噪任务上取得良好的效果，但是这些方法往往会导致图像过于光滑，通常使用较深的网络结构可以缓解这类问题，但这也会带来额外的计算开销。SADNet（Spatial-Adaptive Network）[7] 是一种新的空间自适应去噪网络，为了适应空间纹理和边缘的变化，该方法设计了一个残差空间自适应块（Residual Spatial-adaptive Block，RSAB），并引入可变形卷积（Deformable Convolution）对空间相关特征进行采样，此外还引入了具有上下文块（Context Block）的编码器-解码器网络来捕获多尺度信息（Multiscale Information）。通过从粗到细的噪声去除，最终得到高质量的去噪图像。该方法可用于合成噪声图像和真实世界的噪声图像的去噪。

（1）可形变卷积。

可形变卷积[8]最早应用于目标检测领域中。假设输入的特征图为 x，$x(p)$ 表示 x 中位于位置 p 处的值，传统的卷积操作可以描述为

$$y(p) = \sum_{p_i \in N(p)} w_i \cdot x(p_i)$$

其中，$N(p)$ 表示位置 p 的邻域。该邻域的大小与卷积核的尺寸相同；w_i 表示卷积核对应位置的权重。

传统卷积操作的邻域大小被严格限定，因此有一些不重要的特征可能会被计算在内，而一些重要特征没有被突出，可形变卷积可以缓解这一问题。

可形变卷积可以改变卷积核的形状，它首先为每个位置学习一个偏移图（Offset Map），然后将所得偏移图应用于特征图，对相应特征进行重采样来进行加权。可形变卷积提供了另一个自由度来调整空间支撑区域（Spatial Support Regions），其形式化如下：

$$y(p) = \sum_{p_i \in N(p)} w_i(p_i + \Delta p_i) \cdot \Delta m_i \tag{3.18}$$

其中，Δp_i 为在位置 p_i 的可学习的偏移；Δm_i 为可学习的调制标量，其范围为 $[0,1]$，它反映了采样特征 $x(p_i)$ 和当前位置特征的相关性。因此，调制后的可变形卷积可以调制输入特征的幅值以进一步调整空间支撑区域。在每个 RSAB 中，首先将提取的特征和先前尺度的重构特征融合作为输入。RSAB 由调制的可形变卷积和后面的带有跳跃连接（Short-Cut）的传统卷积构成。与残差块类似，RSAB 中使用了局部残差学习以增强信息流并提高网络的表示能力，但将第一个卷积替换为了调制的可形变卷积，并使用 Leaky ReLU 作为激活函数。因此，RSAB 可以表示为

$$F_{\mathrm{RSAB}}(x) = F_{\mathrm{cn}}(F_{\mathrm{act}}(F_{\mathrm{dcn}}(x))) + x \tag{3.19}$$

其中，F_{dcn} 和 F_{cn} 表示调制可形变卷积和传统卷积；F_{act} 为激活函数。RSAB 的结构如图3.9所示。此外，为了更好地估计偏置，将最后一个尺度的偏移 Δp^{s-1} 和调制标量 Δm^{s-1} 转移到当前的尺度 s，同时使用 $\{\Delta p^{s-1}, \Delta m^{s-1}\}$ 和输入特征 x^s 来估计 $\{\Delta p^s, \Delta m^s\}$。偏移转移可以表示为

$$\{\Delta p^s, \Delta m^s\} = F_{\mathrm{offset}}(x, F_{\mathrm{up}}(\{\Delta p^{s-1}, \Delta m^{s-1}\}))$$

其中，F_{offset} 和 F_{up} 分别代表偏置转换（Offset Transfer）和上采样（Upsampling）。如图3.9所示，偏置转换涉及多个卷积，从输入中提取特征并将其与先前的偏移融合，以估计当前尺度的偏置（offset），实验中采用双线性插值来进行上采样。

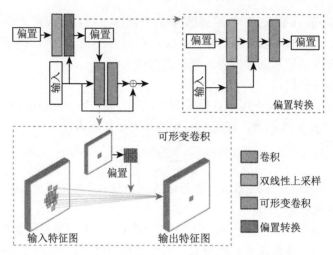

图 3.9　RSAB 结构 [7]（见彩图）

（2）上下文块。

多尺度信息对于图像去噪任务很重要。因此，网络中经常采用下采样操作。然而，当空间分辨率太小时，图像结构被破坏，并且信息丢失，这不利于重建特征。为了增加感受野并捕获多尺度信息而又不进一步降低空间分辨率，该方法将上下文块引入编码器和解码器之间。与空间金字塔池化相比，上下文块使用具有不同扩张率的多个扩张卷积，而不是下采样。它可以扩大感受野，而不会增加参数数量或损坏图像结构。然后，将从不同感受野中提取的特征融合以估计输出（图3.10）。从较大的感受野估计偏移量是有益的。该方法删除了批量归一化层，仅使用了设置为 1、2、3 和 4 的四个膨胀率。为了进一步简化操作并减少运行时间，该方法首先使用 1×1 卷积进行通道压缩，并将压缩比设置为 4。同样，在输入和输出间使用跳跃连接防止信息阻塞。

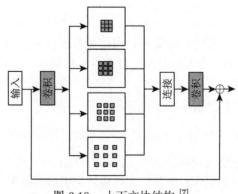

图 3.10　上下文块结构 [7]

（3）网络结构。

SADNet 的网络结构如图3.11所示，令 x 为输入的噪声图像，$\hat{y}$ 为对应的去噪输出图像，那么模型可表示为

$$\hat{y} = \mathrm{SADNet}(x)$$

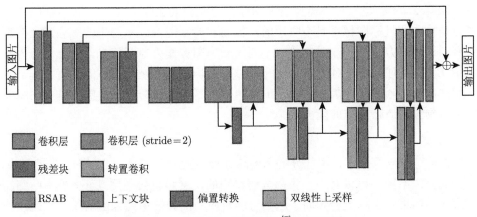

图 3.11　SADNet 网络结构[7]（见彩图）

使用 1 层卷积层从噪声输入中提取初始特征，将这些特征输入到多尺度编码–解码网络中。在编码器部分使用残差块提取不同尺度的特征，不同于原始结构，这里的残差块删除了批归一化（Batch Normalization，BN）层并且使用 Leaky ReLU 作为激活函数。此外为了避免损坏图像结构，该方法限制了下采样的操作次数，并使用一个上下文块来进一步扩大感受野并捕获多尺度信息；在解码器部分，设计了残差空间自适应块来对相关特征进行采样和加权以消除噪声并重构纹理。还估计了偏移量，这对于获得更精确的特征位置很有帮助。最后将重构的特征输入到最后一个卷积层来还原去噪后的图像。SADNet 对图像的去噪结果如图3.12所示。

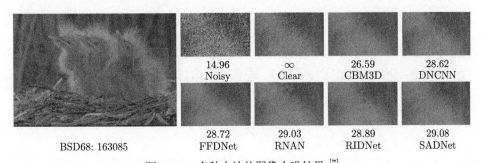

图 3.12　多种方法的图像去噪结果[7]

图中数字表示与清晰图像的峰值信噪比（Peak Signal-to-Noise Ratio，PSNR）

2. 无监督的深度学习去噪方法

前面介绍的深度学习方法都是有监督的，此类算法通常效果较好，缺点是需要成对的训练数据，即需要噪声图像和对应的清晰图像。而下面介绍了一个基于深度学习的无监督的去噪方法，该方法只需要噪声图像就能够完成训练，而不需要对应的清晰图像作为监督。

Noise2Noise 是一种不需要清晰图像作为监督的去噪方法[9]，该方法的主要亮点是输入和目标图像都是有噪声的图像而非清晰图像。不同于传统意义上的无监督训练，该方法需要一张与输入不同的噪声图像作为监督信息。该方法认为在使用 L_2 损失时，网络对于一对多的映射关系学习到的是映射值的均值。基于这一想法，将清晰的图像加上零均值的噪声作为目标，在数据量足够多时，网络就能学习到预测清晰图像的能力。

1）理论背景

在超分辨率算法中，由低分辨率到高分辨率图的对应是一对多的，也就是说，一张低分辨率图是可以对应多张高分辨率图的，网络直接使用 L_2 损失去回归高分辨率的结果，实际上会倾向于回归可能对应的高分辨率图像的均值，因此预测的高分辨率图会倾向于模糊。也就是说，对于任务：

$$\arg\min_z \mathbb{E}_y L(z, y) \tag{3.20}$$

其最小值会在 $z = \mathbb{E}_y$ 处取得。同样地，L_1 损失取得最小值的位置为目标的中位数处。而这样的一对多的回归任务利用神经网络拟合便可以形式化为

$$\arg\min_\theta \mathbb{E}_{(x,y)}\{L(f_\theta(x), y)\} \tag{3.21}$$

其中，f_θ 表示以 θ 为参数的网络。而如果输入变量 x 之间相互独立，那么式 (3.21) 又可以写为

$$\arg\min_\theta \mathbb{E}_x\{\mathbb{E}_{y|x}\{L(f_\theta(x), y)\}\} \tag{3.22}$$

可见优化过程可以分成两步优化。这有什么好处呢？如果一张图对应的目标足够多，并且目标的噪声满足零均值分布，那么 $y|x$ 的优化结果理应是清晰的目标，然后对每张输入图片进行第二步优化。用公式表达就是

$$\mathbb{E}\{\hat{y}_i|\hat{x}_i\} = y_i \tag{3.23}$$

其中，$\hat{x}_i$ 为有噪声的输入；$\hat{y}_i$ 为有噪声的目标；y_i 表示清晰图片。只要近似满足噪声是零均值分布的，优化的结果就可以将噪声均值化从而达到去噪的目的。

2）网络结构

在高斯噪声去除的任务中，该方法使用了深度为 30 的 RED 作为网络结构并使用 L_2 损失作为损失函数。该网络去噪结果如图3.13所示，图中从左到右分别为真值图像、被噪声影响的图像和 Noise2Noise 去噪结果。

图 3.13　　Noise2Noise 去噪效果 [9]

3.1.5　真实图像噪声的去噪方法

本节主要介绍针对真实图像噪声的去噪方法。在训练去噪模型时常常使用高斯白噪声作为真实噪声的近似进行仿真实验，下面将讨论这种做法的合理性以及局限性，并介绍一个专门针对真实噪声图像的去噪方法。

1. 高斯白噪声仿真的合理性与局限性

1）使用合成噪声的原因

（1）方便对问题的分析以及对算法的设计。通常为了便于对问题的分析，我们通常会给要处理的问题建立一个数学模型，例如，假设图像的噪声符合某种分布，并根据这种假设来进一步地设计算法进行处理。而真实情况下的噪声难以直接建模描述，所以在实验中往往会采用合成噪声来进行测试训练以及分析。

（2）方便对结果进行评价。评价图像去噪算法的方法通常可分为有参考的评价标准和无参考的评价标准。有参考的评价标准通常需要将算法处理后的去噪图像和对应的真实清晰图像进行比较，得到算法优劣的度量，而无参考的评价标准则直接对单张去噪图像进行评估。有参考的图像评价如峰值信噪比（PSNR）、结构相似度指数（Structure Similarity Index Measure，SSIM）等指标通常更加准确，也更多地被人们所采用，而无参考的评价很多情况下不能准确地反映图像质量和噪声去除的程度。另外召集测试人员进行主观评价则存在着主观性过强，评价指标不统一、成本过高等问题。除此之外，真实噪声的图像很难获得没有噪声的清晰版本，因此不能使用有参考的评价指标对算法进行评价，而合成噪声则可以避免这一问题。

2）使用高斯白噪声进行仿真的原因

采用高斯白噪声可以更好地模拟未知来源的真实噪声。在真实环境中，噪声往往不只来自于单一源头，而是多种来源噪声组成的复合体。将这些不同源头的噪声看作相互独立且符合不同分布的随机变量，其复合体即为这些随机变量的加和。根据中心极限定理，它们的加和便会趋向于符合高斯分布。因此使用高斯分布来模拟真实噪声是存在其合理性的。

3）高斯白噪声仿真的局限性

先前提到高斯噪声的仿真存在一定合理性，即在真实噪声情况下也可以起到一定的噪声去除效果，但往往缺少特异性，并不能达到非常令人满意的去噪效果。接下来会介绍一些针对真实噪声图像的去噪方法，我们来看这些方法是如何针对真实噪声进行去除的。

2. 针对真实图像噪声的去噪方法

CBDNet（Convolutional Blind Denoising Network）是一个针对真实图像噪声去除的方法 [10]。主要贡献包括：①提出了一个更加真实的噪声模型，考虑了信号依赖噪声和图像信号处理（Image Signal Processing，ISP）流程对噪声的影响，展示了图像噪声模型在真实噪声图像中起着关键作用；②提出了 CBDNet 模型，其包括了一个噪声估计子网络和一个非盲去噪子网络，可以实现图像的盲去噪（即未知噪声水平）；③提出了非对称学习（Asymmetric Learning）的损失函数，并允许用户交互式调整去噪结果，增强了去噪结果的鲁棒性；④将合成噪声图像与真实噪声图像一起用于网络的训练，提升网络的去噪效果和泛化能力。

1）真实噪声模型

给定一张无噪声的图像 x，一个更加真实的噪声模型 $n(x) \sim N(0, \sigma^2(x))$ 可以表示为

$$\sigma^2(x) = x \cdot \sigma_s^2 + \sigma_c^2 \tag{3.24}$$

因此 $n(x) = n_s(x) + n_c$ 包含了信号依赖噪声部分 n_s 和平稳噪声部分 n_c。其中 n_c 通常建模为方差为 σ_c^2 的高斯白噪声，而 n_s 通常与图像的亮度有关。此外，该方法还进一步地考虑了相机内的图像信号处理流程，从而得出了下式描述的信号依赖和颜色通道依赖的噪声模型：

$$y = M^{-1}(M(f(L + n(x)))) \tag{3.25}$$

其中，y 表示合成的噪声图像；$f(\cdot)$ 代表相机响应函数（Camera Response Function，CRF），其将辐照度 L 转化为原始清晰图像 x；$M(\cdot)$ 表示将 sRGB（Standard Red Green Blue）图像转化为 Bayer 图像的函数；$M^{-1}(\cdot)$ 表示去马赛克函数。因为去马赛克函数中的线性插值运算涉及了不同颜色通道的像素，所以合成的噪声是通道依赖的。而进一步将图像压缩效应考虑在内后，将 JPEG 压缩后的合成噪声图像表示为

$$y = \text{JPEG}(M^{-1}(M(f(L + n(x))))) \tag{3.26}$$

对于 RAW 图像，可以使用式 (3.24) 合成噪声；对于未压缩图像，可以使用式 (3.25) 合成图像；对于压缩图像，使用式 (3.26) 合成图像。

如图3.14所示，CBDNet 网络包含了两个子网络：CNN_E（表示噪声估计子网络）和 CNN_D（表示非盲去噪子网络）。首先，噪声估计子网络将噪声观测图像 y 转换为估计的噪声水平图 $\hat{\sigma}(y)$。然后，非盲去噪子网络将 y 和 $\hat{\sigma}(y)$ 作为输入得到最终的去噪结果 $\hat{x}$。除此之外，噪声估计子网络允许用户在估计的噪声水平图 $\hat{\sigma}(y)$ 输入到非盲去噪子网络之前对应进行调整。噪声估计子网络使用五层全卷积网络（Fully Convolution Network，FCN），卷积核为 $3 \times 3 \times 32$，没有使用池化层和 BN 层。非盲去噪子网络使用 16 层的 U-Net 结构，且使用残差学习的方式学习残差映射 $R(y, \hat{\sigma}(y))$，从而得到干净的图像 $\hat{x} = y + R(y, \hat{\sigma}(y); W_D)$，其中 W_D 表示 CNN_D 的网络参数。

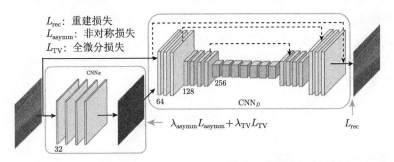

图 3.14　CBDNet 网络结构 [10]

2）非对称学习

该方法观察到非盲去噪方法（如 BM3D 等 [11]）对噪声估计的误差具有非对称敏感性。当输入噪声的标准差与真实噪声的标准差一致时，去噪效果最好。当输入噪声标准差低于真实值时，去噪结果包含可察觉的噪声；而当输入噪声标准差高于真实值时，去噪结果仍能保持较好的结果，虽然也平滑了部分低对比度的纹理。因此，非盲去噪方法对低估误差比较敏感，而对高估的误差比较鲁棒。为了消除这种非对称敏感性，该方法设计了非对称损失函数用于噪声估计。给定像

素 i 的估计噪声水平 $\hat{\sigma}(y_i)$ 和真实值 $\sigma(y_i)$，当 $\hat{\sigma}_{y_i} < \sigma(y_i)$ 时，应当对其 MSE 引入更多的惩罚，因此：

$$L_{\text{asymm}} = \sum_i \left| \alpha - \mathbb{I}_{(\hat{\sigma}_{y_i} - \sigma(y_i)) < 0} \right| \cdot (\hat{\sigma}(y_i) - \sigma(y_i))^2 \tag{3.27}$$

当 $e < 0$ 时，$\mathbb{I}_e = 1$，否则为 0。通过设定 $0 < \alpha < 0.5$，可以对低估误差引入更多的惩罚。此外该方法还引入了全微分损失来约束 $\sigma(\hat{y})$ 的平滑程度：

$$L_{\text{TV}} = \|\nabla_h \hat{\sigma}(y)\|_2^2 + \|\nabla_v \hat{\sigma}(y)\|_2^2 \tag{3.28}$$

其中，∇_h 和 ∇_v 分别表示水平和垂直方向梯度。对于去噪网络输入的 $\hat{x}$，其重建损失为

$$L_{\text{rec}} = \|\hat{x} - x\|_2^2 \tag{3.29}$$

整个网络的目标损失函数为

$$L = L_{\text{rec}} + \lambda_{\text{asymm}} L_{\text{asymm}} + \lambda_{\text{TV}} L_{\text{TV}} \tag{3.30}$$

其中，λ 表示超参数。

3.1.6　小结

本节主要介绍了图像去噪的相关知识。首先介绍了图像噪声的起因；其次介绍了噪声图像的退化模型以及常见的噪声种类和噪声模型；然后介绍了一系列传统的图像去噪方法以及有监督和无监督的基于深度学习的去噪方法；最后针对通常使用的高斯白噪声仿真分析了其合理性及局限性，并讲解了一种针对真实噪声图像的去噪方法。

3.2　图像去模糊

3.2.1　图像去模糊理论基础

本节重点介绍图像模糊与图像去模糊相关定义、研究意义、模糊图像退化模型以及经典非盲去模糊（去卷积）算法。

1. 图像去模糊相关定义

在图像采集的过程中有非常多的外部因素，例如，对焦不准确，成像过程中受到信号干扰和相对运动以及不良天气状况、大气湍流效应、低光照等自然因素等都会导致图像的模糊。另外，图像的编解码、图像的传输和图像的压缩等因素也可能进一步导致图像模糊。

图像去模糊的主要目的是从退化的模糊图像中恢复出尽可能真实并且含有丰富纹理细节的清晰图像。去除图像模糊主要有两种思路：一种是在图像采集前或者采集过程中尽量避免不良环境、错误参数或不当操作等，从而直接有效地避免模糊的产生；另一种是已经采集到了模糊的图像，通过算法去除图像中的模糊伪影，最大限度地将其恢复成原始的清晰图像。本节只针对后者进行介绍。

2. 图像去模糊的研究意义

图像去模糊作为数字图像处理的热点研究课题，具有非常广泛的应用场景和实际意义，小到日常生活，大到军事、医学、工业等。图像去模糊通常作为数据的预处理步骤，好的恢复结果会显著提高后续计算机视觉任务的性能。

3. 模糊图像退化模型

由于需要通过已知的退化图像估计出潜在的清晰图像和模糊核等多个值，因此图像去模糊是一个典型的不适定问题（Ill-posed Problem），或者称为逆问题（Inverse Problem）。解决不适定问题的通常做法是设计图像先验知识来约束解空间，使解的搜索空间变小，从而得到更接近真实解的估计值。图像模糊对边缘等高频细节信息的影响较大，因此恢复高频细节的难度较大。一般使用如下图像退化模型对模糊图像进行建模：

$$B(i,j) = K(i,j) * L(i,j) + N(i,j) \tag{3.31}$$

其中，$L(x,y)$ 表示原始清晰图像；$K(x,y)$ 表示模糊核，通常也被称为点扩散函数；$N(x,y)$ 表示加性噪声；$*$ 表示卷积操作运算符；$B(i,j)$ 表示经过图像退化过程而生成的运动模糊图像。

图像模糊有多种类型，具体如下。

（1）高斯模糊（Gaussian Blur）。高斯模糊核是一种符合高斯分布的模糊核。高斯模糊核一般表现为核中间的值较高,而周围的值较低,其可视化效果如图 3.15(a) 所示。

（2）运动模糊（Motion Blur）。运动模糊通常在拍摄设备曝光时间内，拍摄设备和被摄物体发生相对运动时出现。去除运动模糊是图像去模糊任务的研究主体。运动模糊描述模糊的运动轨迹，模糊核的值通常是稀疏的，其可视化效果如图 3.15(b) 所示。

（3）散焦模糊（Defocus Blur）。散焦模糊核通常用圆盘函数近似，简单理解就是圆形区域均值滤波。对于散焦模糊图像的模糊去除，实际上就是对模糊半径的估计，其可视化效果如图 3.15(c) 所示。

图像去模糊算法根据模糊核是否已知可分为两类，分别是非盲去模糊（Non-Blind Deblurring）和盲去模糊（Blind Deblurring）。非盲去模糊就是在只有模糊的退化图像且模糊核未知的情况下估计潜在的清晰图像。

(a) 高斯模糊核   (b) 运动模糊核   (c) 散焦模糊核

图 3.15　三种不同类型模糊核

4. 经典非盲去模糊算法

1）逆滤波（Inverse Filter）

模糊图像在空间域可以表示为模糊核与清晰图像卷积得到，如果转换到频域，卷积操作就可以通过点乘实现，由于点乘计算相对简单，所以逆滤波操作在频域上进行。用傅里叶变换（Fourier Transform，FT）将式(3.31)的模糊退化模型转换到频域，形式如下：

$$\mathcal{B}(u,v) = \mathcal{K}(u,v) \cdot \mathcal{L}(u,v) + \mathcal{N}(u,v) \tag{3.32}$$

其中，$\mathcal{B}(u,v)$ 为模糊图像的频域表示；$\mathcal{K}(u,v)$ 为模糊核的频域表示；$\mathcal{L}(u,v)$ 为清晰图像的频域表示；$\mathcal{N}(u,v)$ 为噪声的频域表示；$\cdot$ 为点乘操作。如果不存在噪声，式(3.32)可以简化为

$$\mathcal{B}(u,v) = \mathcal{K}(u,v) \cdot \mathcal{L}(u,v) \tag{3.33}$$

所以当模糊核已知的情况下，最简单的复原方法是直接对 $\mathcal{B}(u,v)$ 和 $\mathcal{K}(u,v)$ 做除法：

$$\mathcal{L}(u,v) = \frac{\mathcal{B}(u,v)}{\mathcal{K}(u,v)} \tag{3.34}$$

再将 $\mathcal{L}(u,v)$进行傅里叶逆变换（Inverse Fourier Transform，IFT）即可得到空间域图像 $L(x,y)$。我们将 $\dfrac{1}{\mathcal{K}(u,v)}$ 称为逆滤波器。

但是真实图像都会有噪声存在，此时逆滤波的实际结果为

$$\mathcal{L}'(u,v) = \mathcal{L}(u,v) + \frac{\mathcal{N}(u,v)}{\mathcal{K}(u,v)} \tag{3.35}$$

当项$\mathcal{K}(u,v)$ 中存在零或是非常小的值时，后面的项 $\dfrac{\mathcal{N}(u,v)}{\mathcal{K}(u,v)}$ 比较大，会很大程度

上影响 $\mathcal{L}(u,v)$ 的估计值，最后得到带有大量噪声的估计图像。所以由于噪声项 $\mathcal{N}(u,v)$ 未知，逆滤波通常无法得到准确的结果。

2）维纳滤波（Wiener Filter）

维纳滤波也称为最小二乘滤波。其目标是最小化估计的结果与期望输出之间的均方误差：

$$e^2 = \mathbb{E}\left\{ (L(i,j) - \hat{L}(i,j))^2 \right\} \tag{3.36}$$

其中，$\hat{L}(i,j)$ 为给定 $B(i,j)$ 的情况下 $L(i,j)$ 的最小二乘估计值。

维纳滤波考虑了噪声的信息，公式包含了一个与噪声相关的阻尼因子 1/SNR：

$$\hat{\mathcal{L}}(u,v) = \left(\frac{1}{\mathcal{K}(u,v)} \frac{(\mathcal{K}(u,v))^2}{(\mathcal{K}(u,v))^2 + 1/\mathrm{SNR}} \right) \mathcal{B}(u,v) \tag{3.37}$$

其中，$\mathrm{SNR} = \mathcal{S}_l(u,v)/\mathcal{S}_n(u,v)$ 为图像的信噪比（Signal to Noise Ratio），其中 $\mathcal{S}_l(u,v) = (\mathcal{L}(u,v))^2$ 为未退化的清晰图像的功率谱，$\mathcal{S}_n(u,v) = (\mathcal{N}(u,v))^2$ 为噪声的功率谱。如果噪声为零，则噪声的功率谱为零，所以 1/SNR 为零，此时维纳滤波退化为逆滤波。

当图像中存在的噪声为白噪声（White Noise）时，噪声功率谱 $\mathcal{S}_n(u,v) = (\mathcal{N}(u,v))^2$ 为常数，所以 1/SNR 通常取特定常数以简化计算。

3）Lucy-Richardson 算法

除了逆滤波和维纳滤波这种一次求解的去卷积方式，还有一类方法是通过迭代的方式得到清晰图像的估计结果。这种迭代的方式通常能够比直接求解的方式得到更好的结果，Lucy-Richardson 算法（可简称为 LR 算法）是一种基于贝叶斯思想的空间域上的图像复原方法。该算法从贝叶斯理论出发，基于泊松分布和最大似然估计推导了图像迭代复原的基本框架。

如果模糊图像 $g(x,y)$ 是由清晰图像 $f(x,y)$ 得到，根据离散贝叶斯公式(3.38)，由模糊图像恢复清晰图像，则需要最大化 $p(f \mid g)$，又由于 $p(f)$ 和 $p(g)$ 为常数，所以最大化 $p(f \mid g)$ 等价于最大化 $p(g \mid f)$。

$$p(g \mid f) = \frac{p(f \mid g)p(g)}{p(f)} \tag{3.38}$$

泊松分布描述了一段时间内某件事发生一定次数的概率。事件需要满足每次事件之间相互独立且事件发生的概率在一段时间内稳定的两个条件。泊松分布的概率函数为

$$p(x) = \frac{u^x \mathrm{e}^{-u}}{x!} \tag{3.39}$$

假定模糊图像中的各个像素点之间相互独立，根据泊松统计模型，则条件概率分布 $p(g \mid f)$ 可以表示如下：

$$p(g \mid f) = \prod_{(x,y)} \frac{h(x,y) * f(x,y)^{g(x,y)} \mathrm{e}^{-(h(x,y)*f(x,y))}}{g(x,y)!} \tag{3.40}$$

将式(3.40)两边取对数，可得

$$\begin{aligned} \ln p(g \mid f) = \sum_{(x,y)} & (g(x,y) \ln((h(x,y) * f(x,y))) \\ & -(h(x,y) * f(x,y)) - \ln(g(x,y))!) \end{aligned} \tag{3.41}$$

求导后令结果等于 0 可解得

$$\left(\frac{g(x,y)}{h(x,y) * f(x,y)} * h(x,y)^{\mathrm{T}} \right) = 1 \tag{3.42}$$

两边同时乘以 $f(x,y)$：

$$f(x,y) = \left(\frac{g(x,y)}{h(x,y) * f(x,y)} * h(x,y)^{\mathrm{T}} \right) f(x,y) \tag{3.43}$$

改为迭代求解形式，即为 Lucy-Richardson 算法的最终迭代式：

$$f^{n+1}(x,y) = \left(\frac{g(x,y)}{h(x,y) * f^n(x,y)} * h(x,y)^{\mathrm{T}} \right) f^n(x,y) \tag{3.44}$$

3.2.2 基于优化的传统去模糊方法

近几年有很多盲去模糊的工作基于最大后验概率（Maximum a Posteriori, MAP）模型最小化优化目标来交替求解模糊核和清晰图像。由于任务的不适定性，使用先验知识来约束解空间是必要的。这些方法基于图像的一些统计特性提出不同的先验知识，如自然图像的梯度服从重尾分布和运动模糊核的稀疏性等。这些先验知识通常被作为优化目标中的正则化项来提升图像的去模糊效果。本小节主要对一些基于优化的图像盲去模糊工作进行介绍。

1. 基于自然图像先验的去模糊方法

1）Dark Channel Prior

Dark Channel Prior[12] 是一个基于暗通道先验（Dark Channel Prior）的自然图像去模糊方法。该先验的提出是基于模糊图像的暗通道相比于清晰图像的暗通道稀疏性更低的观察。大部分图像在被模糊时会对暗通道的稀疏性产生影响，因此，对暗通道施加稀疏约束有助于模糊图像恢复。暗通道定义为每个邻域内 RGB 三通道中像素值的最小值所组成的单通道灰度图像，表示如下：

$$D(I)(x) = \min_{y \in \mathcal{N}(x)} \left(\min_{c \in \{r,g,b\}} I^c(y) \right) \tag{3.45}$$

其中，$I^c(y)$ 表示原 RGB 三通道图像；c 表示 RGB 三通道其中的一个通道；$\mathcal{N}(x)$ 表示像素 x 位置的邻域。清晰图像与模糊图像暗通道的直方图示例如图3.16所示。

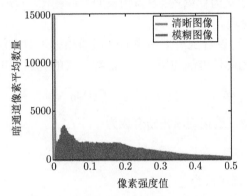

图 3.16　暗通道直方图 [12]（见彩图）

可以看出模糊图像暗通道的接近零值像素的数量远少于清晰图像的暗通道。该方法的优化目标函数为

$$\min_{I,k} \|I * k - B\|_2^2 + \gamma \|k\|_2^2 + \mu \|\nabla I\|_0 + \lambda \|D(I)\|_0 \tag{3.46}$$

由于暗通道的稀疏约束会产生非凸且非线性的优化问题，因此该方法引入一个最小化的线性近似操作（Linear Approximation of the Min Operator）来计算暗通道。

该方法基于半二次分裂法来优化目标函数，保证了每个子问题都有一个闭式解，而且也能保证收敛的速度。将原目标函数拆解成关于 I 和关于 k 的两个子问题，并分别固定 I 求解 k 和固定 k 来求解 I，迭代优化：

$$\min_I \|I * k - B\|_2^2 + \mu \|\nabla I\|_0 + \lambda \|D(I)\|_0 \tag{3.47}$$

$$\min_k \|I * k - B\|_2^2 + \gamma \|k\|_2^2 \tag{3.48}$$

2）Extreme Channels Prior

Extreme Channels Prior（ECP）[13] 基于 Dark Channel Prior[12] 的暗通道先验，提出模糊过程也会使清晰图像中的亮通道稀疏性减弱。所以使用同时结合了暗通道先验和亮通道先验的 ECP 来恢复模糊图像，进一步提升了算法的效果和鲁棒性。与暗通道的定义类似，亮通道的定义式为

$$B(I)(x) = \max_{y \in \Omega(x)} \left(\max_{c \in (r,g,b)} I^c(y) \right) \tag{3.49}$$

其中，$\Omega(x)$ 为像素 x 的邻域。该方法将去模糊问题定义为最大后验形式：

$$\{\hat{l}, \hat{k}\} = \arg\min_{l,k} \ell(l * k, b) + \gamma p(k) + \lambda p(l) \tag{3.50}$$

其中，l 为清晰图像；k 为模糊核；b 为输入的模糊图像；$p(k)$ 和 $p(l)$ 分别为模糊核和清晰图像的先验项。

如图3.17所示，可以看到清晰图像的亮通道相较于对应的模糊图像，拥有更多的接近 1 的值。因此该方法使用了 L_0 范数形式的亮通道正则项：

$$p(l) = \|1 - B(l)\|_0 \tag{3.51}$$

将亮通道正则项与暗通道正则项相结合成为

$$p(l) = \|1 - B(l)\|_0 + \|D(l)\|_0 \tag{3.52}$$

因此基于 ECP 的目标函数为

$$\{\hat{l}, \hat{k}\} = \arg\min_{l,k} \|l * k - b\|_2^2 + \gamma\|k\|_2^2$$
$$+ \mu\|\nabla l\|_0 + \lambda\|D(l)\|_0 + \eta\|1 - B(l)\|_0 \tag{3.53}$$

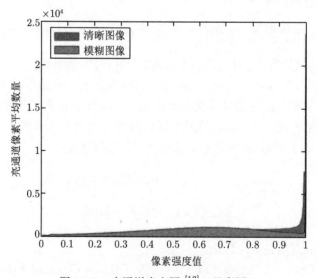

图 3.17　亮通道直方图 [13]（见彩图）

以上目标函数的优化过程，与 Dark Channel Prior 的优化过程类似，将原目标函数(3.53)拆解成对于模糊核 k 和清晰图像 l 的两个子问题，分别为

$$\hat{l} = \arg\min_l \|l * k - b\|_2^2 + \mu\|\nabla l\|_0$$
$$+ \lambda\|D(l)\|_0 + \eta\|1 - B(l)\|_0 \tag{3.54}$$

$$\hat{k} = \arg\min_k \|l * k - b\|_2^2 + \gamma\|k\|_2^2 \tag{3.55}$$

2. 基于特定域图像先验的去模糊方法

1）文本图像去模糊

Text Image Deblurring[14] 是一个基于优化的文本图像去模糊方法。该方法针对文本图像去模糊任务设计了基于 L_0 范数形式的强度与梯度先验。

强度与梯度先验的提出是通过对清晰文本图像与模糊文本图像的观察：清晰图像相较于模糊图像，具有接近均匀的强度值。如图3.18所示，其中横坐标为像素强度值，纵坐标为像素数量。

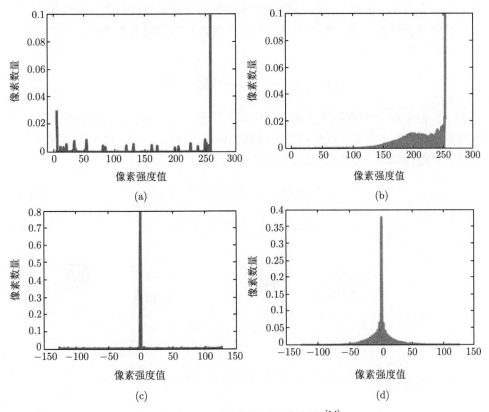

图 3.18　文本图像统计量直方图 [14]

图3.18的第一列展示了清晰文本图像的强度直方图,直方图分布中在 0 和 255 附近出现两个峰。如果只考虑 0 值的峰,说明文本图像的强度是非常稀疏的。对于模糊的文本图像,如图3.18的第二列所示,强度直方图的分布发生了改变。在 0 和 255 附近不存在窄峰,说明模糊文本图像的强度分布更密集。对于图像 x,该方法定义了一个 L_0 范数形式的先验项:

$$P_t(x) = \|x\|_0 \tag{3.56}$$

其中,$P_t(x) = \|x\|_0$ 为图像非零值像素的数量。利用这一项可以一定程度上区分清晰图像和模糊图像。梯度先验已经被证明可以有效地抑制模糊伪影并被广泛地应用于图像去模糊。图3.18(b) 和图3.18(d) 展示了清晰图像和模糊图像梯度的直方图。可以看到,模糊图像梯度的非零值相比于清晰图像更密集,所以该方法采用了 $P_t(\nabla x)$ 来作为梯度先验。文本图像去模糊总的先验定义为

$$P(x) = \sigma P_t(x) + P_t(\nabla x) \tag{3.57}$$

其中,σ 为权重。虽然 $P_t(x)$ 是基于文本图像的背景区域均匀的假设设计的,但是后面的实验证明了这一先验也可以应用于复杂背景的图像去模糊。于是最终的优化目标函数设计为

$$\min_{x,k} \|x * k - y\|_2^2 + \gamma \|k\|_2^2 + \lambda P(x) \tag{3.58}$$

其中,x 和 y 分别为潜在的清晰文本图像和模糊文本图像;$*$ 为卷积操作;k 为模糊核。该方法采用半二次分裂的方法来优化目标函数,将式(3.58)拆解成两个子问题进行迭代处理,该方法的结果如图3.19所示。

$$\min_x \|x * k - y\|_2^2 + \lambda P(x) \tag{3.59}$$

$$\min_k \|x * k - y\|_2^2 + \gamma \|k\|_2^2 \tag{3.60}$$

(a)   (b)

图 3.19   文本去模糊 [14] 效果图

2）人脸图像去模糊

图像去模糊问题已经取得了很大的进展，最先进的去模糊方法主要基于图像中的显著边缘来对模糊核进行估计。由于模糊人脸图像中纹理（显著边缘）较少，所以现有的通用去模糊方法并不能在人脸模糊图像数据上取得令人满意的效果。

Face Deblurring[15] 是一种基于样例的人脸图像去模糊方法。该方法首先在预先收集的 2435 张不同表情和姿态的人脸样例集中查找与输入图像最匹配的人脸样例；然后利用相似样例图像中的结构信息来帮助模糊核估计，解决了由人脸图像纹理稀疏导致的模糊核估计的困难。

对于人脸图像，面部的轮廓、五官、眉毛和头发均可作为显著边缘。该方法测试了不同人脸部分边缘对模糊恢复的影响，其结果如图 3.20 所示。但是由于人的眉毛和头发的边缘不够明确且个体差异较大，将它们作为显著边缘特征可能会影响算法性能，所以该方法最终没有使用眉毛和头发的特征。从模糊图像对应的清晰图像中提取的几个边缘成分，将它们作为用于核估计的潜在清晰图像的近似。通过优化以下公式来测试这些边缘对模糊核估计性能的影响：

$$k^* = \arg\min_k \|\nabla S * k - \nabla B\|_2^2 + \alpha\|k\|^{0.5} \tag{3.61}$$

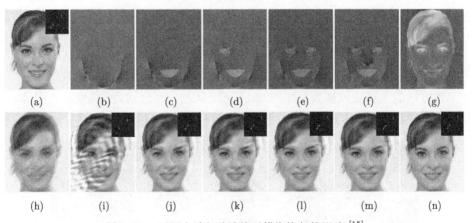

图 3.20　不同人脸部分边缘对模糊恢复的影响 [15]

然而，对于实际应用，清晰图像的边缘是无法获取的。首先该方法从 CMU PIE 数据集中收集了 2435 张人脸图像作为样例。选择的人脸图像来自不同的身份，有着不同的面部表情和姿态。之后对于每个样例，该方法提取信息结构（即较低的面部轮廓、眼睛和嘴巴），手动定位信息组件的初始轮廓，并使用引导滤波器来细化轮廓。将最大类间方差法（又称为大津（Otsu 方法））[16] 计算出的最优阈值应用于滤波后的每幅图像，得到细化后的面部组件轮廓 Mask。

给定一个模糊图像 B，搜索它的最佳匹配样例结构。利用归一化互相关的最大响应作为度量，根据它们的梯度来寻找最佳候选项：

$$v_i = \max_t \left\{ \frac{\sum_x \nabla B(x) \nabla T_i(x+t)}{\|\nabla B(x)\|_2 \|\nabla T_i(x+t)\|_2} \right\} \tag{3.62}$$

其中，i 为 $\nabla B(x)$ 的索引；$T_i(x)$ 为第 i 个样例；t 为 $\nabla B(x)$ 与 $T_i(x)$ 图像梯度之间可能的位移。如果 $\nabla B(x)$ 类似于 $T_i(x)$，则 v_i 较大；否则，v_i 很小。

将用于核估计的预测显著边表示为 ∇S，定义为

$$\nabla S = \nabla S_{i^*} \tag{3.63}$$

其中，$i^* = \arg\max_i v_i$，且 ∇S_{i^*} 定义如下：

$$\nabla S_{i^*}(x) = \begin{cases} \nabla T_{i^*}(x), & x \in \{x \mid \mathcal{M}_{i^*}(x) = 1\} \\ 0, & \text{其他} \end{cases} \tag{3.64}$$

其中，$\mathcal{M}_{i^*}$ 是第 i^* 样例的轮廓 Mask。

在得到显著边缘的 ∇S 后，该方法通过交替求解式(3.65)和式(3.66)来估计模糊核：

$$\min_I \|I * k - B\|_2^2 + \lambda \|\nabla I\|_0 \tag{3.65}$$

$$\min_k \|\nabla S * k - \nabla B\|_2^2 + \gamma \|k\|_2^2 \tag{3.66}$$

该方法的人脸去模糊效果如图3.21所示。从左到右分别为：模糊输入图像、最佳匹配样例、∇S 和去模糊结果。

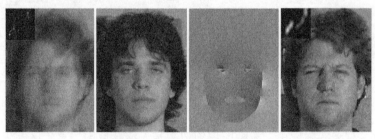

图 3.21   人脸去模糊 [15] 结果

3）低光照图像去模糊

基于光条纹的低光照去模糊（Deblurring Low-Light Images with Light Streaks）[17] 是一个低光照图像的去模糊方法，该方法利用低光图像中的光条纹

粗略描绘了模糊核的形状，提出了一种可以自动检测输入图像中"良好"的光条纹来辅助模糊核估计的方法。

首先根据特定要求选择一组可能包含光条纹的图像块。鉴于光条纹的物理性质，定义以下属性作为好的光条纹斑块的外观先验：

（1）在局部邻域内，被光条纹覆盖的像素应该有较高的强度，背景上的像素应该有较低的强度；

（2）光条纹斑块中高强度像素的分布应该是非常稀疏的；

（3）光斑应位于斑块中心附近；

（4）光条纹斑块中不应有其他图像结构。

该方法使用一组启发式滤波器和阈值来快速实现以上的选择步骤。得到一组候选图像块之后，使用一种基于功率谱度量的方法自动检测输入图像中最佳光条纹来辅助模糊核估计。具体来说，自然图像的幂律表现为

$$|\widehat{I}(\omega)|^2 \propto \|\omega\|^{-\beta} \tag{3.67}$$

其中，$\widehat{I}$ 为图像 I 的傅里叶变换结果；ω 为频域坐标；$\beta \approx 2$。由于拉普拉斯滤波器可以很好地近似 $\|\omega\|^{-\beta}$，于是有

$$|\widehat{I}(\omega)|^2 |\widehat{L}(\omega)| \approx C \tag{3.68}$$

其中，L 为拉普拉斯滤波器；C 为常数。对于模糊图像 $B = K * I + N$，有

$$|\widehat{B}(\omega)|^2 |\widehat{L}(\omega)| \approx |\widehat{I}(\omega)|^2 |\widehat{K}(\omega)|^2 |\widehat{L}(\omega)| \approx C |\widehat{K}(\omega)|^2 \tag{3.69}$$

在空间域有 $B \otimes B * L \approx C(K \otimes K)$，其中 $\otimes$ 为相关算子，因此该方法定义了如下度量：

$$d(P, B) = \min_C \|B \otimes B * L - C(P \otimes P)\|^2 \tag{3.70}$$

其中，P 是一个候选的光条纹图像块。最优的 C 可以通过求解最小二乘问题得到。在所有候选的图像块中，选择距离最小的那一个作为最好的光条纹图像块。光条纹检测的例子如图3.22所示，其中红色框表示最好的光条纹图像块，绿色框表示自动识别的额外的光条纹图像块。

图 3.22 光条纹候选图像块[17]（见彩图）

为了将图像结构与条纹图像块分开处理，该方法将模糊图像 B 中的像素分为三个互补的集合 B^p, B^r, B^s，其中 $B^p = \bigcup P_i$，$B^r = \{x \mid B(x) \text{ is not saturated} \wedge x \notin P_i \forall i\}$，$B^s = \{x \mid B(x) \text{ is saturated} \wedge x \notin P_i \forall i\}$。

该方法为每个 B^* 分配了一个二值的遮罩 M^*，则 $B^* = M^* \cdot B$，其中 $\cdot$ 表示逐像素乘法。之后为输入图像引入一个更精确的非线性模糊模型：

$$\begin{cases} B^p = \sum P_i \\ B^r = M^r \cdot (K * I) + N \\ B^s = M^s \cdot c(K * I + N) \end{cases} \tag{3.71}$$

其中，c 是一个截断函数，如果 v 在摄像机传感器的动态范围内，则定义为 $c(v) = v$，否则 $c(v) = 0$ 或 1。

对于每个检测到的光条纹图像块 P_i，该方法还引入了辅助变量 D_i，用来描述产生光条纹的原始点光源的外观，还进一步假设每个点光源具有圆盘形状，但可能有不同的大小和不同的强度值。每个光条纹可被建模为

$$\hat{P}_i = K * D_i + N \tag{3.72}$$

因此式(3.71)中的第一项变为

$$B^p = \sum c\left(\hat{P}_i\right) = \sum c(K * D_i + N) \tag{3.73}$$

根据上述模型通过广泛使用的交替优化方法来求解式中的 K、D_i 和 N。

第一步，固定 D_i 和 N，优化 K，其子问题的优化目标为

$$\begin{aligned} f_K(K) = & \sum_{x \in M^r} |\partial_h B(x) - (K * P_h)(x)|^2 \\ & + \sum_{x \in M^r} |\partial_v B(x) - (K * P_v)(x)|^2 + \lambda \|K\|_1 \\ & + \mu \sum_{P_i \in \mathbb{P}} \sum_{x \in P_i} \left|(D_i * K)(x) - \hat{P}_i(x)\right|^2 \end{aligned} \tag{3.74}$$

其中，$\mathbb{P}$ 为候选图像块；x 是像素索引；∂_h 和 ∂_v 分别是水平轴和垂直方向上的偏微分算子。

如前所述，该方法假设原始点光 D_i 具有圆盘形状，其大小和强度可以变化。因此模型 D_i 是两个参数 t_i 和 r_i 的函数，分别表示圆盘的强度值和半径，D_i 的优化函数为

$$f_{D_i}(t_i, r_i) = \left\|D_i(t_i, r_i) * K - \hat{P}_i\right\|^2 + \|D_i(t_i, r_i) - I_i\|^2 \tag{3.75}$$

在这一步中，通过优化以下能量函数，使用更新后的模糊核 K 和光源 D_i 来更新图像 I：

$$
\begin{aligned}
f_I(I) = &\sum_i \mu \|D_i - I_i\|^2 + \sum_x |B(x) - c(K * I)(x)|^2 \\
&+ \gamma \sum_x (|\partial_h I(x)|^\alpha + |\partial_v I(x)|^\alpha)
\end{aligned}
\tag{3.76}
$$

其中，α 为常数，这里设置 $\alpha = 0.8$。该方法的低照度模糊图像恢复结果如图 3.23 所示。

图 3.23　低照度去模糊效果图 [17]

3.2.3　基于深度学习的去模糊方法

深度学习的快速发展也为去模糊课题带来新的解决方案，越来越多的学者将 CNN 应用于去模糊任务，提出了许多端到端的盲去模糊方法，用成对的清晰图像和模糊图像端到端地训练去模糊网络。极大地推进了去模糊领域的发展，改善了图像去模糊后的图像质量。

1. 有监督去模糊方法

1）DeblurGAN

生成式对抗网络（Generative Adversarial Network，GAN）能够保留图像中丰富的细节，创造出和真实图像十分相近的图像，在图像生成、图像超分辨率、图像补全等问题上都取得了良好的效果。DeblurGAN[18] 把去模糊问题当作"图到图转换"的一个特例，并使用生成对抗网络对模糊图像进行恢复。

已知一张模糊的图像 I^B，期望重建出清晰的图像 I^S。为此，该方法构建了一个生成式对抗网络，训练了一个 CNN 作为生成器 G_{θ_G} 和一个判别网络 D_{θ_D}。生成器 CNN 的结构如图3.24所示，它包含两个下采样卷积模块、9 个残差模块

（包含一个卷积、实例一化以及 ReLU）以及两个反卷积上采样模块，同时还引入全局残差连接，这种残差学习的方式使得训练更快，模型泛化能力更强。判别器的网络结构则与 PatchGAN 的判别器形式相同。

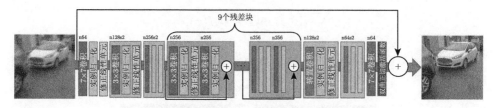

图 3.24　DeblurGAN[18] 网络结构

(n 表示通道数，s 表示步长)

训练原始的 GAN 又称 Vanilla GAN，很容易遇到梯度消失和梯度爆炸等问题。后来提出的 Wassertein GAN（简称 WGAN）使用"Wassertein-1"距离，使训练更加容易。WGAN-GP 在 WGAN 的损失函数上加入梯度惩罚项（Gradient Penalty），又进一步提高了训练的稳定性。该方法使用的就是 WGAN-GP，其对抗损失的计算式为

$$\mathcal{L}_{\mathrm{GAN}} = \sum_{n=1}^{N} -D_{\theta_D}\left(G_{\theta_G}\left(I^B\right)\right) \tag{3.77}$$

该方法采用第二个损失函数为内容损失，也就是感知损失（Perceptual Loss）。感知损失是一个 L_2 范数形式的损失，其目的是最小化通过预训练好的 VGG 网络分别提取估计图像与真实参考图像的特征图之间的差异，损失函数的定义如下：

$$\mathcal{L}_X = \frac{1}{W_{i,j}H_{i,j}} \sum_{x=1}^{W_{i,j}} \sum_{y=1}^{H_{i,j}} \left(\phi_{i,j}\left(I^S\right)_{x,y} - \phi_{i,j}\left(G_{\theta_G}\left(I^B\right)\right)_{x,y}\right)^2 \tag{3.78}$$

其中，$\phi_{i,j}$ 表示训练的 VGG 网络提取的特征。

2）DeblurGAN-v2

DeblurGAN-v2[19] 是在 DeblurGAN[18] 基础上进行改进而来，DeblurGAN-v2方法将常用于目标检测中的特征金字塔网络（Feature Pyramid Network，FPN）和轻量型骨干网络结合起来，取得了更优的性能和更高的效率。DeblurGAN-v2的网络结构如图3.25所示。

该方法中的 FPN 包含 5 个尺度的特征，提取输入图像的多尺度信息。该方法还选择了 Inception-ResNet-v2、MobileNet-v2 及其变种等轻量级网络作为骨干网络，提升了网络的高效性。除了上述提到的骨干网络外，其他骨干网络均可结合到该框架中。

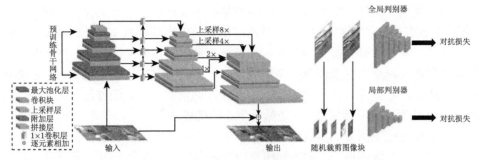

图 3.25 DeblurGAN-v2[19] 网络结构（见彩图）

不同于 DeblurGAN 中的 WGAN-GP，DeblurGAN-v2 方法在最小二乘生成对抗网络（Least Squares GAN，LSGAN）基础上结合了相对判别器（Relativistic Discriminator），该 RaGAN-LS 损失定义如下：

$$
\begin{aligned}
L_D^{\text{RaLSGAN}} =& \mathbb{E}_{x \sim p_{\text{data}}(x)} \left[\left(D(x) - \mathbb{E}_{z \sim p_z(z)} D(G(z)) - 1 \right)^2 \right] \\
&+ \mathbb{E}_{z \sim p_z(z)} \left[\left(D(G(z)) - \mathbb{E}_{x \sim p_{\text{data}}(x)} D(x) + 1 \right)^2 \right]
\end{aligned}
\tag{3.79}
$$

相比 WGAN-GP，它可以使得训练更快、更稳定，同时生成的结果具有更高的质量和锐度。最终的损失函数还包括估计结果与真实清晰图像的均方误差损失和感知损失。

2. 无监督去模糊方法

基于解耦表达的无监督特定域去模糊（Unsupervised Domain-Specific Deblurring via Disentangled Representations）。该方法 [20] 针对无监督的人脸图像去模糊的任务，提出了一种 CycleGAN 形式的基于解耦表示的无监督人脸去模糊方法。该方法将模糊图像中的内容特征和模糊特征解耦，实现了高质量的无监督人脸图像去模糊效果。网络的整体框架如图3.26所示。

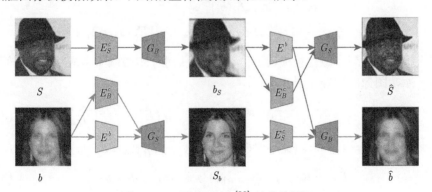

图 3.26 无监督方法 [20] 的整体框架

由于模型的循环一致性设计，网络的左右基本对称。其中 s 代表清晰的真实图像，b 代表模糊的真实图像，E_S^c 是清晰图像的内容编码器（可以理解为图像颜色、纹理、像素的编码器），E_B^c 对应的是模糊图像的内容编码器，是模糊图像的模糊编码器（仅用来提取图像的模糊信息），G_B 是模糊图像生成器，G_S 是清晰图像生成器，b_s 是生成的模糊图像，s_b 是生成的清晰图像。经过循环的转换，图像 $\hat{s}$ 是循环生成的清晰图像，$\hat{b}$ 是循环生成的模糊图像。

为了保证模糊图像的内容编码器 E_B^c 是对模糊图像的内容进行编码，该方法将清晰图像内容编码器 E_S^c 和模糊图像内容编码器 E_B^c 最后一层共享权重，以指导网络学习如何从模糊图像中有效地提取内容信息。

为了进一步尽可能减少模糊编码器对内容信息的编码，该方法采用了和变分自编码器（Variational Auto-Encoder，VAE）中的限制潜空间编码分布类似的思路，用 KL 散度损失来约束模糊特征 $z_b = E^b(b)$ 的分布，使其接近标准正态分布 $p(z) \sim N(0,1)$。KL 散度定义式如下：

$$\mathrm{KL}\left(q\left(z_b\right) \| p(z)\right) = -\int q\left(z_b\right) \log \frac{p(z)}{q\left(z_b\right)} \mathrm{d}z \tag{3.80}$$

经过证明，最小化 KL 散度等价于最小化以下损失，这也是该方法的损失函数之一：

$$\mathcal{L}_{\mathrm{KL}} = \frac{1}{2} \sum_{i=1}^{N} \left(\mu_i^2 + \sigma_i^2 - \log\left(\sigma_i^2\right) - 1\right) \tag{3.81}$$

第二个损失是对抗损失，清晰图像生成器 G_S 的对抗损失的形式为

$$\begin{aligned} \mathcal{L}_{D_S} =& \mathbb{E}_{s \sim p(s)}\left(\log D_S(s)\right) \\ &+ \mathbb{E}_{b \sim p(b)}\left(\log\left(1 - D_S\left(G_S\left(E_B^c(b), z_b\right)\right)\right)\right) \end{aligned} \tag{3.82}$$

同样，模糊图像生成器 G_B 的对抗损失为

$$\begin{aligned} \mathcal{L}_{D_B} =& \mathbb{E}_{b \sim p(b)}\left(\log D_B(b)\right) \\ &+ \mathbb{E}_{s \sim p(s)}\left(\log\left(1 - D_B\left(G_B\left(E_S^c(s), z_b\right)\right)\right)\right) \end{aligned} \tag{3.83}$$

第三个损失是循环一致性损失，循环一致性损失进一步限制了生成样本的空间，并保留了原始图像的内容，形式如下：

$$s_b = G_S\left(E_B^c(b), E^b(b)\right), b_s = G_B\left(E_S^c(s), E^b(b)\right) \tag{3.84}$$

$$\hat{b} = G_B\left(E_S^c\left(s_b\right), E^b\left(b_s\right)\right), \hat{s} = G_S\left(E_B^c\left(b_s\right), E^b\left(b_s\right)\right) \tag{3.85}$$

$$\mathcal{L}_{cc} = \mathbb{E}_{s \sim p(s)}\left(\|s - \hat{s}\|_1\right) + \mathbb{E}_{b \sim p(b)}\left(\|b - \hat{b}\|_1\right) \tag{3.86}$$

最后一项为感知损失，形式如下：

$$\mathcal{L}_p = \|\phi_l(s_b) - \phi_l(b)\|_2^2 \tag{3.87}$$

其中，ϕ_l 为 VGG 网络提取的特征。

3.2.4　小结

本节首先对图像模糊和图像去模糊算法的相关定义进行介绍；然后列举了一些非盲去模糊算法，如逆滤波、维纳滤波等；最后对一些经典的基于优化的传统方法与深度学习方法进行了详细的介绍。

3.3　图　像　去　雾

3.3.1　图像去雾的意义

在水汽充足、微风及大气稳定的情况下，相对湿度达到 100% 时，空气中的水汽便会凝结成细微的水滴悬浮于空中，使地面水平的能见度下降，这种天气现象称为雾。雾环境下大气中存在的游离粒子直径较大，会干扰光线的传播方向，致使无论人眼观察还是图像采集设备所拍摄的图像都会存在对比度下降、整体偏白、细节丢失等问题。而目前许多户外基于视觉的应用系统，如自动驾驶系统等，一般只针对良好天气进行设计。一旦遇到恶劣天气，如在有雾天气下相机采集到的图像质量变差，系统的性能将急剧下降，造成严重的安全隐患。图像去雾是指去除掉在雾天环境下拍摄得到的图像中的雾，以此恢复出没有雾的清晰图像。如何设计算法处理有雾天气下的图像，将原本的图像信息还原出来，提高图像质量，使基于视觉的应用系统发挥出更好的水平，具有重要的现实意义。

3.3.2　传统去雾方法

1. 小波变换

由于雾天图像存在细节丢失、对比度低的情况，可先将图像分解为高频和低频，再分别放大高频和低频部分的有用信息，以此实现图像去雾[21]。在常用的频谱分析方法中，虽然傅里叶变换可以成功地将时域的信号转换到频域，但在处理非平稳的时域信号（频率随时间改变）时表现不佳。具体来说，傅里叶变换仅能获取时域信号包含哪些频率，而对各频率成分出现的时刻一无所知。对于时域上相差很大的两组信号，傅里叶变换可能得到相同的频谱图。然而，现实世界中存在大量的非平稳信号，而平稳信号一般由人工合成，因此傅里叶变换难以处理真实场景的问题。

针对傅里叶变换的局限性，一种简单可行的解决方法是把整个时域过程分解成多个等长的时间段，每个时间段的信号近似平稳，再对每个时间段分别进行傅里叶变换，通过这种方式可以知道在哪个时间点上出现了什么频率。这种方法被称为短时傅里叶变换，分成的每个时间段被称为窗口。在使用短时傅里叶变换时，窗口大小的选择对变换结果具有非常大的影响。当窗口太窄时，窗口内信号过短，导致频率分析不够精确；当窗口太宽时，各频率出现的时刻仍无法得知。

小波变换摒弃了短时傅里叶变换所引入的窗口，避免了对窗口大小选择不当导致的变换效果不佳。小波变换将傅里叶变换的三角函数基换成有限长的会衰减的小波基，其表达式为

$$\frac{1}{\sqrt{a}} \int_{-\infty}^{+\infty} f(t) \times \Psi\left(\frac{t-\tau}{a}\right) \mathrm{d}t \tag{3.88}$$

其中，Ψ 表示小波基函数。由式 (3.88) 可以看出，小波变换有两个变量：尺度 a 和偏移量 τ。尺度对应于频率而偏移量对应于时间。当对每个尺度 a 和偏移量 τ 下的小波基和时域信号进行积分后，即可知道时域信号的每个时刻对应的频率。相比于傅里叶变换只得到一个频谱图，利用小波变换可得到时谱图。

基于小波变换的去雾方法首先利用直方图均衡化使图像变得更清晰，再基于 HSV 空间各通道相互独立的特点，利用小波变换对直方图均衡化图像和有雾图像的 V 通道进行融合，得到融合分量 V'，最后将雾天图像的 V 分量替换为 V' 即可得到去雾的结果。

在多种图像融合方法中，选用基于小波变换的图像融合方法是因为小波变换在处理信号时不会出现信息的丢失和冗余问题，具有完善的重构能力。将待融合图像（Fused image）进行小波分解，获取低频近似分量 L_{ori} 和 L_{enh}，低频近似部分反映的是图像的背景信息，近似分量采用加权平均的融合规则，可表示为

$$L_{\mathrm{fuse}} = \alpha_{\mathrm{ori}} L_{\mathrm{ori}} + \alpha_{\mathrm{enh}} L_{\mathrm{enh}} \tag{3.89}$$

其中，α_{ori} 和 α_{enh} 为加权系数，且有 $\alpha_{\mathrm{ori}} + \alpha_{\mathrm{enh}} = 1$，由于待融合 V 通道 V_{ori} 和 V_{enh} 信息差距较小，为了能提高融合效率，取 $\alpha_{\mathrm{ori}} = \alpha_{\mathrm{enh}} = 0.5$。高频细节部分反映了图像的总体轮廓和边缘信息，各高频细节分量采用基于区域特性的融合规则。在处理真实场景的雾天图像时，如果对于雾浓度相对较大的雾天图像，仅对图像进行一次融合去雾处理，则恢复出的图像去雾不够彻底，此时需要对浓雾图像进行二次融合去雾处理[21]。实验发现，对于颜色过于偏暗（整体的像素点偏低）的图像，第一次融合得到的复原图片去雾效果较佳，若进行二次融合，则恢复出的图片整体偏暗；对于颜色过于偏亮（整体的像素点偏高）的图像，第一次融合恢复出的图片效果也较好，但进行二次融合后得到的图像容易产生色彩失真的现象。因此需设置阈值，来判断图像是否需要进行二次融合。

利用小波变换进行图像融合能很好地保留图像细节部分信息，使图像具有良好的视觉效果。不同的小波基有不同的特性，在进行图像融合时有不同的选举规则，对理想的小波基的选择有以下几个重要标准。

（1）正则性：正则性越好，函数在频域的能量越集中，小波光滑程度越高，恢复出的图像质量越高。

（2）对称性：若小波函数具有对称性，则该小波对应的滤波器具有线性相位，处理图像时可得到高质的边缘部分清晰的重构图像。

（3）消失矩：在实际应用中，要求小基波函数满足消失矩条件，消失矩越大，小波系数越小，可更好地实现数据压缩和消除噪声，消失矩越大，图像越光滑。

（4）滤波长度：滤波长度越长，消耗的运算时间更多，且会导致恢复出的图片产生失真现象。所以小波基的滤波长度应适中。不同的小波基因其性能不同，应用在图像融合中会产生不同的效果。

2. 暗通道先验去雾

He 等 [22] 发现了暗通道这一先验知识，提出了基于暗通道先验原理的图像去雾方法。基于暗通道先验原理的图像去雾方法原理简单，去雾效果好，广泛得到了计算机视觉研究人员的认可，并出现了一系列的改进算法。

下面介绍利用暗通道先验进行图像去雾的基本原理，其基本流程是首先估计雾天图像的传输率和大气光，再结合大气散射模型复原出清晰的无雾图像。暗通道先验原理是对大量户外无雾图像的统计分析后提出的，可用来对图像的大气光进行估计：无雾图像中每一个像素对应的 RGB 通道一般至少有一个通道的像素值比较小，而且这个三个通道中最小的像素值趋近于 0。

图像暗通道像素值低主要由以下三个方面的原因造成：

（1）在图像中存在暗色的目标，如泥土、煤矿、暗色系的装饰品、黑色的材质等，这些目标的 RGB 通道整体偏暗；

（2）光线被遮挡所产生的阴影；

（3）在图像中过于鲜艳的色彩对应的 RGB 三通道会有个别通道亮度较大，其他通道亮度较小，这也会造成图像的暗通道的灰度值低。

在详细地介绍暗通道先验去雾算法之前，需要先介绍大气退化模型 [23, 24]。大气退化模型表示为

$$I(x,y) = J(x,y)t(x,y) + A(1 - t(x,y)) \tag{3.90}$$

其中，$I(x,y)$ 表示雾天中由成像设备拍摄得到的雾天图像；$J(x,y)$ 为正常场景下的清晰图像；A 代表整体的大气环境光的强度；$t(x,y)$ 表示大气透射率。

介绍完暗通道先验原理后，现在来介绍如何利用暗通道原理进行单幅图像去雾。所谓单幅图像去雾，就是在没有其他的参考信息或引导图像，已知条件仅为有雾图像 $I(x,y)$ 的前提下恢复出 $J(x,y)$。仅由式 (3.90) 进行单幅图像去雾是非常困难的，因为需要估计出三个未知量：清晰的无雾图像 J，透射率 t 以及大气光强度 A。为了解决这一高度不适定的问题，必须想办法对该问题进一步约束，而这正是暗通道先验原理的用武之地。假设大气光照 A 在图像全局是一个常数，大

气透射率 t 在图像的小区域是一样的，则利用暗通道先验原理在 R、G、B 三个通道上分别对式 (3.90) 两边进行最小值运算，可得

$$\min_{y \in \Omega(x)} (I^c(x,y)) = \bar{t}(x,y) \min_{y \in \Omega(x)} (J^c(x,y)) + A^c(1 - \bar{t}(x,y)) \tag{3.91}$$

对于 $c \in R, G, B$，由于 A^c 是一个固定的常数，且总大于零，则式 (3.91) 可转换为

$$\min_{y \in \Omega(x)} \left(\frac{I^c(x,y)}{A^c} \right) = \bar{t}(x,y) \min_{y \in \Omega(x)} \left(\frac{J^c(x,y)}{A^c} \right) + (1 - \bar{t}(x,y)) \tag{3.92}$$

对式 (3.92) 的两端分别取最小值，则

$$\min_{c \in R,G,B} \left(\min_{y \in \Omega(x)} \left(\frac{I^c(x,y)}{A^c} \right) \right)$$

$$= \bar{t}(x,y) \left(\min_{c \in R,G,B} \left(\min_{y \in \Omega(x)} \left(\frac{J^c(x,y)}{A^c} \right) \right) \right) + (1 - \bar{t}(x,y)) \tag{3.93}$$

由暗通道先验知识可知，对于无雾图像 J，图像的暗原色值近似等于 0，即

$$J^{\text{dark}}(x,y) = \min_{c \in R,G,B} \left(\min_{y \in \Omega(x)} \left(\frac{J^c(x,y)}{A^c} \right) \right) \approx 0 \tag{3.94}$$

则可根据式 (3.93) 对大气透射率进行估计:

$$\bar{t}(x,y) = 1 - \min_{c \in R,G,B} \left(\min_{y \in \Omega(x)} \left(\frac{I^c(x,y)}{A^c} \right) \right) \tag{3.95}$$

实际上，$\min\limits_{c \in R,G,B} \left(\min\limits_{y \in \Omega(x)} \left(\dfrac{I^c(x,y)}{A^c} \right) \right)$ 可以粗略估计透射率 $\bar{t}(x,y)$ 的原因是这是经过归一化的暗通道值。

如果在去雾时把图像中比较深的区域的雾气也去除了，则会导致图像相应区域缺乏深度感，然而，无论大气光强度 A 如何，图像中比较深的区域总是会存在少量的雾气。为了解决这个问题，可设定一个参数 $w(0 < w < 1)$ 保留图像较深区域的雾气，此时的透射率表示为

$$\bar{t}(x,y) = 1 - w \min_{c \in R,G,B} \left(\min_{y \in \Omega(x)} \left(\frac{I^c(x,y)}{A^c} \right) \right) \tag{3.96}$$

利用暗通道先验原理进行图像去雾的结果如图3.27所示。

从图3.27可以看出，暗通道先验去雾算法的去雾效果很好，不仅图像的清晰度得到了提高，细节更加突出，而且色彩丰富，视觉效果良好，这是由于其去雾处理建立在对图像退化原因细致分析的基础之上，并且其建立了比较精确的图像

退化模型。尽管如此，暗通道先验去雾算法仍然存在着一些不足之处，主要有以下几点：

（1）天空部分易出现过增强，表现在出现较大面积的纹理和分块现象，造成这一问题的原因是图像中的天空部分往往并不符合暗通道先验原理；

（2）估计的透射率比较粗糙，导致用其恢复的图像易出现"光晕"现象；

（3）软抠图的透射率细化方法虽然可以抑制光晕现象，但其计算复杂度较高，导致算法的处理速度较慢。

　　(a) 输入图像　　　　　　(b) 图像去雾结果　　　　　(c) 深度估计结果

图 3.27　　暗通道先验去雾结果 [22]（见彩图）

3.3.3　基于深度学习的方法

1. DehazeNet[25]

DehazeNet 是较早使用深度学习技术去雾的工作。该方法采用端到端的卷积神经网络模型，希望学习到在有雾图像当中的有雾区域和相对应透射图部分之间的关联。网络模型的输入为有雾图像，输出为透射图 $t(x)$，然后通过大气退化模型来恢复无雾图像。为了提升收敛性能，该方法还提出了一种新的非线性激活函数，即双边校正线性单元（BReLU）。

DehazeNet 网络由卷积层、池化层和激活函数堆叠组成。其主要目标是利用基于 BReLU 的非线性回归方法从整个图像中提取与雾霾相关的特征。网络通过随机梯度下降法（Stochastic Gradient Descent，SGD）来训练模型参数，使用均方误差（MSE）作为损失函数。该网络的最终输出结果为计算得到的透射图。DehazeNet 网络结构主要分为 4 个部分，如图3.28所示：特征提取（Feature Extraction）、多尺度映射（Multi-scale Mapping）、局部极值（Local Extremum）、非线性回归（Non-linear Regression）。

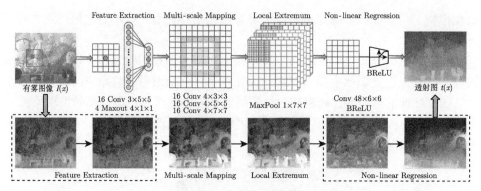

图 3.28   DehazeNet 网络结构 [25]

在估计天空区域附近的透射图时，一些算法如 CAP[26] 会出现一些异常波动。然而，DehazeNet 能够以比较好的精度计算透射图。当雾霾浓度增加时，CAP 的性能会严重下降，而 DehazeNet 对雾霾的浓度具有较好的鲁棒性。另外，实验结果证明了 BReLU 是一种对于图像恢复任务十分有效的激活函数。

2. AOD-Net [27]

AOD-Net 没有单独估计透射率 $t(x)$ 和大气光强度 A，而是通过一个较为轻量的 CNN 从有雾图像直接估计无雾的清晰图像。模型采用端到端的方式进行训练，因此很容易作为一个模块嵌入其他模型中。

AOD-Net 的主要贡献包括如下。

（1）提出了一个端到端的去雾模型，完成了有雾图像到清晰图像之间的转化。通过 $K(x)$ 将 $t(x)$ 和 A 相统一，基于 $K(x)$ 可以完成对清晰图像的重构。

（2）提出了新的比较去雾效果的客观标准，定量研究去雾质量对后续高级视觉任务的影响。同时，所提模型可以作为一个组件嵌入其他深度学习的模型中。

根据雾天退化模型可知，表达式中有两个未知数：大气光强度 A 和透射率 $t(x)$。该方法提出将这两个未知数化为一个未知量 $K(x)$ 表示：

$$J(x) = K(x)I(x) - K(x) + b \qquad (3.97)$$

其中，b 是具有默认值的恒定偏差项。K-估计模块通过融合不同尺寸的滤波器来获得多尺度特征，利用输入图像 $I(x)$ 对未知变量 $K(x)$ 进行估计；清晰图像生成模块将所估计得到的 $K(x)$ 作为自适应变量输入网络，得到 $J(x)$。相比其他方法，AOD-Net 在具有和大气光颜色相似的物体的情况下有更好的鲁棒性，在这种情况下如 DehazeNet[25] 等方法会缺少细节。同时，AOD-Net 相较其他方法在控制伪影方面也有明显优势。

3. GCANet [28]

该方法结合平滑扩张卷积以及提出的一种门限融合子网络（Gated Fusion Sub-network）来完成图像去雾和去雨，取得了较好的效果。该方法主要采用一个端到端的门控上下文聚合网络，用以直接恢复最终的清晰图像。

该方法采用了平滑扩张卷积（Smooth Dilated Convolution）来替换传统的扩张卷积，以消除网格状伪影，同时提出了门限融合子网络，用于融合不同层级的特征，对高层视觉任务和低层视觉任务都有一定的性能提升。

GCANet 整体网络结构如图3.29所示。整体网络可以看作一个基本的自动编码器。首先利用三个卷积模块将输入的模糊图像编码到特征图作为编码部分，并在最后一个卷积层进行下采样；其次经过若干平滑扩张的残差块，用以聚合内容信息并消除伪影；然后通过一个门限融合子网络用于融合不同层级的特征；最后通过一个反卷积层上采样到原始分辨率，通过两个卷积层将特征图转换回图像空间得到残差图，最终得到一个处理之后的图像。

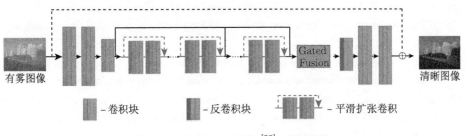

图 3.29　GCANet 结构 [28]（见彩图）

3.3.4　小结

本章首先介绍了图像去雾的定义和图像去雾的意义，将已有的图像去雾方法分为基于频域的方法、基于大气退化模型的方法和基于深度学习的方法，并进行了详细的介绍与说明；然后分析讨论了各类方法的优势和局限性。基于频域的方法的主要思路是对图像进行频域变换以此分解原图像为高频和低频，通过增强高频部分的对比度来实现图像去雾；基于大气退化模型的方法建立了雾天图像的物理模型，根据物理模型实现单幅图像去雾；基于深度学习的方法则从输入/输出的角度训练一个深度神经网络来学习雾天图像到清晰图像之间的映射。

参 考 文 献

[1] Boncelet C. The essential guide to image processing. [2020-10-10]. https://www.sciencedirect.com/topics/engineering/quantization-noise.

[2] Buades A, Coll B, Morel J. A non-local algorithm for image denoising. IEEE Conference on Computer Vision and Pattern Recognition, San Diego, 2005: 60–65.

[3] Elad M, Aharon M. Image denoising via sparse and redundant representations over learned dictionaries. IEEE Transactions on Image Processing, 2006, 15(12): 3736–3745.

[4] Mao X, Shen C, Yang Y. Image restoration using very deep convolutional encoder-decoder networks with symmetric skip connections. Conference on Neural Information Processing Systems, Barcelona, 2016.

[5] Zhang K, Zuo W, Chen Y, et al. Beyond a Gaussian denoiser: Residual learning of deep CNN for image denoising. IEEE Transactions on Image Processing, 2017, 26(7): 3142–3155.

[6] He K, Zhang X, Ren S, et al. Deep residual learning for image recognition. IEEE International Conference on Computer Vision, Las Vegas, 2016.

[7] Chang M, Li Q, Feng H, et al. Spatial-adaptive network for single image denoising. European Conference on Computer Vision, Glasgow, 2020.

[8] Zhu X, Hu H, Lin S, et al. Deformable convNets v2: More deformable, better results. IEEE Conference on Computer Vision and Pattern Recognition, Long Beach, 2019: 9300–9308.

[9] Lehtinen J, Munkberg J, Hasselgren J, et al. Noise2noise: Learning image restoration without clean data. International Conference on Machine Learning, Stockholm, 2018.

[10] Guo S, Yan Z, Zhang K, et al. Toward convolutional blind denoising of real photographs. IEEE Conference on Computer Vision and Pattern Recognition, Long Beach, 2019: 1712–1722.

[11] Dabov K, Foi A, Katkovnik V, et al. Image denoising by sparse 3-d transform-domain collaborative filtering. IEEE Transactions on Image Processing, 2007, 16(8): 2080–2095.

[12] Pan J, Sun D, Pfister H, et al. Blind image deblurring using dark channel prior. IEEE Conference on Computer Vision and Pattern Recognition, Las Vegas, 2016.

[13] Yan Y, Ren W, Guo Y, et al. Image deblurring via extreme channels prior. IEEE Conference on Computer Vision and Pattern Recognition, Honolulu, 2017.

[14] Jinshan P, Zhe H, Zhixun S, et al. Deblurring text images via l0-regularized intensity and gradient prior. IEEE Conference on Computer Vision and Pattern Recognition, Columbus, 2014.

[15] Pan J, Hu Z, Su Z, et al. Deblurring face images with exemplars. European Conference on Computer Vision, Zurich, 2014.

[16] Otsu N. A threshold selection method from gray-level histograms. IEEE Transactions on Systems, Man, and Cybernetics, 2007, 9(1): 62–66.

[17] Hu Z, Cho S, Jue W, et al. Deblurring low-light images with light streaks. IEEE Conference on Computer Vision and Pattern Recognition, Columbus, 2014.

[18] Kupyn O, Budzan V, Mykhailych M, et al. DeblurGAN: Blind motion deblurring using conditional adversarial networks. IEEE Conference on Computer Vision and Pattern Recognition, Salt Lake City, 2018.

[19] Kupyn O, Martyniuk T, Wu J, et al. DeblurGAN-v2: Deblurring (orders-of-magnitude) faster and better. IEEE International Conference on Computer Vision, Seoul, 2019.

[20] Lu B, Chen J, Chellappa R. Unsupervised domain-specific deblurring via disentangled representations. IEEE Conference on Computer Vision and Pattern Recognition, Long Beach, 2019.

[21] Wei C, Xu Y, Li Y. Iterative fusion defogging algorithm based on wavelet transform. Laser & Optoelectronics Progress, 2021, 58(10): 101005.

[22] He K, Sun J, Tang X. Single image haze removal using dark channel prior. IEEE Conference on Computer Vision and Pattern Recognition, Miami, 2011: 1956-1963.

[23] Fattal R. Single image dehazing. ACM Transactions on Graphics, 2008, 27(3): 1–9.

[24] Tan R T. Visibility in bad weather from a single image. IEEE Conference on Computer Vision and Pattern Recognition, Anchorage, 2008.

[25] Cai B, Xu X, Jia K, et al. DehazeNet: An end-to-end system for single image haze removal. IEEE Transactions on Image Processing, 2016, 25(11): 5187–5198.

[26] Zhu Q, Mai J, Shao L. A fast single image haze removal algorithm using color attenuation prior. IEEE Transactions on Image Processing, 2015, 24(11): 3522–3533.

[27] Li B, Peng X, Wang Z, et al. AOD-Net: All-in-one dehazing network. IEEE International Conference on Computer Vision, Venice, 2017: 4780–4788.

[28] Chen D, He M, Fan Q, et al. Gated context aggregation network for image dehazing and deraining. WACV, Waikoloa Village, 2019: 1375–1383.

第 4 章 图像增强

4.1 图 像 平 滑

4.1.1 平滑的意义

图像平滑作为一类最基础而又十分重要的技术，是图像处理领域中具有重要价值的研究课题。图像在获取过程中总是会受各种因素的干扰，包括光电转化过程中敏感器件的不均匀性，数字化过程中由量化误差产生的噪声和信息在传输过程中受干扰产生的误差等。图像平滑可以有效地减少这些误差噪声以及图像细节信息，方便人们从图像中获取更精确的信息。

图像平滑的内容主要包括两个方面：一是对图像细节纹理及噪声的消除；二是对图像边缘特征进行增强或保护。在实际应用中，图像边缘的保护和细节纹理的平滑总是结合在一起同时进行，这就需要在两者之间得到较好的兼顾。对图像合理适度的平滑处理，可以使图像的边缘特征获得很好地保护，在一些情况下，能使边缘得到加强而变得更加清晰明显，从而为人们提供更加精确的信息。

本节主要介绍图像平滑。图像平滑是去除图像细节并保持图像中重要结构的图像处理技术，其将输入图像分解为平滑层和细节层。图像平滑是底层计算机视觉的重要组成部分，其结果将直接影响后续图像加工和分析的有效性和稳定性。根据具体服务的视觉任务不同，图像平滑中需要保持的图像结构也有所不同，例如，图像抽象化需要去除低频信号，保持高频信号；图像去噪需要去除高频信号，保持低频信号。另外，图像平滑的用途广泛，如应用在色调映射、细节增强、图像抽象化、铅笔素描、纹理去除中等。

4.1.2 传统平滑方法

传统的基于滤波的图像平滑方法，大多是通过平衡每个像素点与其邻域的关系，来决定图像的显著性结构，从而平滑掉噪声或者细节。本节将介绍基于双边滤波、变分正则项和联合双边滤波的平滑方法。

1. 双边滤波

传统高斯滤波仅仅关注像素的空间距离而忽略了像素值的变化，因此会在滤除噪声的同时造成边缘的模糊。双边滤波器是由 Tomasi 和 Manduchi[1] 提出的基于高斯滤波的改进算法，它是一种非线性滤波器，可以用来进行边缘保持。该滤波器将空间领域信息和灰度值结合在一起，对输入图像进行滤波，能够在滤除噪声的同时很好地保持图像的边缘结构特征。双边滤波的定义为

$$f(x,y) = \frac{1}{W_p} \sum_{i,j \in \Omega} W_s(i,j) * W_r(i,j) * I(i,j) \tag{4.1}$$

其中，Ω 为像素点 (i,j) 处的邻域范围；$f(x,y)$ 为滤波后的图像；$I(i,j)$ 是待滤波的噪声图像；$W_s(i,j)$ 为空间域权值，$W_r(i,j)$ 为灰度域权值，W_p 为归一化参数，分别表示为

$$W_p = \sum_{i,j \in \Omega} W_s(i,j) * W_r(i,j), W_s(i,j) = \exp\left(-\frac{(i-x)^2 + (j-y)^2}{2\sigma_s^2}\right) \tag{4.2}$$

$$W_r(i,j) = \exp\left(-\frac{(I(i,j) - I(x,y))^2}{2\sigma_r^2}\right) \tag{4.3}$$

其中，σ_s 是空间邻近度标准差；σ_r 是灰度相似度标准差。在图像边缘附近，像素点的值变化较大，则权重 $W_r(i,j)$ 相对变小，滤波器在边缘处的平滑作用降低，从而保持了边缘。

2. 变分正则项

图像的纹理通常是指规则或不规则的分布在物体内部的重复出现的模式。具有代表性的不需要大量纹理信息的纹理分解方法是那些强制使用全变分（Total Variation，TV）正则化项来保持大尺度边缘的方法。Aujol 等 [2] 于 2006 年仔细研究了四种 TV 模型后，得出结论：TV-L2 对建模未知的纹理是最有利的。TV-L2 模型简单地使用平方距离来衡量输入和输出之间的结构相似性，表示为

$$\arg\min_S \sum_p \frac{1}{2\lambda}(S_p - I_p)^2 + |\nabla S_p| \tag{4.4}$$

其中，λ 表示超参数；I 表示输入；S 是输出的结果，表示图像的结构；数据重建项 $(S_p - I_p)^2$ 用来确保输出的结构图像 S 和输入图像相似；$|\nabla S_p|$ 是 TV 正则项。

相对全变分（Relative Total Variation，RTV）正则项 [3] 不通过手动的方式确定纹理的类型，因为在不同的示例中，图案可能会有很大的不同。RTV 引入了一个通用的逐像素窗口全变差度量，可表示为

$$D(p) = \sum_{q \in R(p)} g_{p,q} |\nabla S_p| \tag{4.5}$$

其中，q 是属于窗口 $R(p)$ 内的像素；$g_{p,q}$ 是根据空间位置关系所定义的加权函数；$R(p)$ 是以 p 为中心的正方形窗口，可表示为

$$R(p) \propto \exp\left(-\frac{(x_p - x_q)^2}{2\sigma^2}\right) \tag{4.6}$$

其中，σ 用来控制窗口的空间尺度。在纹理比较显著的图像中，属于细节和结构像素 x_p 都产生较大的 $D(p)$，即窗口内的差分在视觉上均有显著的影响。

为了更好地区分图像中的结构和纹理元素，除 $D(p)$ 之外，RTV 方法还包含了一个窗口差分项，表示为

$$L(p) = \left| \sum_{q \in R(p)} g_{p,q} \nabla S_p \right| \tag{4.7}$$

其中，L 获取整个空间的差分情况。与 $D(p)$ 的表达式不同，$L(p)$ 不包含对窗口内差分的绝对值。因此 ∇S 之和取决于窗口中的梯度是否重合，因为就差分的方向而言，一个像素的 ∇S 可以是正的，也可以是负的。

于是 RTV 根据 $L(p)$ 设计了相应的优化目标。具体来说，在只包含纹理的窗口中产生的 L 通常比在包含结构边的窗口中产生的 L 小。一个直观的解释是，与具有复杂图案的纹理相比，局部窗口中的强边缘提供了更相似的方向渐变。

为了进一步增强纹理和结构之间的对比度，特别是在视觉上显著的区域，RTV将 L 和 D 结合起来，形成一种更有效的结构-纹理分解正则化项。用于优化的目标函数最终表示为

$$\arg\min_S \sum_p \frac{1}{2\lambda}(S_p - I_p)^2 + \lambda \left(\frac{D(p)}{L(p) + \epsilon} \right) \tag{4.8}$$

这个目标函数中的 $(S_p - I_p)^2$ 使得输入和输出不产生明显的结构上的变化，而将纹理从原图像中去除的效果是由 $\dfrac{D(p)}{L(p) + \epsilon}$ 实现的，$\dfrac{D(p)}{L(p) + \epsilon}$ 即为相对全变分（RTV）正则项。ϵ 用来避免除数为 0。所有的除法均为像素级别的相除。

总结来说，相对全变分（RTV）正则项是一种简单而有效的方法，它利用了 $D(p)$ 和 $L(p)$ 的特性，使主要的结构/边缘更加突出。对于图4.1中的示例，图4.1(e) 的 RTV 值在边缘附近很大。

式 (4.8) 中的目标函数是非凸的，它的解不可能简单地通过求导得到。因此，求解时需要将目标函数分解为一个非线性项和一个二次项，这种做法的优势是，类似于迭代重加权最小二乘法，非线性部分的问题可以转化为求解一系列易于求解的线性方程组。将原先的惩罚项进行扩充，可得

$$\sum_p \frac{D(p)}{L(p) + \epsilon} = \sum_p \frac{\sum_{q \in R(p)} g_{p,q} |\nabla S_p|}{\left| \sum_{q \in R(p)} g_{p,q} \nabla S_p \right| + \epsilon} \tag{4.9}$$

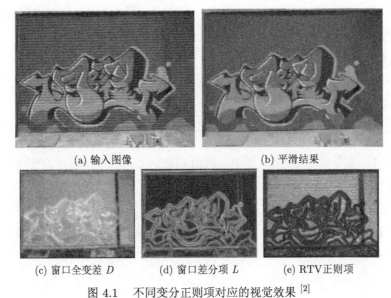

(a) 输入图像　　　　　　　　　　(b) 平滑结果

(c) 窗口全变差 D　　　　(d) 窗口差分项 L　　　(e) RTV正则项

图 4.1　不同变分正则项对应的视觉效果 [2]

通过对式 (4.9) 进行变形可得

$$
\begin{aligned}
\sum_p \frac{D(p)}{L(p)+\epsilon} &= \sum_p \sum_{q\in R(p)} \frac{g_{p,q}}{\left|\sum\limits_{q\in R(p)} g_{p,q}\nabla S_p\right|+\epsilon}|\nabla S_p| \\
&\approx \sum_p \sum_{q\in R(p)} \frac{g_{p,q}}{L(p)+\epsilon}\frac{1}{|\nabla_p|+\epsilon_s}(\nabla S_q)^2 \\
&= \sum_q u_{xq}w_{xq}(\nabla S_q)^2
\end{aligned}
\tag{4.10}
$$

式 (4.10) 的第二行是一种近似，这一项被重新排列后将被分解为二次项 $(\nabla S_q)^2$ 和非线性部分 $u_{xq}w_{xq}$，它们分别为

$$
\begin{aligned}
u_{xq} &= \frac{g_{p,q}}{L(p)+\epsilon} \quad = \left(G_\sigma * \frac{1}{|G_\sigma \nabla S|+\epsilon}\right)_q \\
w_{xq} &= \frac{1}{\nabla S+\epsilon_s}
\end{aligned}
\tag{4.11}
$$

式 (4.11) 表明每个像素对应的 u_x 实际上以各向同性空间滤波方式合并相邻像素的梯度信息。G_σ 是标准差为 σ 的高斯滤波器。式 (4.11) 中采用了逐元素的除法，$*$ 是卷积运算符。w_x 只与像素级别的梯度有关。

经过这些操作后，原优化目标函数 (4.8) 可表示为

$$
(v_S - V_I)^{\mathrm{T}}(V_S - V_I) + \lambda(v_S^{\mathrm{T}} C_S U_x W_x C_x v_s + v_S^{\mathrm{T}} C_S U_y W_y C_y v_s)
\tag{4.12}
$$

其中，v_S 和 v_I 是 S 和 I 的向量化表示；C_x 和 C_y 是具有前向差分的离散梯度算子的 Lipschitz 矩阵；U_x，U_y，W_x 和 W_y 都是对角矩阵。

式 (4.16) 中的形式支持一种特别的迭代优化过程。由于非线性部分和二次部分的分解，自然得到了一个数值稳定的近似值，这在实验中被验证可以非常有效地快速估计结构和纹理图像。整个优化的过程如下。

步骤 1：从上一次迭代中估计的结构图像 S 中，可以直接根据等式 (4.11) 计算 u 和 w 的值。

步骤 2：使用 x、U_y、W_x 和 W_y 的值，最小化过程可以归结为在每次迭代中求解一个线性方程：

$$(1 + \lambda L^t)\dot{V}_S^{t+1} = v_I \tag{4.13}$$

其中，1 表示单位矩阵；$L^t = v_S^{\mathrm{T}} C_S U_x W_x C_x v_s + v_S^{\mathrm{T}} C_S U_y W_y C_y v_s$ 是基于结构向量 $(1 + \lambda L^t)\dot{V}_S^{t+1}$ 权重矩阵。

3. 联合双向引导滤波

双向引导滤波 [4] 基于的一个基本假设是：参考图像和目标图像必须有相似的结构。对于自然图像来说，即使是成对的或经过配准，很难有严格相同的结构。图像之间的差异可分为以下三种。

（1）共有结构：共有结构可以直观地理解为对应两个图像中出现的公共边缘。这些边缘不一定具有相同的大小，边缘的梯度方向也可以是相反的。

（2）不一致结构：不一致的结构是两个图像区域之间的不同模式。在图像对中可能有许多种这样的结构。当一个边缘只出现在一幅图像中，而另一幅图像中没有出现时，即被认为是不一致的。

（3）平滑区域：图像中有常见的低方差平滑区域。它们很容易受到噪声和其他视觉伪影的影响。

在上述类型中，不一致的边缘通常将错误的模式转换到目标图像，进而造成视觉上的问题。联合双向引导滤波的目标是找到两幅输入图像的共有结构，并让它对联合滤波过程进行引导。因此，联合双向引导滤波不仅对目标图像进行滤波/平滑，而且基于结构相似性度量对参考图像进行滤波/平滑。首先给出后面将要用到的定义。令 I_0 和 G_0 分别表示目标图像和参考图像。经滤波处理后的目标图像和参考图像分别表示为 I 和 G，用 $p = (x\ y)^{\mathrm{T}}$ 表示像素坐标。$I_{0,p}$、$G_{0,p}$、I_p 和 G_p 是 I_0、G_0、I 和 G 中的像素 p 的强度。图像的通道是被分别处理的，并使用 $N(p)$ 表示以 p 为中心的正方形窗口区域中的像素集。$N(p)$ 中的像素数表示为 $|N|$。

在衡量结构相似性时，I 和 G 关于中心像素 p 之间的窗口区域相似性不能简单地用两个窗口区域之间梯度的距离来衡量。这个问题在许多领域已经研究了多

年。一个常见而有效的度量是归一化互相关（Normalized Cross Correlation），表示为

$$\rho(I_p, G_p) = \frac{\text{cov}(I_p, G_p)}{\sqrt{\sigma(I_p)\sigma(G_p)}} \tag{4.14}$$

其中，$\text{cov}(I_p, G_p)$ 为图像两个区域的协方差；$\sigma(I_p)$ 和 $\sigma(G_p)$ 是标准差。当两个区域具有相同的边缘时，即使像素强度（像素值）不同，$|\rho(I_p, G_p)| = 1$；否则，$|\rho(I_p, G_p)| < 1$。当目标图像和参考图像的结构相似时，$|\rho(I_p, G_p)|$ 较大。

尽管归一化互相关可以很好地度量结构的相似性，且具有很多不错的性质，但由于其具有非常强的非线性，很难直接使用。为了简化问题，可利用最小二乘法代替原归一化互相关：

$$e(I_p, G_p)^2 = \min_{a_p^1, a_p^0} \frac{1}{N} \sum_{q \in N(p)} (a_p^1 I_q + a_p^0 - G_q)^2 \tag{4.15}$$

其中，a_p^1 和 a_p^0 为回归系数。这个函数线性地表示 G 中的一个窗口区域乘上 I 中的区域。在建立了原归一化互相关和最小二乘之间的关系后，联合双向引导滤波对图像每个区域的相似性度量可被定义为

$$S(I_p, G_p) = e(I_p, G_p)^2 + e(G_p, I_p)^2 \tag{4.16}$$

当 $\rho(I_p, G_p) = \rho(G_p, I_p)$ 时，式 (4.16) 可表示为

$$S(I_p, G_p) = (\sigma(I_p)^2 + \sigma(G_p)^2)(1 - \rho(I_p, G_p)^2)^2 \tag{4.17}$$

下面根据图像之间结构的差异，对式 (4.17) 的性质进行分析。

（1）具有共同结构的区域：当 $|\rho(I_p, G_p)|$ 接近 1 时，式 (4.17) 中 $S(I_p, G_p)$ 趋于零，表示两个窗口区域具有共同的边缘。

（2）具有不一致结构的区域：当利用归一化互相关测量 $|\rho(I_p, G_p)|$ 为包含边的窗口区域输出一个小值（即式 (4.17) 中至少 $\sigma(I_p)$ 或 $\sigma(G_p)$ 较大）时，这些边缘可以推断一定是不一致的。在这种情况下，$S(I_p, G_p)$ 将会输出一个大值。

（3）平滑的区域：当窗口区域不包含明显边缘时，平滑的区域对于 $\sigma(I_p)$ 和 $\sigma(G_p)$ 都很小。因此，$S(I_p, G_p)$ 将会输出一个小值。这种特殊情况也可以看作具有共同结构的窗口区域的一种特例，因为它们同样是平滑的。

根据上述分析，优化式 (4.17) 使 $S(I_p, G_p)$ 最小化，可以在图像级别上搜索共有结构。

4.1.3 基于深度学习的方法

深度学习技术对包含图像处理在内的很多科研领域起到了显著作用，本节介绍一些基于深度学习解决图像平滑问题的算法，主要包括深度边缘感知滤波算法 [5] 和无监督深度神经网络算法 [6]。

1. 深度边缘感知滤波

深度边缘感知滤波器是由 Xu 等 [5] 提出的，该算法尝试从数据中学习大量重要的边缘感知操作。算法基于在梯度域学习的深度卷积神经网络（Deep Convolutional Neural Network，DCNN），生成一个强大的模型来近似各种滤波操作，这些不同的滤波模型之间的唯一区别是学习的参数不同。

算法的目标是用统一的前馈网络 $F_W(I)$ 去逼近对输入图像 I 的各种滤波操作 $L(I)$。其中 F 表示网络结构；W 表示网络参数，控制前馈的过程。一个简单的策略是训练网络直接最小化颜色平方损失之和：

$$||F_W(I) - L(I)||^2 \tag{4.18}$$

然而，它不能令人满意地近似一些保边算子。

该算法并不是简单地采用以上方法，而是根据梯度域进行修改，网络结构图如图4.2所示。算法认为符合人的感知来衡量对比度比在 RGB 空间进行衡量好。梯度域 MSE 对锐边的变化很敏感，这是保持边缘滤波的有利特性。因此，算法将目标函数定义在 ΔI 上而不是 I 上。因为即使将输入信息旋转 90°，大多数边缘感知算子也能产生相同的效果，所以该方法只对梯度的一个方向训练网络，并让水平和垂直层次共享权重。

基于此，给定训练数据对 $(I_0, L(I_0)), (I_1, L(I_1)), \cdots, (I_{D-1}, L(I_{D-1}))$，为表现出理想的滤波效果，算法的目标是训练一个神经网络，最小化

$$\frac{1}{D} \sum_i \frac{1}{2} ||F_W(\nabla I_i) - \nabla L(I_i)||^2 + \lambda \Phi(F_W(\nabla I_i)) \tag{4.19}$$

其中，$\nabla I_i, \nabla L(I_i)$ 是梯度域中的一个训练例对。其中还包含一个稀疏正则化项 $\Phi(F_W(\nabla I_i))$ 来对梯度进行稀疏。

该算法的网络结构图如图4.2所示。网络先对输入提取梯度，在梯度域上进行处理，接着进行卷积滤波操作，得到 x, y 方向上的滤波结果，再对两方向进行重建，得到输出结果。给定一个图像块 I_i，算法首先产生传统滤波结果 $L(I)$，然后应用梯度算子得到 ∇I 和 $L(\nabla I)$。在训练一个样本的每一步中，参数更新过程为

$$
\begin{aligned}
W_{t+1} = W_t - \eta \Big(& \left(F_W(\partial I) - \partial L(I)\right)^{\mathrm{T}} \\
& + \lambda \left(F_W^2(\partial I) + \epsilon^2\right)^{-1/2} F_W^{\mathrm{T}}(\partial I) \Big) \frac{\partial F_W(\partial I)}{\partial W}
\end{aligned}
\tag{4.20}
$$

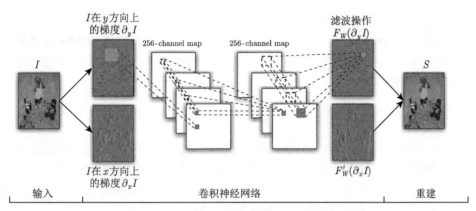

图 4.2   深度边缘感知滤波器的网络结构图 [5]

2. 无监督深度神经网络

基于无监督学习的图像平滑算法是 Fan 等 [6] 在 2018 年提出的。为了实现新颖高质量的图像平滑效果，该方法是一种基于无监督学习的空间自适应图像平滑算法。对于图像平滑问题，用于无监督训练的数据标签是很难获得的，同时，对大量训练图像进行手动标记也非常耗时。为了减少在参数学习中对数据标签的依赖，算法将训练信号设计为一种可微分的能量优化函数，直接从无标签的图像数据中学习参数化的网络模型，其中卷积神经网络可以隐式地学习图像平滑的能量最小化过程。

由于图像结构是图像平滑问题中的重要组成部分，为了强化那些易被平滑的显著图像结构，算法首次引入显式的边缘保持项。它通过最小化输出图像与输入图像边缘引导图的掩码二次差值来进行优化，其中边缘引导图可以理解为图像中每个像素点与其周围领域的差异响应。为了突出边缘引导图中的重要图像结构，该算法预计计算一个图像掩码，并通过该掩码过滤掉其他的图像边缘。另外，为了同时满足多种图像平滑应用的特定需求，算法提出在图像空间域自适应变化的范数，以替代传统的恒定 L_p 范数，其中 p 值会根据边缘引导图进行自适应的变化。边缘引导图的存在，辅助实现了端到端的对语义敏感的图像平滑效果。下面将具体介绍该算法，主要包括无监督学习的图像平滑能量函数，其包括边缘保持项和空间自适应 L_p 平滑项，分别用来保持主要的图像结构和去除琐碎的图像细节。

1）目标函数

图像平滑旨在减少不重要的图像细节，同时保持主要的图像结构。算法的整体能量函数表达如下：

$$\epsilon = \epsilon_d + \lambda_f * \epsilon_f + \lambda_e * \epsilon_e \tag{4.21}$$

其中，ϵ_d 是数据项；ϵ_f 是平滑项；ϵ_e 是边缘保留项；λ_f 和 λ_e 是权重系数，用于平衡平滑项和边缘保留项。为了保持结构相似性，数据项用来衡量输出图像和输入图像之间的颜色差异。用 I 表示输入图像，用 T 表示输出图像，在 RGB 颜色空间中数据项定义为

$$\epsilon_d = \frac{1}{N} \sum_{i=1}^{N} ||T_i - I_i||_2^2 \tag{4.22}$$

其中，i 表示像素索引；N 是总像素数。因为图像平滑的目标在某种程度上与边缘保留冲突，所以图像平滑的过程可能会削弱一些重要的边缘。为了解决这个问题，这里提出了一个显式的边缘保留评价策略用以保留重要的边缘像素。在提出这个标准之前，首先介绍边缘引导图的概念，它被定义为图像在外观上的边缘响应。边缘响应的一种简单形式是图像的局部梯度幅度之和：

$$E_i(I) = \sum_{j \in \mathcal{N}(i)} |\sum_c (I_{i,c} - I_{j,c})| \tag{4.23}$$

其中，$\mathcal{N}(i)$ 表示点 i 的邻域；c 表示输入图像 I 的颜色通道。对输出平滑图像 T 计算边缘引导图，这个图可表示为 $E(T)$。提出的边缘保留项通过最小化它们在边缘引导图像 $E(I)$ 和 $E(T)$ 之间的边缘响应的二次差来定义。设 B 是一个二值化映射，其中 $B_i = 1$ 表示重要的边缘点，$B_i = 0$ 表示非重要的边缘点，边缘保留项定义如下：

$$\epsilon_e = \frac{1}{N_e} \sum_{i=1}^{N} B_i \, ||E_i(T) - E_i(I)||_2^2 \tag{4.24}$$

其中，$N_e = \sum_{i=1}^{N} B_i$ 是重要边缘点的总数。"重要边缘" 的定义相对主观，其在不同的应用中有所不同。获得二值图 B 的理想方法是根据用户的偏好手动标注，然而像素级的人工操作是相当费力的。算法通过一个简单有效的算法来检测边缘，其他更复杂有效的边缘检测算法也可以根据用户的偏好应用到所提出的算法中。给定具有分类边缘点的训练图像，深度神经网络通过最小化边缘保留项来隐含地学习重要的边缘，并将这样的信息反映在平滑图像中。

2）动态空间自适应的 L_p 平滑项

为了获得更好的图像平滑质量和更大的灵活性，算法还提出能够在图像空间域动态变化的 L_p 平滑项。为了删除无关紧要的图像细节，平滑项通过惩罚相邻像素之间的颜色差异来控制平滑的程度：

$$\epsilon_f = \frac{1}{N} \sum_{i=1}^{N} \sum_{j \in \mathcal{N}_h(i)} w_{i,j} \, |T_i - T_j|^{p_i} \tag{4.25}$$

其中，$\mathcal{N}_h(i)$ 表示当前像素 i 的 $h \times h$ 相邻像素；$w_{i,j}$ 表示像素对的权重；$|\cdot|^{p_i}$ 代表 L_p 范数。权重 $w_{i,j}$ 是颜色域和空间域上（或它们的组合）的高斯权重，其定义分别如下：

$$w_{i,j}^r = \exp\left(-\frac{\sum\limits_c \left(I_{i,c} - I_{j,c}\right)^2}{2\sigma_r^2}\right) \tag{4.26}$$

$$w_{i,j}^s = \exp\left(-\frac{(x_i - x_j)^2 + (y_i - y_j)^2}{2\sigma_s^2}\right) \tag{4.27}$$

其中，σ_r 和 σ_s 是高斯核在颜色域或空间域中计算的标准偏差；c 表示图像通道；x,y 表示像素坐标。这里提出使用 YUV 颜色空间来计算权重 $w_{i,j}$。确定带有不同 L_p 正则器的图像区域并非易事。为了帮助定位这些区域，该算法利用引导图像来定义 P_i 的值及与其对应的像素权重：

$$P_i, w_{i,j} = \begin{cases} p^{\text{large}}, w_{i,j}^s, & E_i(I) < c_1 \text{ 和 } E_i(T) - E_i(I) > c_2 \\ p^{\text{small}}, w_{i,j}^r, & \text{其他} \end{cases} \tag{4.28}$$

其中，p^{large} 和 p^{small} 是 p 的两个代表值；c_1 和 c_2 表示两个正阈值。算法实现中 $p^{\text{large}} = 2$ 和 $p^{\text{small}} = 0.8$。可以看出，p 值的分布不是根据输入图像而是根据输出图像确定的。另外，算法利用空间域的亲和度来计算 L_2 范数的区域权重 W_s，并利用颜色域的亲和度计算 $L_{0.8}$ 范数的权重 W_r。由于 L_2 和 $L_{0.8}$ 范数平滑图像的方式不同，这里用比例标量 α 来放大 L_2 范数的权重以平衡不同正则项之间的作用。这里凭经验确定的这两个 p 值，代表了一般意义上的平滑和模糊的效应，但也可以被替换为其他值。此外，提出的算法的空间变量范数 L_p 不是固定的，而是基于输出图像在迭代优化（训练）的过程中动态变化的。虽然在此没有提供能量收敛的理论证明，但从经验上已经发现这样的收敛过程并且 p 值分布最终趋于稳定。

3）网络结构

算法设计了一个全卷积网络（FCN），它使用空洞卷积扩大了感受野，并且配备了非常深的卷积操作与连接输入输出的残差学习。图 4.3给出了具体的网络结构示意图。

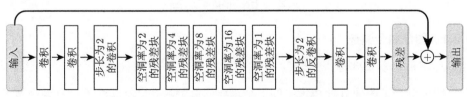

图 4.3　基于无监督学习的图像平滑网络结构图 [6]

该网络包含 26 个卷积层，所有卷积层均使用 3×3 的卷积核并输出特征图（除了输出 3 通道图像的最后一层）。所有卷积操作之后接着 BN 层和 ReLU 层（除了最后一层）。第三个卷积层步长为 2 并将特征图缩小一半，而倒数第三层反卷积将特征图恢复到原始图像的大小。中间 20 个卷积层被组织为 10 个残差块以加速训练。由于图像平滑需要广域的上下文信息，网络使用扩张因子指数增加的空洞卷积来增加 FCN 的感受野。其具体实现为任何两个连续的残差块共享一个扩张因子，并在随后的两个残差块中加倍扩张因子。这是在不牺牲图像分辨率的情况下增加感受野的有效策略。因此 $n \times n$ 网格中的任意点都可以在对数步骤 $\lg n$ 内被索引到。类似的策略已经应用于一些传统算法的并行 GPU 实现。另外，在图像平滑任务中，输入和输出图像高度相关，为了便于学习平滑图像，算法提出通过对输出残差图像和原始输入图像的求和来生成最终的平滑结果，这种残差结构的设计避免了颜色衰减问题。

4.1.4 小结

传统高斯滤波仅仅关注像素的空间距离而忽略了像素值的变化，因此会在去除噪声的同时造成边缘的模糊。双边滤波在传统高斯滤波器的基础上添加了考虑像素值变化程度的权值。因此，在滤除图像噪声的同时考虑到灰度相似度的信息，使得权重系数随着图像灰度的变化而改变，有效地保持了图像边缘结构，最终能够进行自适应的滤波。但是，由于图像边缘上的像素很少有相似的像素在它周围，而且高斯权重平均不稳定，因此双边滤波有可能出现梯度翻转的现象。

基于深度学习的有监督方法需要成对的数据进行模型训练，然而成对数据很难获取。特别地，对于平滑任务来说，没有成对数据。有监督的方法使用的成对数据都是根据传统的方法获得的。因此有监督的方法只能模拟传统的模型平滑的方法进行图像平滑，不能超越现有的图像平滑算子。

在训练阶段，无监督的图像平滑依赖很多额外的信息（检测到的结构或者细节）对目标函数进行优化。但是采用的不完善的检测方法会影响图像的平滑结果。另外，图像平滑缺乏定量的指标进行评价，只能通过人眼观察，这样的评价并不客观。未来还需要探索大量的图像平滑的新算法。

4.2　图　像　融　合

4.2.1　图像融合概述

1. 图像融合的概念

图像融合是图像处理技术中的一个重要研究领域，最早起源于信息融合技术，信息融合技术是随着雷达信息处理系统的发展而发展起来的，在 20 世纪 70 年代初，研究发现利用计算机技术对多个独立的连续声呐信号进行融合后，可以自动检测出敌方潜艇的位置，之后这项技术在军事中得到广泛的应用。20 世纪 80 年代后，随着大量学者对图像融合技术的进一步研究，图像融合在军事和民用等领域得到广泛应用。

由于图像融合研究领域覆盖范围的广泛性、多传感器数据形式的多样性及融合处理的多样性和复杂性，图像融合领域至今尚未形成系统的理论框架和有效的通用融合模型和算法，目前大部分研究工作都是针对特定应用领域的问题来展开的。

本节将图像融合定义为多幅输入图像组合为单幅合成图像的过程（图 4.4）。图像融合技术产生最重要的原动力是提升输出图像所含信息质量，对现有图像融合技术和应用的研究表明：图像融合技术能够提供质量更佳的输出图像，不仅能够增强视觉识别系统的可靠性，稳固系统性能，而且能压缩信息表征。

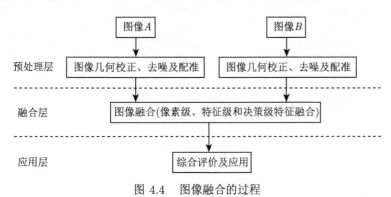

图 4.4　图像融合的过程

2. 图像融合的意义

图像融合可以通过特定算法将两幅或多幅图像综合成一幅新的图像，使得结果图像对场景有一个更全面、清晰的描述，不仅更易被人们理解，提升视觉体验，同时更有利于其他高级计算机视觉任务的进一步处理，如目标检测、图像分割等任务。随着图像融合技术的迅猛发展，其在遥感探测、医学图像分析以及军事侦察等领域有着广泛应用。总之，图像融合技术的应用潜力非常诱人，它的发展已引起相关领域研究人员的普遍关注。

3. 图像融合的层次

由于融合处理方法众多，其目的和手段也不尽相同，根据融合方法在处理流程中所处的阶段，按照信息抽象的程度，可将图像融合分为像素级、特征级和决策级三个层次（图 4.5）。

（1）像素级融合。

像素级融合是指在对多幅输入图像进行预处理（如图像去噪、图像增强以及多幅图像之间的配准）之后，采用图像处理算法合成，得到一幅新的图像，再对此合成图像进行后续的特征提取、目标识别以及行为决策。像素级融合可以最大限度地利用原始数据包含的信息，但对系统的数据处理能力要求最高。

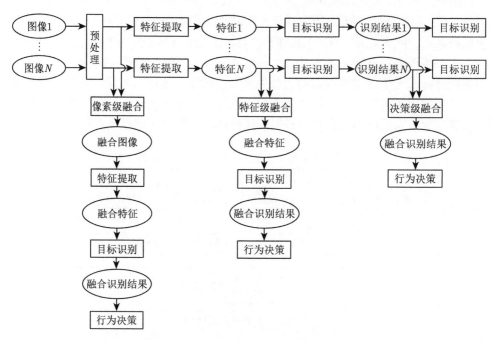

图 4.5　不同层次的图像融合系统示意图

（2）特征级融合。

特征级图像融合属于中间层次上的融合，它在像素级融合的基础上，通过使用模式相关、统计分析的方法对线型、边缘、纹理、光谱、相似亮度区域等图像特征进行目标识别和提取，并得到融合结果。

在特征图融合中，需要将特征图 $F_k, k \in \{1, 2, \cdots, K\}$（$K$ 为特征图数量）进行融合。给定输入图像 I，使用多种边缘检测算子，如 Sobel、Canny 和零点交叉进行边缘提取，算子都是对相同现象的测量，因此语义等价，特征图要求输入图像都经过图像配准对齐。如果 $F_{\text{sobel}}(m, n)$, $F_{\text{canny}}(m, n)$ 和 $F_{\text{zero}}(m, n)$ 分别表示配准对齐后的图像，则可以使用简单的算术平均算子来融合图像：

$$\hat{F}(m, n) = \frac{1}{3}\left(F_{\text{sobel}}(m, n) + F_{\text{canny}}(m, n) + F_{\text{zero}}(m, n)\right) \tag{4.29}$$

（3）决策级融合。

最高层次的融合为决策级图像融合，它融合的是图像的信息表示。它首先对各个传感器所获得的源图像分别进行预处理、特征提取、识别或判决，建立同一目标的初步判决和结论；再对来自各传感器的决策进行融合处理，最终产生联合判决。针对具体的决策目标，决策级融合适用面较广，对原始的传感数据没有特殊的要求，但融合算法复杂。

4.2.2　基于变换域的图像融合方法

1. 主成分分析

主成分分析（Principal Component Analysis，PCA）是基于 K-L 变换（Kathunen-Loeve）实现的改进版加权系数融合法，其原理如图4.6所示。简单来说，先将图像按行优先或列优先的方法组成列向量，然后计算协方差，最后根据协方差矩阵来选取特征向量。在这种方法中，若源图像较为相似，则融合结果近似于均值融合；若源图像差异较大，则融合结果会失真。只有当源图像之间具有一些共同特征时才能得到良好的融合结果。

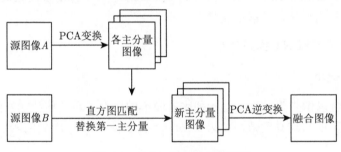

图 4.6　PCA 图像融合原理图

2. 离散小波变换

离散小波变换（Discrete Wavelet Transform，DWT）是一种典型的多分辨率分析方法，其对滤波器进行特别设计，使用一连串低通、高通滤波器和下采样方法。

具体步骤如下：给定 $M \times M$ 输入图像 I_m，使用低通滤波器 L 和高通滤波器 H 对 I 中的所有列进行滤波和下采样操作，可以生成两幅 $(M/2) \times N$ 的图像 I_L 和 I_H。然后使用 L 和 H 对 I_L 和 I_H 中所有行重复进行滤波和下采样操作。输出就是四幅 $(M/2) \times (N/2)$ 的图像 I_{LL}，I_{LH}，I_{HL} 和 I_{HH}，其中 I_{LL} 是 I 中低频分量的近似，而 I_{LH}，I_{HL} 和 I_{HH} 是高频细节图像，分别表示 I 的横向、纵向和对角线方向结构，对 I_{LL} 继续进行二级小波变换，可以得到 I'_{LL}、I'_{LH}、I'_{HL} 和 I'_{HH}，如图4.7 所示。

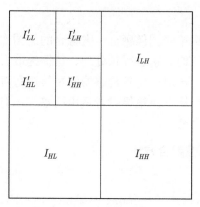

图 4.7　小波变换示意图

使用 DWT 进行图像融合的一个缺点就是其不具备平移不变性，这意味着输入图像中较少的平移就会导致细节图像像素的能量分布产生不可预知的变化，从而使得输出图像产生大幅失真。所以目前图像融合中经常使用复小波变换（Complex Wavelet Transform，CWT），与 DWT 只有 3 个特征方向相比，其含有 6 个特征方向，几乎具备平移不变性。

4.2.3 基于空间域的图像融合方法

1. 加法融合

加法融合以像素为基础，是一种比较简单的融合运算，估计输入图像 $I_k, k \in \{1, 2, \cdots, K\}$ 的平均亮度值。如果 $\hat{I}(m, n)$ 表示像素 (m, n) 处的融合图像，则

$$\hat{I}(m, n) = \frac{1}{K} \sum_{k=1}^{K} I_k(m, n) \tag{4.30}$$

尽管式 (4.30) 比较简单，但如果输入图像的形式相同，就可以被广泛使用，该方法的优势在于可以抑制输入图像中存在的任何噪声。其缺点在于：会导致图像的显著特征受到抑制，生成图像对比度降低，有一种"褪色"的视觉效果。某种程度上，对输入图像采样线性加权平均就可以减轻这一影响：

$$\hat{I}(m, n) = \sum_{k=1}^{K} w_k I_k(m, n) / \sum_{k=1}^{K} w_k \tag{4.31}$$

其中，w_k 为预先选取的标量，这样各幅输入图像都会为融合图像贡献最优的权值。但是，无论如何选定权值，如果一幅图像中目标含有一定对比度，而另一幅图像中目标含有相反对比度，则像素平均法都会导致减小目标对比度。

2. 鲁棒平均融合

为了克服算术平均法的缺点，可以使用鲁棒平均法，使其对异常值鲁棒。下述中值运算符（式 (4.32)）和截尾均值运算符（式 (4.33)）属于鲁棒平均的算子。

$$\hat{I}(x,y) = \text{med}_k (I_k(x,y)) \tag{4.32}$$

$$\hat{I}(x,y) = \frac{1}{K-2\alpha} \sum_{k=\alpha+1}^{K-\alpha} I_{(k)}(x,y) \tag{4.33}$$

式 (4.33) 中，如果 $I_l(x,y)$ 表示位于 (x,y) 处的第 l 大灰度值，α 为一个小量，则通常设定 $\alpha = \lfloor K/20 \rfloor$。

3. 基于拉普拉斯金字塔分解的图像融合

图像拉普拉斯金字塔分解的目的是将源图像分别分解到不同的空间频带上，融合过程是在各空间频率层上分别进行的，这样就可以针对不同分解层的不同频带上的特征与细节，采用不同的融合算子以达到突出特定频带上特征与细节的目的，即有可能将来自不同图像的特征与细节融合在一起。

设 LA_l 和 LB_l 分别为源图像 A, B 经过分解后得到的第 l 层图像，融合后的结果为 $\text{LF}_l(0 \leqslant l \leqslant N)$。当 $l = N$ 时，LA_N 和 LB_N 分别为源图像 A, B 经过拉普拉斯金字塔分解后得到的顶层图像。对于顶层图像的融合，首先计算以其各个像素为中心的区域大小为 $M \times N(M, N$ 取奇数且 $M \geqslant 3, N \geqslant 3)$ 的区域平均梯度：

$$G = \frac{1}{(M-1)(N-1)} \sum_{i=1}^{M-1} \sum_{j=i}^{N-1} \sqrt{\left(\Delta I_x^2 + \Delta I_y^2\right)/2} \tag{4.34}$$

其中，ΔI_x 与 ΔI_y 分别为像素 $f(x,y)$ 在 x 与 y 方向上的一阶差分，定义如下：

$$\begin{aligned} \Delta I_x &= f(x,y) - f(x-1,y) \\ \Delta I_y &= f(x,y) - f(x,y-1) \end{aligned} \tag{4.35}$$

因此，对于顶层图像中的每一个像素 $\text{LA}_N(i,j)$ 和 $\text{LB}_N(i,j)$ 都可以得到与之相对应的区域平均梯度 $G_A(i,j)$ 和 $G_B(i,j)$。

平均梯度反映了图像中的微小细节反差和纹理变化特征，同时也反映出图像的清晰度。一般来说平均梯度越大，图像层次越丰富，图像越清晰。因此顶层图像的融合结果为

$$\text{LF}_N(i,j) = \begin{cases} \text{LA}_N(i,j), & G_A(i,j) \geqslant G_B(i,j) \\ \text{LB}_N(i,j), & G_A(i,j) < G_B(i,j) \end{cases} \tag{4.36}$$

当 $0 \leqslant l < N$ 时，对于经过拉普拉斯金字塔分解的第 l 层图像，首先计算其区域能量：

$$\text{ARE}(i,j) = \sum_{-p}^{p}\sum_{-q}^{q} \varpi(p,q) \left| \text{LA}_N(i+p, j+q) \right| \tag{4.37}$$

$$\text{BRE}(i,j) = \sum_{-p}^{p}\sum_{-q}^{q} \varpi(p,q) \left| \text{LB}_N(i+p, j+q) \right| \tag{4.38}$$

其中，$p = 1$，$q = 1$，$\varpi = \dfrac{1}{16}\begin{bmatrix} 1 & 2 & 1 \\ 2 & 4 & 2 \\ 1 & 2 & 1 \end{bmatrix}$，则其他层次的融合结果为

$$\text{LF}_l(i,j) = \begin{cases} \text{LA}_l(i,j), & \text{ARE}(i,j) \geqslant \text{BRE}(i,j) \\ \text{LB}_l(i,j), & \text{ARE}(i,j) < \text{BRE}(i,j) \end{cases}, \quad 0 \leqslant l < N \tag{4.39}$$

在得到金字塔各个层次的融合图像 $\text{LF}_1, \text{LF}_2, \cdots, \text{LF}_N$ 后，通过拉普拉斯金字塔融合进行重构，即可得到最终的融合结果图像。

4.2.4　基于深度学习的图像融合方法

近几年，深度学习在图像融合的应用逐步增多，融合的源图像包括多聚焦图像、多曝光图像、多光谱图像、医学图像及红外与可见光图像等，网络模型也逐渐精细化，出现了残差学习网络、生成对抗网络等新的网络模型，融合图像客观质量和主观的视觉效果也逐渐提升，在各个任务上相较传统方法均有一定的优势。下面对基于深度学习方法的图像融合进行总结。

1. 基于卷积神经网络的方法

2017 年，Liu 等 [7] 提出利用深度卷积神经网络结构进行多聚焦图像融合，实现过程如图4.8所示。在此方法中，融合过程共包含以下四个步骤：聚焦检测（Focus Detection）、初始分割（Initial Segmentation）、一致性验证（Consistency verification）及融合（Fusion）。网络接受源图像 A 和源图像 B 作为输入，经过卷积神经网络（CNN）进行多聚焦检测，得到分数图（Score Map）S，分数图之后进行初始分割得到聚焦图（Focus Map）M，对聚焦图进行二值化操作后的搭配二值的分割图（Binary segmented map）T，经过一致性验证后得到最后的决策图（Decision Map）D，最后执行融合操作得到融合图像 F。

对于不同类型任务的图像融合，由于源图像属性和融合目标的差异，应采用的具体融合策略也不同。例如，对于多聚焦图像融合，由于源图像类型一致，只是焦点不同，所以上述方法十分适用。然而对于其他的融合任务如红外和可见光图像融合，由于输入源图像分别由不同类型的传感器获得，同一位置像素值强度

可能差别很大，直接采用空间域的像素融合效果不好。Liu 等 [8] 将多尺度变换与基于孪生（Siamese）网络的 CNN 模型相结合。

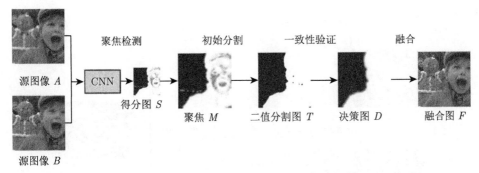

聚焦检测　　　　初始分割　　　　一致性验证　　　　融合

源图像 A → CNN → 得分图 S → 聚焦 M → 二值分割图 T → 决策图 D → 融合图 F

源图像 B

图 4.8　基于 CNN 的多聚焦图像融合过程 [7]

该网络采用孪生结构，在实际融合时，首先将源图像输入网络模型得到权重图；其次，将红外和可见光图像分别进行拉普拉斯金字塔变换，将权重图进行高斯金字塔变换；然后采用基于局部相似性的融合策略对已分解的系数进行计算；最后，利用拉普拉斯逆变换，输出融合结果。

2. 基于残差网络方法

Li 等 [9] 提出了一个基于 ResNet 和 ZCA（Zero-phase Component Analysis）的深度学习融合算法进行红外与可见光图像融合，实现过程如图4.9所示。模型首先利用预训练好的 ResNet50 网络提取输入源图像的深层特征，网络中包含 5 个卷积模块，将每个模块的输出特征保留；其次，利用 ZCA 和 L_1 正则化在稀疏域计算得到 ZCA 特征图；然后，结合双三次插值和 Softmax，由 ZCA 特征图计算获得和源图像大小相同的融合权重映射图；最后，利用加权平均的方法，根据权重系数将源图像进行加权融合。通过这种方法计算获得的融合图像能够对源图像结构的特性进行很好的提取和保持，且互信息值较大。

3. 基于密集连接网络方法

密集连接网络 DenseNet 包含一个或多个密集连接块（Dense Block），在密集块中，每一个卷积层的输入不仅仅与前一层的信息相关，而是可以将前面所有层的信息都保留，从而使得图像的特征信息损失较少；这种方式也能够增加信息与梯度的流动，使网络更容易训练。同时，密集连接的设计具有一定正则化效果，可以减少过拟合现象的发生。基于上述优点，Li 等 [10] 提出了一种深度学习的图像融合网络模型，并将其命名为 DenseFuse。DenseFuse 的网络结构包括编码器（由密集块构成）、融合层、解码器三个部分，编码器用于提取源图像特征，融合层采用特定的融合策略将编码器提取出的图像特征进行整合，解码器根据融合后的特征进行图像重建，最终输出融合图像。整个网络结构如图4.10所示。

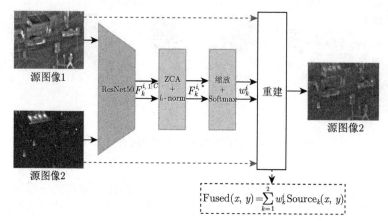

图 4.9　基于 ResNet 和 ZCA 的图像融合网络架构 [9]

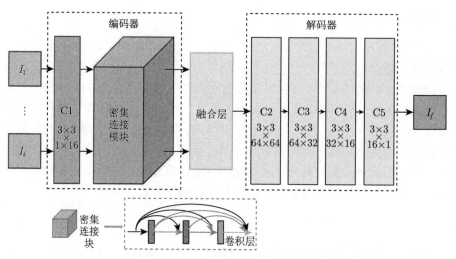

图 4.10　基于密集连接的图像融合网络架构 [10]

4. 基于生成对抗网络方法

近几年，生成式对抗网络（GAN）发展迅速，在图像生成、图像修复、风格迁移、超分辨率重构等领域应用广泛，基于 GAN 的图像融合研究也逐渐丰富起来。Ma

等 [11] 于 2019 年首次提出基于 GAN 的图像融合方法，称为 FusionGAN。Fusion-GAN 是一种无监督、端到端模型，无须通过其他数据集进行预训练，图4.11从整体上描述了该网络的训练和测试流程。

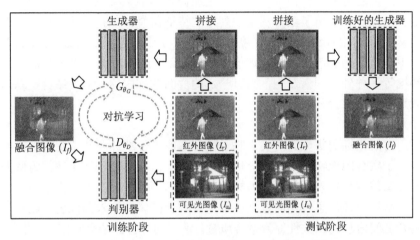

图 4.11 基于 GAN 的图像融合网络架构 [11]

生成器网络以连接后的红外与可见光图像作为输入，损失函数由对抗损失及内容损失组成，主要目的在于训练产生包含主要红外强度信息及可见光梯度信息的初步融合图像。对抗损失中，判别器对初步融合图像进行判断，生成器希望其输出值越大越好，表明融合图像包含的可见光图像细节信息越多。内容损失计算融合图像与红外图像的强度差别与梯度差别之和，差别越小，表示融合效果越好。

判别器网络以生成器输出的初步融合图像或可见光图像作为输入，输出相应的判别结果。判别器对于可见光图像输入的判别结果越大，对于初步融合图像输入的判别结果越小，则表明判别器具有越强的辨别能力。损失函数由两个判别结果组成，可对反向传播时参数更新进行约束。优化生成器与判别器损失时，二者对于判别器输出的初步融合图像的判别结果的期望相反。经过多次迭代与参数更新，生成器与判别器相互对抗，判别器对于初步融合图像的判别值逐步提升并达到稳定状态，表明融合图像中包含较多的可见光图像的细节信息。

4.2.5 融合评价指标

目前，融合算法的评价方法没有统一的标准，在多曝光图像融合中，为了更客观、准确地评价算法性能常常采用两种评价方法，即主观评价和客观评价。

（1）主观评价。

主观评价方法主要依靠人的视觉感受对融合图像进行定性分析，从而评估融合算法的性能。一个优秀的融合算法所生成的融合图像不仅可以保留输入图像中的特征信息，还可避免任何伪影产生。主观评判标准主要包括以下三个方面：首先，融合图像是否保留了输入图像序列中的特征信息，包括边缘、细节纹理、颜色等信息；其次，融合图像的对比度、清晰度等是否符合人眼视觉特性；最后，融合图像中是否有伪影产生。主观评价方法简单，但结果容易受个人想法、知识储备、环境等多种外界因素影响，具有一定的片面性。因此，需要结合一系列不同的客观指标进行综合分析。

（2）客观评价。

常用客观指标通常分为两类：基于融合图像特征统计和基于图像信息传递的方法。基于融合图像特征统计的评价方法是指不需要其他任何图像作为依据，只考虑融合图像本身质量的好坏，如标准差、信息熵等，此类方法模型简单，计算方便。而基于图像信息传递的方法通常是将融合图像和输入图像进行比较，通过考察两者之间信息的相关性评价融合质量，常用的评价因子有互信息、相关系数、结构相似性等。

4.2.6 图像融合的主要应用

1. 单源多焦点图像融合

多焦点图像融合就是通过对多幅聚焦在不同层面上的源图像进行融合处理，得到一幅处处清晰的结果图像。由于镜头光圈的限制，在同一张图像中保持景深范围内所有物体都清晰是非常困难的，所以多焦点图像融合技术是一种图像增强的方法，可以将不同图像中对焦区域融合到一张图像中，得到一张全聚焦图像，如图4.12所示。

(a)左聚焦图像　　　　(b)右聚焦图像　　　　(c)融合图像

图 4.12　图像融合示例

目前基于深度学习实现多焦点图像融合的方法可以分为：基于特征的图像融合方法和基于决策图的图像融合方法，基于特征的图像融合算法是首先通过 CNN 网络将原始图像映射到像素空间中；然后设计一定的特征融合规则对输入特征进行融合；最后将融合后的特征映射回像素空间中。而基于决策图的图像融合算法通常通过 CNN 网络直接预测得到一张决策图，然后通过一致性验证算法获取决策图进行融合。

2. 单源多曝光图像融合

在获取数字图像时，常常遇到这样的困境：当使用普通数码设备拍摄亮度差异较大的场景时，无论如何调整曝光时间和光圈都无法获取一张理想的图像，总会有部分区域出现过度曝光或曝光不足的现象，不能完美地呈现场景内所有内容。例如，图4.13(a) 的曝光级别最低，整幅图像偏暗，只有"天空"区域的特征信息保留相对完整；图4.13(c) 为过曝光图像，"天空"区域过亮，细节信息已完全不可见，但其他区域可见度良好；虽然图4.13(b) 的曝光适中，但依然丢失大量信息，图像对比度低，视觉效果并不理想。可见，如图4.13所示的三幅图像，没有一张图像能完整重现该场景内的所有信息。

(a) 欠曝光图像   (b) 正常曝光图像   (c) 过曝光图像

图 4.13   不同曝光等级的图像（见彩图）

这是由于自然场景的动态范围远大于普通相机所能捕获的动态范围，二者之间的差异就会造成普通相机拍摄的单幅图像难以保留自然场景下的所有内容。图像的动态范围是指图像中最大亮度与最小亮度的比值，而场景的动态范围为同一场景下最大光照度与最小光照度之间的比值，光照单位为 cd/m^2。自然场景的动态范围可达到 8~10 个数量级，而普通数码相机能捕获的动态范围仅有 2~3 个数量级，并且显示设备能显示的亮度范围为 0~255，远小于自然场景动态范围。因此出现图4.13 所示，图像对比度低、细节信息丢失严重、局部区域出现过曝光或欠曝光等问题。多曝光图像融合提供了一种高效的高动态范围图像生成方案，它利用一系列曝光级别不同的输入图像直接生成细节丰富、符合人眼感知特性的高质量图像，算法简单高效，易于实现。

3. 红外与可见光图像融合

红外与可见光图像融合是多源图像融合领域的典型任务。作为现代重要图像增强技术分支，其目标为将可见光图像中的高分辨率场景纹理信息和红外图像中突出的高亮目标信息进行分析整合，从而获得更为全面的成像信息。红外与可见光图像融合在诸多方面表现出强大优势，首先可见光图像捕捉目标反射信息，而红外线图像捕捉目标热辐射信息，该组合较单模态图像能提供更为丰富的场景信息。相较于其他要求较为严格的成像技术，红外和可见光图像可以通过相对简易的设备获取。可见光图像通常具有较高的分辨率和图像对比度，贴近人类的视觉感知，但极易受到恶劣条件的影响，如亮度不足、暴雨、雾霾等特殊天气等；红外图像恰好具有较好的场景抗干扰能力，但通常分辨率较低，图像的细节表现较差。因此可见光和红外图像由于自身特点的互补性，具有非常广泛的应用场景。

4. 医学图像融合

医学图像是以人体器官或组织为目标，通过非入侵的方式获得的人体内部影像，是医学诊断和相关学术研究的重要资料。然而，由于成像机制的多样性，不同成像模式获得的医学图像各有其局限性，只能反映人体的部分特定信息。

计算机断层扫描（Computed Tomography，CT）图像可以捕获密集结构的组织信息，如骨骼和植入物等，但是不能提供软组织信息以及功能信息等。除了这些解剖成像技术外，还有功能成像技术如正电子发射断层扫描（Positron Emission Tomography，PET）图像可以用来定量和动态检测人体新陈代谢，但是不能提供精确定位所需要的解剖学信息。单光子发射计算机断层扫描（Single-photon Emission Computed Tomography，SPECT）图像可以提供显示代谢的临床显著变化信息，但同样不能提供结构信息，同时其空间分辨率较低。这些图像所提供的信息对疾病的诊断和肿瘤的检测具有重要意义，然而没有一种单独的成像方式可以提供医学诊断所需要的完整而准确的信息。为了获得充足的患者信息进行诊断，医生通常需要对不同模态的影像进行顺序分析，但这种分离的方式在许多情况下仍会带来不便，从而影响诊断结果。

不同的成像机制都有其自身的优势和局限性，为了获得准确的临床诊断结果，有必要将不同模态的医学图像进行融合，将不同模态的医学图像中的互补信息进行融合，以获得关于病灶部位或病变器官的更准确、更全面的信息，提高医学图像引导诊断和医学问题评估的有效性。同时，多模态医学图像的融合还可以减少生成单模态图像时带来的随机性和冗余性，进一步降低患者信息的存储成本。

4.2.7 小结

传统图像融合方法通常需要研究人员手工设计特征提取方法，然而，这些人工设计的特征提取方法使得融合规则越来越复杂，从而加大了设计融合规则的难度。为了解决不同的融合任务，需要对提取方法进行相应的改进。为了克服这些局限性，将基于深度学习的方法引入卷积神经网络进行特征提取和融合，实现了端到端的图像融合框架。

4.3　低光照图像增强

随着信息时代的迅猛发展和手持相机（如智能手机）的普及，人们往往习惯使用相机来记录各种信息。然而，现实生活中图像的采集与场景的光照条件之间存在着重要的联系。在低光照条件情况下采集的图像往往存在对比度低、噪声严重、色彩暗淡等问题，这一方面使得人们的视觉体验较差，另一方面给后继的图像处理和分析带来了困难。为了提升图像的视觉效果以及作为图像后继分析的预处理步骤，利用相关算法对低光照图像进行增强是现代图像处理过程中的一个重要步骤。

4.3.1　低光照图像增强概述

1. 低光照图像增强的目标

全局低光照图像的整体环境光照不足，导致整个图像存在像素值较低、对比度很弱、细节无法辨识等特点，对其增亮后也会存在噪声和偏色严重等问题；而局部低光照图像的环境光照充分，只是局部区域光照较弱，图像呈现极暗和极亮两种现象，同样存在局部对比度弱、信息丢失的问题。此外，由于图像光照不均匀，不同区域的退化现象也不同，对其进行增强时需要同时考虑欠曝和过曝的问题，因此这种图像的处理更加困难。

低光照图像增强的目标如下。

（1）对比度增强：增强低光照图像的对比度，获取更多的细节信息。

（2）噪声抑制和颜色校正：低光照图像增强后一般都会存在色彩偏差和噪声放大的情况，因此也需要进行色彩校正和噪声抑制的处理。

（3）自然性保留：增强后的图像看起来应该尽可能地自然，视觉上舒适，不存在伪像。

2. 低光照增强的意义

低光照图像增强算法对人们的生产生活也有重要作用。例如，对于夜间安防视频监控任务来说，由于夜间采集的图像或视频质量较差，往往难以准确识别犯罪分子的相貌和行踪。如何提升夜间成像的质量，从而准确识别目标物体或人脸是目前急需解决的难点。另外，随着私家车数量的急速提升，夜间驾驶的频率也不可避免地提升，尽管有汽车探照灯和路灯提供光源，但多种光源的综合影响（特别是远光灯），使得司机依然难以准确观察前方的路况，从而导致夜间交通事故频繁发生。如何为司机提供高准确度、高质量的夜间影像系统也是一个现实的需求。此外，低光照图像增强技术在卫星遥感成像、军事侦察等领域也有着重要的应用价值。

4.3.2 基于 Retinex 理论的低光照图像增强算法

针对低照度图像存在的退化问题，国内外研究者提出了各式各样的解决办法，如基于直方图均衡化法的增强方法、基于伽马校正的增强方法和基于 Retinex 理论的增强方法等。基于直方图均衡化和伽马校正的算法在前面已经有所介绍，本节内容主要介绍基于 Retinex 理论的低光照图像增强算法。

1. Retinex 理论

1963 年 12 月 Land 第一次讲述了 Retinex 思想，随后发表了一系列论文，形成了 Retinex 理论[12]，它建立在科学实验分析的基础上，是一种常用的空间域的图像增强技术的理论基础。

Retinex 理论认为一个输入图像 $I(x,y)$ 可以分解为两个分量，一个分量是反射图像 $R(x,y)$，代表场景的本质信息和色彩；另一个分量是光照图像 $L(x,y)$，代表环境光照对场景的影响，它决定了一幅图像的像素值所能覆盖的动态范围。即一个图像可以由其反射图像和光照图像的乘积构成：

$$I(x,y) = R(x,y) \cdot L(x,y) \tag{4.40}$$

基于 Retinex 理论的图像增强算法的核心就是要获取表现其场景本质信息的反射图像。通过各种算法来分解输入图像，减弱图像受光照因素的影响，从而增强图像的细节信息，获得场景的本质信息（细节和色彩等）。这里介绍一个有代表性的基于 Retinex 理论的传统低光照图像增强算法：LIME。

2. LIME

Guo 等提出的 LIME 算法[13] 基于 Retinex 理论，利用结构先验来约束低照度图像的光照图来实现增强。其基本思想是：将光照图调整优化的问题嵌入最优化问题中，考虑图像的保真度和结构先验，自定义了一个优化的目标函数和相应的约束条件，然后采用恰当的优化方法来解决这个优化问题。

为了简化计算，通常认为三通道（彩色）图像都是共享同一个光照图，并利用亮通道先验来初始化光照图 T：

$$\hat{T}(x) \leftarrow \max_{c \in \{R,G,B\}} L^c(x) \tag{4.41}$$

其中，$\hat{T}$ 表示估计的结果；L^c 表示第 c 个通道的光照图。通过式 (4.41) 获得初始化的光照图，同时假设光照图应该是分段平滑的，即其应该保留总体的结构，同时平滑纹理的细节。这里将光照图的估计问题转换为最优化问题，通过使用 F 范数和 L_1 正则项来分别约束光照图的保真度和结构平滑度：

$$\min_T \|\hat{T} - T\|_{\mathrm{F}}^2 + \alpha \|W \circ \nabla T\|_1 \tag{4.42}$$

其中，α 用来平衡保真度与结构平滑度的约束能力。第一项为 F 范数，该项是为了保证初始的光照图与调整后的光照图之间有一定的关联。第二项是 L_1 正则项，其目的是让调整后的光照图尽可能地满足结构平滑性，W 为权重矩阵，T 代表一阶导数滤波器，包含水平和垂直方向。对于这个最优化问题，该方法提出了两种求解算法。

第一种求解算法为精确解。通过交替方向乘子法（ADMM）技术可以有效求解该问题。式 (4.42) 中的两项都包含 T，通过引入一个辅助变量 G 来取代 ∇T，来对问题进行分离以利于求解。因此优化问题转换为式 (4.43)：

$$
\begin{cases}
\min_{T,G} \|\hat{T} - T\|_{\mathrm{F}}^2 + \alpha\|W \circ G\|_1 \\
\text{s.t. } \nabla T = G
\end{cases}
\tag{4.43}
$$

进而式 (4.43) 的增广拉格朗日函数可以写为

$$
\mathcal{L} = \|\hat{T} - T\|_{\mathrm{F}}^2 + \alpha\|W \circ G\|_1 + \Phi(Z, \nabla T - G)
\tag{4.44}
$$

其中，$\Phi(Z, \nabla T - G) = \dfrac{\mu}{2}\|\nabla T - G\|_{\mathrm{F}}^2 + \langle Z, \nabla T - G \rangle$，$\langle \cdot, \cdot \rangle$ 表示矩阵的内积操作，μ 是一个正的惩罚因子，Z 是拉格朗日乘子。整个公式包含 T, G 和 Z 三个变量，可以使用交替方向最小化技术来求解。固定 G 和 Z，则 T 可以通过以下公式来求解：

$$
T^{t+1} \leftarrow \mathcal{F}^{-1}\left(\frac{\mathcal{F}\left(2\hat{T} + \mu^{(t)} D^{\mathrm{T}}\left(G^{(t)} - \dfrac{Z^{(t)}}{\mu^{(t)}} \right) \right)}{2 + \mu^{(t)} \displaystyle\sum_{d \in \{h,v\}} \overline{\mathcal{F}(D_d)} \circ \mathcal{F}(D_d)} \right)
\tag{4.45}
$$

其中，$\mathcal{F}$ 表示傅里叶变换。同样地，G 和 Z 的求解公式分别为式 (4.46) 和式 (4.47)：

$$
G^{(t+1)} = \mathcal{S}_{\frac{\alpha W}{\mu^{(t)}}}\left[\nabla T^{(t+1)} + \frac{Z^{(t)}}{\mu^{(t)}} \right]
\tag{4.46}
$$

$$
\begin{aligned}
Z^{(t+1)} &\leftarrow Z^{(t)} + \mu^{(t)}\left(\nabla T^{(t+1)} - G^{(t+1)} \right) \\
\mu^{(t+1)} &\leftarrow \mu^{(t)}\rho, \rho > 1
\end{aligned}
\tag{4.47}
$$

第二种求解算法为加速算法。该算法可以为式 (4.42) 提供一个近似解并加快计算速度。明显地，下面的等式关系是成立的：

$$
\lim_{\epsilon \to 0^+} \sum_x \sum_{d \in \{h,v\}} \frac{W_d(x)\left(\nabla_d T(x)\right)^2}{|\nabla_d T(x)| + \epsilon} = \|W \circ \nabla T\|_1
\tag{4.48}
$$

基于这个关系，使用 $\displaystyle\sum_x \sum_{d\in\{h,v\}} \frac{W_d(x)\left(\nabla_d T(x)\right)^2}{\left|\nabla_d \hat{T}(x)\right| + \epsilon}$ 来近似 $\|W \circ \nabla T\|$。因此，式 (4.42) 的近似解如式 (4.49) 所示：

$$\min_T \|\hat{T} - T\|_{\mathrm{F}}^2 + \alpha \sum_x \sum_{d\in\{h,v\}} \frac{W_d(x)\left(\nabla_d T(x)\right)^2}{\left|\nabla_d \hat{T}(x)\right| + \epsilon} \tag{4.49}$$

进一步地，式 (4.49) 可以由式 (4.50) 来求解：

$$\left(I + \sum_{d\in\{u,v\}} D_d^{\mathrm{T}} \operatorname{Diag}\left(\tilde{w}_d\right) D_d\right) t = \hat{t} \tag{4.50}$$

其中，$\tilde{W}_d(x) \leftarrow \dfrac{W_d(x)}{\left|\nabla_d \hat{T}(x)\right| + \epsilon}$，$w_d$ 是 W_d 的一个矢量化表示。$\operatorname{Diag}(x)$ 操作是为了从矢量 x 构建对角矩阵。

式 (4.42) 中的权重 W 的设计对光照图的结构化起着关键作用。因此，LIME 提供了两种权重的设计策略。第一种是使用初始光照图的梯度作为权重，即

$$W_h(x) \leftarrow \frac{1}{\left|\nabla_h \hat{T}(x)\right| + \epsilon}, W_v(x) \leftarrow \frac{1}{\left|\nabla_v \hat{T}(x)\right| + \epsilon} \tag{4.51}$$

另一种策略受相对总变分启示，具体的公式为

$$W_h(x) \leftarrow \sum_{y\in\Omega(x)} \frac{G_\sigma(x,y)}{\left|\displaystyle\sum_{y\in\Omega(x)} G_\sigma(x,y)\nabla_h \hat{T}(y)\right| + \epsilon}$$
$$W_v(x) \leftarrow \sum_{y\in\Omega(x)} \frac{G_\sigma(x,y)}{\left|\displaystyle\sum_{y\in\Omega(x)} G_\sigma(x,y)\nabla_v \hat{T}(y)\right| + \epsilon} \tag{4.52}$$

其中，$G_\sigma(x,y)$ 是标准偏差为 σ 的高斯核。

求解得到结构先验约束的光照图之后，可以对其进行伽马变换，以调整增强亮度，即 $T \leftarrow T^\gamma$，其中 γ 为伽马系数。得到调整后的光照图之后，利用 Retinex 理论得到恢复的反射图 R。针对低光照图像中较暗区域增亮后存在的噪声问题，首先对恢复的反射图 R 进行空间变换，即将 RGB 空间转换为 YUV 空间；然后利用 BM3D 去噪技术对 Y 通道进行去噪处理，再转换到 RGB 空间，得到去噪后的结果。最终的增强结果由增强后的结果和去噪后的图像融合得到：

$$R_f \leftarrow R \circ T + R_d \circ (1 - T) \tag{4.53}$$

其中，R_d 和 R_f 分别为去噪后的图像和最终增强的图像。

4.3.3　基于深度学习的低光照图像增强算法

近年来利用深度学习来实现低光照图像增强成为研究的一个主流方向。下面对一些有代表性的基于深度学习的低光照图像增强算法进行介绍。

1. LLNet

将深度学习与低光照图像增强相结合起始于 LLNet[14]（Low-Light Net）。基于合成的数据集，Lore 等利用一个深度的自编解码器来实现对比度增强和去噪的目的。

LLNet 算法使用了多层堆叠的去噪自编码网络来实现，通过误差反向传播来训练得到最优的网络参数。假设 $y \in \mathbb{R}^N$ 是一个清晰的无退化的图像，$x \in \mathbb{R}^N$ 是 y 的退化的有噪声的图像，即 $x = My$，$M \in \mathbb{R}^{N \times N}$ 是一个高维的、不可分析的矩阵来对 y 进行退化。对于一个去噪的自编码层，使用下面的前向学习函数来获取相应的 M：

$$h(x) = \sigma(Wx + b)$$
$$\hat{y}(x) = \sigma'(W'h + b') \tag{4.54}$$

其中，σ 和 σ' 分别表示一个单独的有着 K 个神经元的去噪自编码层的编码和解码函数；W 和 b 是每个层的编码权重和偏置；W' 和 b' 是每个层的解码权重和偏置；h 是隐层的激活函数；$\hat{y}$ 是输入的重建结果，也是每个去噪自编码层的输出。

LLNet 框架一方面利用了堆叠稀疏去噪自编码模块（SSDA）的去噪能力，另一方面利用了深度网络的对复杂映射的建模能力来低光照图像中学习特征，最终生成噪声抑制的、对比度增强的图像。由于收集一组成对的真实图像是比较困难的，因此该算法通过图像合成的方式来获得训练数据，然后在合成的数据集和真实的自然图像中进行验证。该算法提供了两个架构，一个是 LLNet，直接对输入图像同时进行对比度增强和去噪的处理，其训练数据中的退化图像包括低光照生成和高斯噪声两种退化现象。另一个架构是 S-LLNet，即分阶段处理，首先使用网络来实现对比度增强，之后再进行去噪的处理。分阶段处理更加灵活，但稍微增加了推理的时间。具体的网络架构如图4.14所示。

LLNet 由 3 个去噪自编码层（Denoisy Autoencoder，DA）组成，输入图像的大小为 17×17，第一个 DA 层包含 2000 个隐含单元，第二层包含 1600 个隐含单元，第三层为 1200 个。之后再接两个分别有着 1600 和 2000 个隐含单元的 DA 层用于解码。最后的输出与输入大小一致。S-LLNet 有着相同的参数设置。

训练数据来自于 169 个标准的自然图像，对每个图像随机选取 2500 个 17×17 大小的块，然后使用伽马变换 $I_{\text{out}} = A \times I_{\text{in}}^{\gamma}$ 得到，A 是输入图像的最大亮度值，

γ 服从区间为 $[2,5]$ 的均匀分布。噪声图像使用一个均值为 0，方差为 σ 的高斯噪声，其中 $\sigma = \sqrt{B(25/255)^2}$，$B$ 服从区间为 $[0,1]$ 的均匀分布。

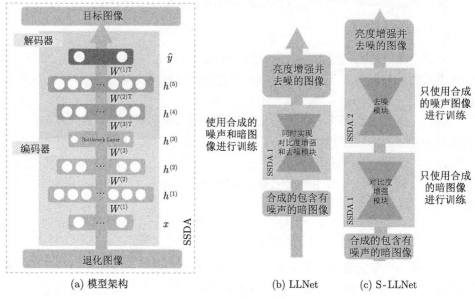

图 4.14　LLNet 网络架构 [14]

首先对每个 DA 层进行训练，其损失函数包含重建的 L_2 损失，KL 散度损失和权重约束损失三项：

$$
\mathcal{L}_{\mathrm{DA}}(\mathcal{D};\theta) = \frac{1}{N}\sum_{i=1}^{N}\frac{1}{2}\left\|y_i - \hat{y}\left(x_i\right)\right\|_2^2 + \beta\sum_{j=1}^{K}\mathrm{KL}\left(\hat{\rho}_j\|\rho\right)
$$
$$
+ \frac{\lambda}{2}\left(\|W\|_{\mathrm{F}}^2 + \|W'\|_{\mathrm{F}}^2\right)
\tag{4.55}
$$

其中，N 为所使用块的数目；$\theta = \{W, b, W', b'\}$ 是模型的参数；$\mathrm{KL}\left(\hat{\rho}_j\|\rho\right)$ 是目标激活 ρ 和实验平均激活 $\hat{\rho}_j$ 的 KL 散度：

$$
\mathrm{KL}\left(\hat{\rho}_j\|\rho\right) = \rho\lg\frac{\rho}{\hat{\rho}_j} + (1-\rho)\lg\frac{1-\rho}{1-\hat{\rho}_j}
\tag{4.56}
$$

其中

$$
\hat{\rho}_j = \frac{1}{N}\sum_{i=1}^{N}h_j\left(x_i\right)
\tag{4.57}
$$

当所有的 DA 层都被初始的训练完成后，再对整个网络进行精炼训练，其损失函

数为

$$\mathcal{L}_{\mathrm{SSDA}}(\mathcal{D};\theta) = \frac{1}{N}\sum_{i=1}^{N}\|y_i - \hat{y}(x_i)\|_2^2 + \frac{\lambda}{L}\sum_{l=1}^{2L}\left\|W^{(l)}\right\|_{\mathrm{F}}^2 \tag{4.58}$$

在测试阶段，每个测试图像首先被分解为重叠的 17×17 大小的块，步长为 3×3；然后通过网络得到每个块的去噪增强结果，再通过平均和重组得到整个图像的增强结果。

2. SID

常见的低光照图像增强算法一般都是针对普通的 RGB 图像进行处理，对于在极暗环境下拍摄的图像的处理结果比较糟糕。Chen 等 [15] 提出了一种对极暗图像增强的算法——SID。SID 算法直接在 RAW 格式的图像上进行处理，其增强操作包括了颜色变换、去马赛克、噪声抑制和图像增强等多个方面。这种端到端的训练方式避免了传统相机处理过程中产生的噪声放大和错误累积等问题。

Chen 等收集了一个 RAW 格式的低光照图像数据集，分别由两个相机拍摄而成，一个是 Sony 相机 α7S II，拍摄了 231 个场景，每个场景对应 10 张短曝光时间的图像和 1 张长曝光时间的图像。其中短曝光时间分别是 1/30s、1/25s 和 1/10s，长曝光时间为 10~30s，每个图像的分辨率为 4240×2832。另一个相机是 Fujifilm X-T2，分辨率为 6000×4000，包含 193 个场景，对应的曝光时间与 Sony 相机的一样。这个数据集面临的环境是极度暗的光照条件，其亮度一般在 0.2~5lux。由于光照极暗，该数据集的短曝光时间图像包含的噪声非常严重，也包含一定的色偏现象。这个数据集适合在 RAW 格式上进行处理，转换为 RGB 图像后信息丢失严重，增强效果较差。

整个图像处理的流程如图4.15所示，对于 Bayer 格式的 RAW 图像，首先将原始的输入图像变换为 4 个通道，再减去黑平衡且通过一个比率来放大图像的像素值，之后将放大后的数据送入一个 U-Net 架构的网络中进行增强学习。网络的输出为有着输入图像一半大小的 12 个通道的图像，再使用一个重组方法将其重组为原始大小的图像，得到最终的结果。对于 X-Trans 格式的 RAW 图像，将其分解为 6×6 的块，再转换为 9 通道的数据，之后的处理与 Bayer 格式的一样。

SID 算法使用的损失函数为 L_1 损失，采用 Adam 优化器来进行训练。网络的输入为短曝光时间的 RAW 格式图像，真值为对应的长曝光时间图像（sRGB 格式）。采用的放大系数包括 100、250 和 300。每次迭代时，随机裁剪 512×512 的图像块来训练，并使用随机翻转、旋转等方式来进行数据增强。

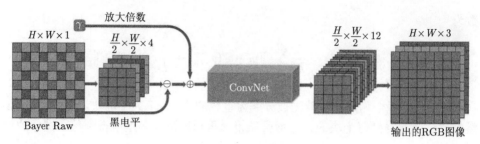

图 4.15   SID 网络结构 [15]

3. KinD++

之前的低光照图像增强算法主要目标在于增强对比度和提升暗区域的亮度，然而伴随着亮度的提升，隐藏在暗区域内的噪声也随之放大，此外其色彩与正常光照的图像也会存在一定的偏差。Zhang 等提出的 KinD++ 网络 [16] 考虑了低光照图像的噪声和偏色问题，并提供了一个光照调整网络来灵活地调整光照图像，以满足人们的需求。

KinD++ 网络包括三个子网络：层分解网络、光照图调整网络和反射图恢复网络。层分解网络将输入的图像分解为光照图和反射图，光照图调整网络提供了一个灵活的光照图调整方式，反射图恢复网络用来抑制噪声和实现颜色校正。其整体网络架构如图4.16所示，下面对各个网络进行介绍。

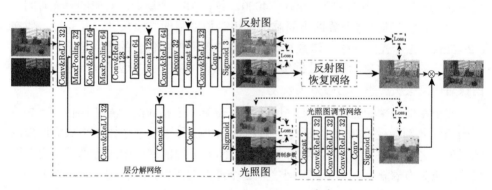

图 4.16   KinD++ 网络架构 [16]

层分解网络采用了一个双分支网络，第一个分支采用一个轻量级的 U-net 网络，包含 5 个卷积层和 1 个 Sigmoid 层，用于生成反射图；第二个分支采用全卷积的网络，包含 2 个卷积层和 ReLU 激活层及 1 个 Sigmoid 层，用于生成光照图。该子网络的输入为同一场景的一对图像，低光照图像 I_l 和正常曝光图像 I_h。其分解结果分别为反射图 $[R_l, R_h]$ 和光照图 $[L_l, L_h]$。该子网络采用的损失函数

包括：重建损失 $\mathcal{L}_{\mathrm{re}}^D$、反射图一致性损失 $\mathcal{L}_{\mathrm{rs}}^D = \|R_l - R_h\|_1$、光照图平滑损失 $\mathcal{L}_{\mathrm{is}}^D$ 和光照图结构一致性损失 $\mathcal{L}_{\mathrm{mc}}^D$。其中 $\mathcal{L}_{\mathrm{re}}^D = \|I_l - R_l \otimes L_l\|_1 + \|I_h - R_h \otimes L_h\|_1$，$\mathcal{L}_{\mathrm{mc}}^D = \|M \otimes \exp(-c \cdot M)\|_1$，$M = |\nabla L_l| + |\nabla L_h|$，$\mathcal{L}_{\mathrm{is}}^D = \|\dfrac{\nabla L_l}{\max(|\nabla I_l|, \epsilon)}\|_1 + \|\dfrac{\nabla L_h}{\max(|\nabla I_h|, \epsilon)}\|_1$，$\nabla$ 为水平和垂直方向的梯度。最终的损失函数为

$$\mathcal{L}^D = \mathcal{L}_{\mathrm{re}}^D + \omega_{\mathrm{rs}}\mathcal{L}_{\mathrm{rs}}^D + \omega_{\mathrm{is}}\mathcal{L}_{\mathrm{is}}^D + \omega_{\mathrm{mc}}\mathcal{L}_{\mathrm{mc}}^D \tag{4.59}$$

其中，ω_{rs}、ω_{is}、ω_{mc} 为各个损失的权重。

由于其他损失函数的影响，分解网络分解的反射图 R_l 和 R_h 之间依然存在较大的差异。R_l 中存在噪声和颜色偏差的退化现象，因此使用反射图恢复网络来进一步改进反射图的结果。它的输入为 R_l，对应的真值为 R_h。反射图恢复网络使用了一个包含 4 个多尺度光照注意力（Multi-Scale Illumination Attention，MSIA）模块的 10 层卷积网络。MSIA 模块使用一个多尺度光照图注意力机制，充分利用了特征的全局和局部上下文信息。其具体的架构如图4.17和图4.18所示。

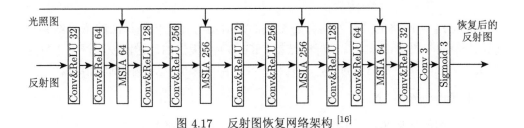

图 4.17　反射图恢复网络架构 [16]

反射图恢复网络其使用的损失函数为

$$\mathcal{L}^R = \mathcal{L}_{\mathrm{mse}}^R + \mathcal{L}_{\mathrm{dsim}}^R \tag{4.60}$$

其中，$\mathcal{L}_{\mathrm{mse}}^R = \mathrm{MES}(R_h, \hat{R})$ 为均方误差函数；$\hat{R}$ 代表恢复的反射图；$\mathcal{L}_{\mathrm{dsim}}^R = 1 - \mathrm{SSIM}\left(R_h, \hat{R}\right)$ 代表结构相似度损失。

光照图调整网络由 4 个全卷积层组成，在训练时，其输入为一个源光照图 L_s 和一个比值 α，输出为目标光照图 L_t，其中 $\alpha = \mathrm{mean}(L_t/L_s)$。所使用的损失函数为

$$\mathcal{L}^A = \mathrm{MSE}\left(\hat{L}, L_t\right) + \mathrm{MSE}\left(\nabla\hat{L}, \nabla L_t\right) \tag{4.61}$$

其中，L_t 可以是 L_l 或 L_h；$\hat{L}$ 是 L_s 对应的调整后的光照图。

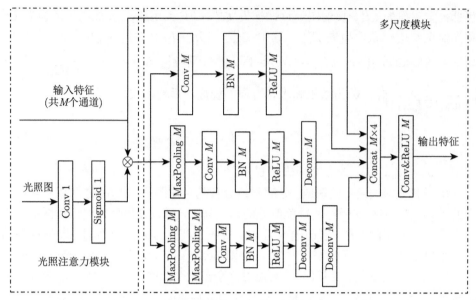

图 4.18　　MSIA 模块 [16]

KinD++ 网络的分解网络分解得到的反射图与其他传统算法的增强结果相似，分解的光照图可以保持较好的结构。KinD++ 提出的反射图恢复网络很好地解决了图像的噪声和偏色问题，并且在去噪的同时保留了更多的细节信息。

4. EnlightenGAN

由于图像都是在某个瞬间拍摄的，对于一个拍摄的低光照图像，想要获取有着完全相同场景的正常光照图像是非常困难的，其场景可能会随着环境和时间发生某些变化。因此使用非成对数据或仅使用单个图像来训练学习是另一种解决方式。收集一组非配对的低光照图像和正常光照图像是比较容易的，受非监督的图像风格迁移启发，Jiang 等 [17] 采用生成式对抗网络（GAN），在不依赖于精确配对的图像情况下，建立低光照图像与正常光照图像之间的非监督映射关系。

该网络的具体架构如图4.19所示。使用注意力图引导的 U-net 来作为生成器，采用双判别器分别对全局和局部区域进行判别。同时采用了自特征保留损失来约束网络的训练，维护生成的纹理和结构。生成器的自注意力引导图为图像的灰度图。

为了更好地增强局部区域，在提升全局光照的同时，这里使用全局和局部判别器来对增强结果进行真假鉴别，采用的判别器使用的是 PatchGAN。对于局部判别器，其输入是从生成结果和真实的正常光照图像中随机裁剪的局部块。全局和局部判别器的共同使用保证了生成图像的所有区域看起来都是真实的自然图像。

对于全局判别器，采用的损失函数为

$$
\begin{aligned}
\mathcal{L}_D^{\text{Global}} &= \mathbb{E}_{x_r \sim \mathbb{P}_{\text{real}}} \left[(D_{\text{Ra}}(x_r, x_f) - 1)^2 \right] \\
&\quad + \mathbb{E}_{x_f \sim \mathbb{P}_{\text{fake}}} \left[D_{\text{Ra}}(x_f, x_r)^2 \right] \\
\mathcal{L}_G^{\text{Global}} &= \mathbb{E}_{x_f \sim \mathbb{P}_{\text{fake}}} \left[(D_{\text{Ra}}(x_f, x_r) - 1)^2 \right] \\
&\quad + \mathbb{E}_{x_r \sim \mathbb{P}_{\text{rel}}} \left[D_{\text{Ra}}(x_r, x_f)^2 \right]
\end{aligned}
\tag{4.62}
$$

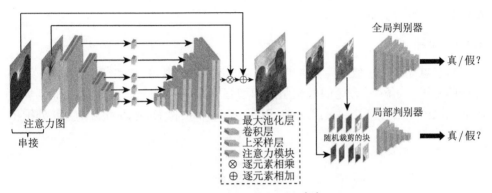

图 4.19　EnlightenGAN 网络架构[17]（见彩图）

其中，x_r、x_f 分别表示真实图像与生成的图像。对于局部判别器，分别从输出图像和真实图像随机裁剪 5 个块，并采用原始的 LSGAN 作为对抗损失：

$$
\begin{aligned}
\mathcal{L}_D^{\text{Local}} &= \mathbb{E}_{x_r \sim \mathbb{P}_{\text{real-patches}}} \left[(D(x_r) - 1)^2 \right] \\
&\quad + \mathbb{E}_{x_f \sim \mathbb{P}_{\text{fake-patches}}} \left[(D(x_f) - 0)^2 \right] \\
\mathcal{L}_G^{\text{Local}} &= \mathbb{E}_{x_r \sim \mathbb{P}_{\text{fake-patches}}} \left[(D(x_f) - 1)^2 \right]
\end{aligned}
\tag{4.63}
$$

此外，为了保证增强的图像的内容与原始图像保持一致，还提出了一个自正则化损失函数：

$$
\mathcal{L}_{\text{SFP}}(I^L) = \frac{1}{W_{i,j} H_{i,j}} \sum_{x=1}^{W_{i,j}} \sum_{y=1}^{H_{i,j}} \left(\phi_{i,j}(I^L) - \phi_{i,j}(G(I^L)) \right)^2
\tag{4.64}
$$

其中，I^L 代表输入的低光照图像；$G(I^L)$ 代表生成器的增强结果；$\phi_{i,j}$ 为 VGG-16 网络中提取特征；i 代表第 i 次最大池化；j 代表第 i 次最大池化后的第 j 次卷积操作；$W_{i,j}$ 和 $H_{i,j}$ 是提取特征图的维数。

对于局部区域块采用同样的自正则化的特征约束。训练整个 EnlightenGAN 网络的总的损失函数为

$$\text{Loss} = \mathcal{L}_{\text{SFP}}^{\text{Global}} + \mathcal{L}_{\text{SFP}}^{\text{Local}} + \mathcal{L}_{G}^{\text{Global}} + \mathcal{L}_{G}^{\text{Local}} \tag{4.65}$$

基于非监督的算法摆脱了数据集缺乏的问题，由于其不需要利用带标注的数据训练，相比于基于监督的方法，其鲁棒性和实用性更好。然而，基于同样没有标注数据的原因，现有的设计方法中都没有考虑低光照图像中存在的噪声问题，其增强效果难以令人满意，发展低光照图像增强与噪声抑制的非监督模型和实用性算法是一个研究方向。

4.3.4 小结

本节首先介绍了低光照图像的特点及其增强的目标和意义，之后具体介绍了传统的基于 Retinex 理论的低光照图像增强算法——LIME，以及基于深度学习的低光照图像增强算法——LLNet、SID、KinD++ 和 EnlgithenGAN，并分析了各个算法的优缺点。

参 考 文 献

[1] Tomasi C, Manduchi R. Bilateral filtering for gray and color images. International Conference on Computer Vision, Las Vegas, 1998: 839–846.

[2] Aujol J F, Gilboa G, Chan T, et al. Structure-texture image decomposition: Modeling, algorithms, and parameter selection. International Journal of Computer Vision, 2006, 67(1): 111–136.

[3] Xu L, Yan Q, Xia Y, et al. Structure extraction from texture via relative total variation. ACM Transactions on Graphics, 2012, 31(6): 1.

[4] Shen X, Zhou C, Xu L, et al. Mutual-structure for joint filtering. International Conference on Computer Vision, Las Vegas, 2015.

[5] Xu L, Ren J, Yan Q, et al. Deep edge-aware filters. International Conference on Machine Learning, Lille, 2015: 1669–1678.

[6] Fan Q, Yang J, Wipf D, et al. Image smoothing via unsupervised learning. ACM Transactions on Graphics, 2018: 1–14.

[7] Liu Y, Chen X, Peng H, et al. Multi-focus image fusion with a deep convolutional neural network. Information Fusion, 2017, 36: 191–207.

[8] Liu Y, Chen X, Cheng J, et al. Infrared and visible image fusion with convolutional neural networks. Wavelets Multiresolution Information Processing, 2018, 16(3): 1–20.

[9] Li H, Wu X. Infrared and visible image fusion with ResNet and zero-phase component analysis. arXiv preprint arXiv:1806.07119, 2018.

[10] Li H, Wu X. DenseFuse: A fusion approach to infrared and visible images. IEEE Transactions on Image Processing, 2019, 28(5): 2614–2623.

[11] Ma J, Yu W, Liang P, et al. FusionGAN: A generative adversarial network for infrared and visible image fusion. Information Fusion, 2019, 48: 11–26.

[12] Land E H. The Retinex theory of color vision. Scientific American, 1977, 237(6): 108–128.

[13] Guo X, Li Y, Ling H. LIME: Low-light image enhancement via illumination map estimation. IEEE Transactions on Image Processing, 2017, 26(2): 982–993.

[14] Lore K G, Akintayo A, Sarkar S. LLNet: A deep autoencoder approach to natural low-light image enhancement. Pattern Recognition, 2017, 61: 650–662.

[15] Chen C, Chen Q, Xu J, et al. Learning to see in the dark. IEEE Conference on Computer Vision and Pattern Recognition, Salt Lake City, 2018: 3291–3300.

[16] Zhang Y, Guo X, Ma J, et al. Beyond brightening low-light images. International Journal of Computer Vision, 2021, 129(4): 1013–1037.

[17] Jiang Y, Gong X, Liu D, et al. EnlightenGAN: Deep light enhancement without paired supervision. arXiv preprint arXiv:1906.06972, 2019.

第 5 章 目 标 检 测

5.1 基 础 概 念

5.1.1 背景知识

计算机视觉领域最基本的三个任务是：分类、目标定位、目标检测。分类的目标是要识别出给定图像是什么类别标签（在训练集中的所有类别标签中，给出的这张图属于哪类标签的可能性最大）；定位的目标不仅要识别出来是什么物体（类标签），还要给出物体的位置，位置一般用边界框（Bounding Box，bbox）标记；目标检测是多个物体的定位，即要在一张图中定位出多个目标物体，目标检测任务包含分类和目标定位。

针对单个目标任务，分类任务就是让计算机告诉你图片中是什么。而定位任务还要给出目标在图像中的位置信息。简单地说，就是用一个矩形框把识别的目标框出来，有时候也需要框出多个数量的目标。我们通常采用两种方式在图像中表示一个矩形框：

（1）(x_1, y_1, x_2, y_2)，即给出矩形框左上角和右下角的坐标；

（2）(x_1, y_1, w, h)，即给出矩形框的左上角坐标和矩形框的长宽。

总的来说，无论用哪种方法表示，都至少需要 4 个值来定位出图像中的一个目标，如果一张图像中包含 C 个目标，那至少需要 $4 \times C$ 个值来定位所有目标（这里不包括用于识别的类别标签）。

5.1.2 目标检测相关概念

交并比（Intersection over Union，IoU）用来衡量模型最终输出的矩形框或者测试过程中找出的候选区域（Region Proposal）与真实值（Gound Truth）的差异程度，定义为两者交集和并集的比值。通常将这个阈值指定为 0.5，即只要模型找出来的矩形框和标签的 IoU 值大于 0.5，就认为成功定位到了目标。

目标检测算法的效果通过平均精度值（mean Average Precision，mAP）来评定。这里涉及两个概念：准确率（Precision）和召回率（Recall）。因为对于目标检测任务，往往需要在一张图中检测多个目标。对于每一个目标都可以计算测试的准确率和召回率，通过选用不同的阈值进行测试实验，可以得出多组准确率和召回率数据，利用这些数据可以得到一条 *P-R* 曲线，而曲线下包围的面积就表示平均精度（Average Precision，AP），也就是说，这个值越大，说明模型的综合性能越好。而对于多个目标，我们计算所有目标 AP 的平均值作为目标检测最终的性能评价指标，即 mAP。

非极大值抑制（Non-Maximum Suppression，NMS）算法用于抑制冗余的矩形框，简化输出结果。在目标检测的时候，因为我们是在多个区域上分别执行的，最终必然会产生大量的候选框。而我们希望得到一个最好的框来定位目标的位置。而非极大值抑制完成的就是抑制冗余的矩形框，保留最优框的过程。具体来说，对于某一个目标，我们的模型框出了很多候选框，每一矩形框都会有一个对应的类别分类概率，先将它们从大到小排序，然后舍弃掉与最大概率的矩形框相似度高的矩形框（IoU 值大于设定的阈值），保留剩下来的矩形框。

5.2　传统目标检测算法

5.2.1　传统算法流程

1. 区域选择

既然目标是在图像中的某一个区域，那么最直接的方法就是滑窗法（Sliding Window Approach），就是遍历图像的所有的区域，用不同大小的窗口在整个图像上滑动，那么就会产生所有的矩形区域，然后进行后续特征提取与分类，这种方法思路简单但开销巨大。

候选区域生成算法通常基于图像的颜色、纹理、面积、位置等合并相似的像素，最终可以得到一系列的候选矩阵区域。这些算法，如选择性搜索（Selective Search）[1]，通常需要几秒的时间，而且一个典型的候选区域数目为 2000，相比于用滑动窗把图像所有区域都滑动一遍，基于候选区域的方法十分高效。另外，这些候选区域生成算法的准确率一般，但召回率通常比较高，这使得我们不容易遗漏图像中的目标。

下面以选择性搜索算法为例阐述候选区域生成算法的基本流程。选择性搜索算法的整体思路为：假设现在图像上有 n 个预分割的区域,表示为 $R = R_1, R_2, \cdots, R_n$，计算每个区域与它相邻区域的相似度，这样会得到一个 $n \times n$ 的相似度矩阵（同一个区域之间和一个区域与不相邻区域之间的相似度可设为 NaN），从矩阵中找出最大相似度值对应的两个区域，将这两个区域合二为一，这时候图像上还剩下 $n-1$ 个区域；重复上面的过程，直到所有的区域都合并成为同一个区域。

2. 特征提取

目标的形态多样性、光照变化多样性、背景多样性等因素使得设计一个鲁棒的特征并不是那么容易。然而提取特征的好坏直接影响到分类的准确性。传统特征提取算法中常用的特征有 Haar [2]、尺度不变特征变换（SIFT）[3]、方向梯度直方图（HOG）[4]、DPM [5] 等。

Haar 特征最早是由 Papageorgiou 等 [6] 应用于人脸表示，Viola 和 Jones [7] 则在此基础上，提出了多种形式的 Haar-like 特征。Haar-like 特征在一定程度上反映了图像灰度的局部变化，它最主要的优势是它的计算非常快速。通过使用一个称为积分图的结构，任意尺寸的 Haar-like 特征可以在常数时间内进行计算。

SIFT 特征的中文含义为尺度不变特征变换。SIFT 特征可以提取图像的局部特征，在尺度空间寻找极值点，并提取出其位置、尺度和方向信息。SIFT 特征的应用范围包括物体辨别、机器人地图感知与导航、影像拼接、3D 模型建立、手势识别、影像追踪等。SIFT 特征具有旋转、尺度缩放和亮度变化不变性，所以 SIFT 所查找的关键点都是一些十分突出，且不会因光照或噪声等因素而变换的"稳定"特征点，如角点、边缘点、暗区的亮点以及亮区的暗点等。

HOG 特征是一种在计算机视觉和图像处理中用来进行物体检测的特征描述子。HOG 的主要思想在于，图像中局部目标的表象和形状能够被梯度或边缘的方向密度分布很好地描述。

DPM（Deformable Parts Model）算法对 HOG 特征做出进一步改进，使算法对目标的形变鲁棒性更强。

3. 分类器

特征提取得到的特征需要通过分类器进行分类才能得到最终结果，常用的分类器包括支持向量机（Support Vector Machine，SVM）、AdaBoost、Cascade 等。分类器需要结合合适的特征才能达到合适的效果。Haar-like 特征是一种弱特征，所以它需要和一些弱分类器算法结合，如 AdaBoost 或者 Cascade 来完成物体检测。同时，也应该根据应用场景进行分类器的选择，如 HOG 特征与 SVM 或者 Cascade 的组合。HOG 特征结合 SVM 可以达到较好的检测效果，但是检测时间长，不满足实时性的要求，而与 Cascade 的组合可以以降低检测效果的代价实现实时性。又如，DPM 算法因为含有隐变量，所以需要与 SVM 的变种 Latent SVM（LSVM）组合实现目标检测任务。

5.2.2 传统算法框架

1. Haar +AdaBoost+Cascade

Haar-like 特征经过不断发展完善，现有的 Haar-like 特征模板主要如图5.1所示。

关于 Haar-like 特征的计算需要注意的是白色区域的像素值为正值，黑色区域的像素值为负值，而且像素值与矩形区域的面积成反比，抵消两种矩形区域面积不等造成的影响，保证 Haar-like 特征值在灰度分布均匀的区域特征值趋近 0。Haar-like 特征在一定程度上反映了图像灰度的局部变化，在人脸检测中，脸部的一些特征可由矩形特征简单刻画，例如，眼睛比周围区域的颜色要深，鼻梁比两侧颜色要浅等。

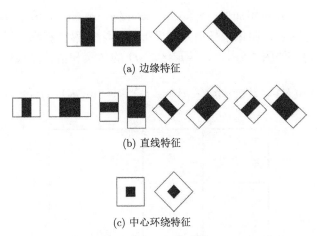

(a) 边缘特征

(b) 直线特征

(c) 中心环绕特征

图 5.1　Haar-like 特征 [2]

　　Haar-like 矩形特征分为多类，特征模板可用于图像中的任一位置，而且大小也可任意变化，因此 Haar-like 特征的取值受到特征模板的类别、位置以及大小这三种因素的影响，使得在一固定大小的图像窗口内，可以提取出大量的 Haar-like 特征。例如，在一个 24×24 的检测窗口内，矩形特征的数量可以达到 16 万个。这样就需要解决两个重要问题，如何快速计算 Haar-like 矩形特征值——积分图；如何筛选有效的矩形特征用于分类识别——AdaBoost 分类器。

　　在一个图像窗口中，可以提取出大量的 Haar-like 特征，如果在计算 Haar-like 特征值时，每次都遍历矩形特征区域，将会造成大量重复计算，严重浪费时间。而积分图正是一种快速计算矩形特征的方法，其主要思想是动态规划，即将图像起始像素点到每一个像素点之间所形成的矩形区域的像素值的和，作为一个元素保存下来，也就是将原始图像转换为积分图（或者求和图），这样在求某一矩形区域的像素和时，只需索引矩形区域 4 个角点在积分图中的取值，进行普通的加减运算，即可求得 Haar-like 特征值，整个过程只需遍历一次图像，计算特征的时间复杂度为常数（$O(1)$），因此可以显著提升计算效率。积分图中元素的公式定义如下：

$$ii(x,y) = \sum_{x' \leqslant x, y' \leqslant y} i\left(x', y'\right) \tag{5.1}$$

式 (5.1) 含义是在 (x,y) 位置处，积分图中元素为原图像中对应像素左上角所有像素值之和。在具体实现时，可用以下公式进行迭代运算：

$$s(x,y) = s(x,y-1) + i(x,y)$$
$$ii(x,y) = ii(x-1,y) + s(x,y)$$

(5.2)

其中，$s(x,y)$ 为行元素累加值，初始值 $s(x,-1)=0, ii(-1,y)=0$。

构建好积分图后，图像中任何矩形区域的像素值累加和都可以通过简单的加减运算快速得到，如图 5.2 所示，矩形区域 D 的像素和值计算公式如下：

$$\text{Sum}(D) = ii(x_4,y_4) - ii(x_2,y_2) - ii(x_3,y_3) + ii(x_1,y_1)$$

(5.3)

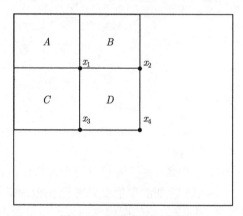

图 5.2　矩阵求和示意图

以水平向右为 x 轴正方向，垂直向下为 y 轴正方向，可定义积分图公式 $\text{SAT}(x,y)$：

$$\text{SAT}(x,y) = \sum_{x'\leqslant x, y'\leqslant y} i(x',y')$$

(5.4)

以及迭代求解式：

$$\text{SAT}(x,y) = \text{SAT}(x,y-1) + \text{SAT}(x-1,y) - \text{SAT}(x-1,y-1) + I(x,y)$$
$$\text{SAT}(-1,y) = 0, \quad \text{SAT}(x,-1) = 0$$

(5.5)

对于左上角坐标为 (x,y)，宽高为 (w,h) 的矩形区域 $r(x,y,w,h)$，可利用积分图 $\text{SAT}(x,y)$ 求取像素和值（图 5.3）：

$$\text{RecSum}(r) = \text{SAT}(x+w-1,y+h-1) + \text{SAT}(x-1,y-1)$$
$$- \text{SAT}(x+w-1,y-1) - \text{SAT}(x-1,y+h-1)$$

(5.6)

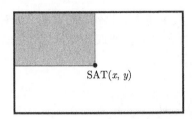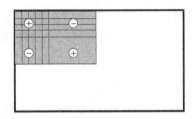

图 5.3　积分图求矩形区域和值

AdaBoost 是一种集成分类器，可用于对提取的 Haar-like 特征（通常需要进行归一化处理）进行训练分类。AdaBoost 分类器由若干个强分类器级联而成，而每个强分类器又由若干个弱分类器（如决策树）组合训练得到。弱分类器的定义如下：

$$h_j(x) = \begin{cases} 1, & p_j f_j(x) < p_j \theta_j \\ 0, & 其他 \end{cases} \tag{5.7}$$

其中，p_j 是为了控制不等式的方向而设置的参数；x 表示一个图像窗口；$f_j(x)$ 表示提取的 Haar-like 特征；阈值 θ 用于判断该窗口是否为目标区域。

算法流程如下。

（1）假设训练样本为 $(x_i, y_i), i = 0, 1, \cdots, n; y_i$ 取值为 0(负样本)、1(正样本)。

（2）初始化权重 $w_1, i = \dfrac{1}{2m}, y_i = \dfrac{1}{2l}$，其中 m 表示负样本的个数，l 表示正样本的个数。

（3）对于 $t = 1, 2, \cdots, T$，首先归一化权值 $w_{t,i} = \dfrac{w_{t,i}}{\sum\limits_{j=1}^{n} w_{t,j}}$。然后对于每个（种）特征训练一个分类器 (h_j)，每个分类器只使用一种 Haar-like 特征进行训练。分类误差为 $\varepsilon_j = \sum\limits_i w_i |h_j(x_i) - y_i|$，其中 h_j 为特征分类器，x_i 为训练样本。随后选择最低误差的分类器 h_t，最后更新训练样本的权值 $w_{t+1,i} = w_{t,i} \beta_t^{1-e_i}$。分类正确时 $e_i = 0$，否则 $e_i = 1$，$\beta_t = \dfrac{\varepsilon_t}{1 - \varepsilon_t}$。

最后的强分类器为

$$h(x) = \begin{cases} 1, & \sum\limits_{t=1}^{T} \alpha_t h_t \geqslant \dfrac{1}{2} \sum\limits_{t=1}^{T} \alpha_t \\ 0, & 其他 \end{cases} \tag{5.8}$$

其中，$\alpha_t = \log\left(\dfrac{1}{\beta_t}\right)$。

在训练多个弱分类器得到强分类器的过程中，采用了两次加权的处理方法，一是对样本进行加权，在迭代过程中，提高错分样本的权重；二是对筛选出的弱分

类器 h_t 进行加权，弱分类器准确率越高，权重越大。此外，还需进一步对强分类器进行级联，以提高检测正确率并降低错误识别率。级联分类器如图5.4所示。

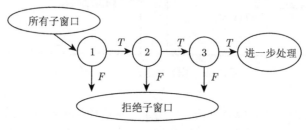

图 5.4　级联分类器

首先将所有待检测的子窗口输入到第一个分类器中，如果某个子窗口判决通过，则进入下一个分类器继续检测识别，否则该子窗口直接退出检测流程，也就是说后续分类器不需要处理该子窗口。通过这样一种级联的方式可以去除一些误识为目标的子窗口，降低错误识别率。例如，单个强分类器，99.9% 的目标窗口可以通过，同时 50% 的非目标窗口也能通过，假设有 20 个强分类器级联，那么最终的正确检测率为 $0.999^{20} \approx 98\%$，而错误识别率为 $0.50^{20} \approx 0.0001\%$，在不影响检测准确率的同时，显著降低了错误识别率。当然前提是单个强分类器的准确率非常高，这样级联多个分类器才能不影响最终的准确率或者影响很小。

2. HOG+SVM & HOG+Cascade

HOG 特征是一种在计算机视觉和图像处理中用来进行物体检测的特征描述算子。HOG+SVM 进行行人检测的方法最早是由法国研究人员 Dalal 和 Triggs [4] 在 2005 年的 CVPR（IEEE Conference on Computer Vision and Pattern Recognition）上提出的。如今 HOG 特征结合 SVM 分类器已经被广泛应用于图像识别中，尤其在行人检测中获得了极大的成功。HOG 的主要思想在于，图像中局部目标的表象和形状能够被梯度或边缘的方向密度分布很好地描述。为了实现 HOG，需要将图像分成小的连通区域，这些连通区域称为单元格（cell）；然后采集单元格中各像素点的梯度或边缘的方向密度分布直方图；最后把这些直方图组合起来就可以构成特征描述器，流程表示如图5.5所示。

提取 HOG 特征的算法的整体流程需要经过颜色空间归一化、计算图像梯度、统计梯度方向直方图、重叠块直方图归一化等步骤，下面详细介绍每一步的实现。

1）颜色空间归一化

为了减少光照因素的影响，首先需要将整个图像进行规范化（归一化）。在图像的纹理强度中，局部的表层曝光贡献的比重较大，所以，这种压缩处理能够有

效地降低图像局部的阴影和光照变化。因为颜色信息作用不大,所以通常先转化
为灰度图。关于图像的规范化可以通过 Gamma 校正完成,实际操作中 Gamma
校正可以通过平方根或者对数法完成,此处采用平方根的方法,公式表示为

$$Y(x,y) = I(x,y)^{\gamma}$$

其中,γ 取 0.5。

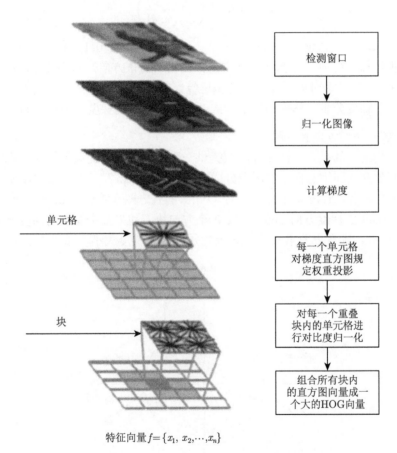

特征向量 $f = \{x_1,\ x_2,\cdots,x_n\}$

图 5.5　HOG 特征提取流程

2) 计算图像梯度

计算图像横坐标和纵坐标方向的梯度,并据此计算每个像素位置的梯度方向
值;计算梯度操作不仅能够捕获轮廓和一些纹理信息,还能进一步弱化光照的影
响。图像中坐标 (x,y) 处的梯度为

$$G_x(x,y) = H(x+1,y) - H(x-1,y)$$
$$G_y(x,y) = H(x,y+1) - H(x,y-1)$$

$$(5.9)$$

其中，$G_x(x,y), G_y(x,y), H(x,y)$ 分别表示输入图像中坐标 (x,y) 处的水平方向梯度、垂直方向梯度和像素值。坐标 (x,y) 处的梯度值和梯度方向分别为

$$G(x,y) = \sqrt{G_x(x,y)^2 + G_y(x,y)^2}$$
$$\alpha(x,y) = \tan^{-1}\left(\frac{G_y(x,y)}{G_x(x,y)}\right)$$

$$(5.10)$$

为了求取图像梯度，最常用的做法是：首先用 $[-1,0,1]$ 梯度算子对原图像进行卷积运算，得到 x 方向（水平方向，以向右为正方向）的梯度分量；然后用 $[1,0,-1]^{\mathrm{T}}$ 梯度算子对原图像进行卷积运算，得到 y 方向（竖直方向，以向上为正方向）的梯度分量。然后用以上公式计算该像素点的梯度大小和方向。

3）统计梯度方向直方图

这一步的目的是为局部图像区域提供一个编码，同时能够保持对图像中对象的姿势和外观的弱敏感性。将图像分成若干个"单元格"（cell），例如，每个 cell 为 8×8 个像素。假设采用 9 个区间（bin）的直方图来统计这 8×8 的梯度信息。也就是将 cell 的梯度方向 360° 分成 9 个方向块，如果某个像素的梯度方向落在 20° ~ 40° 内，则直方图第 2 个 bin 就增加该像素梯度大小，如图 5.6 所示。

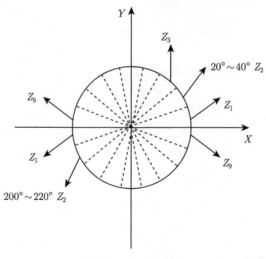

图 5.6   单元格划分

4）重叠块直方图归一化

由于局部光照的变化以及前景-背景对比度的变化，梯度强度的变化范围非常

大，这就需要对梯度强度进行归一化。归一化能够进一步地对光照、阴影和边缘进行压缩。为了进行梯度强度归一化，需要把各个 cell 组合成大的、空间上连通的块（block）。这样，一个 block 内所有 cell 的特征向量串联起来便得到该 block 的 HOG 特征。这些区间是互有重叠的，这就意味着，每一个单元格的特征会以不同的结果多次出现在最后的特征向量中。我们将归一化之后的块描述符（向量）就称为 HOG 描述符。

5）收集 HOG 特征

最后一步就是将检测窗口中所有重叠的块进行 HOG 特征的收集，并将它们结合成最终的特征向量供分类使用。回顾 Dalal 提出的 HOG 特征提取的过程：把样本图像分割为若干个像素的单元，把梯度方向平均划分为 9 个区间，在每个单元里面对所有像素的梯度方向在各个方向区间进行直方图统计，得到一个 9 维的特征向量，每相邻的 4 个单元构成一个块，把一个块内的特征向量联会起来得到 36 维的特征向量，用块对样本图像进行扫描，扫描步长为一个单元。最后将所有块的特征串联起来，就得到了人体图像的特征表示。

实际上，在运用的时候，我们通常是选取一幅图像中的一个窗口来进行特征提取，但并不直接提取整个图像的 HOG 特征，而是用一个固定大小的窗口在图像上滑动，而后提取每一个窗口的 HOG 特征，通过训练好的 SVM 或者 Cascade 级联分类器判别窗口内是否有要检测的目标。

3. DPM+Latent SVM

DPM 算法由 Felzenszwalb [5] 于 2008 年提出，是一种基于部件的检测方法，对目标的形变具有很强的鲁棒性。DPM 算法采用了改进后的 HOG 特征，SVM 分类器和滑动窗口检测思想，针对目标的多视角问题，采用了多组件的策略，针对目标本身的形变问题，采用了基于图结构的部件模型策略。此外，将样本的所属的模型类别、部件模型的位置等作为潜变量（Latent Variable），采用多示例学习（Multiple-instance Learning）来自动确定。

DPM 可以看作 HOG 的扩展，大体思路与 HOG 一致。DPM 改进后的 HOG 特征取消了原 HOG 特征中的块，只保留了单元，归一化时，直接将当前单元与其周围的 4 个单元依次组成一个区域进行归一化，这种方法的效果与原 HOG 特征非常类似。计算梯度方向时可以计算有符号 $(0 \sim 360°)$ 或无符号 $(0 \sim 180°)$ 的梯度方向。因为有些目标适合使用有符号的梯度方向，而有些目标适合使用无符号的梯度。作为一种通用的目标检测方法，DPM 与原 HOG 不同，采用了有符号梯度和无符号梯度相结合的策略。如果直接将特征向量化，那么单单一个 8×8 的单元，特征维数就高达 $4 \times (9 + 18) = 108$ 维。为了解决这个问题，在提取大量单元的无符号梯度，并进行了主成分分析（PCA）后发现使用前 11 个特征向量基本上可以包含所有的信息。为了快速计算，由主成分可视化的结果得到了一种近似的 PCA 降维效果，具体来说，将每块中无符号梯度方向的 4×9 维特征向量视为 4×9 的矩阵，对每一行、每一列求和得到 13 维特征，基本上能达到 HOG 特征 36 维的检测效果。为了提高那些适合使用有符号梯度目标的检测精度，再对 18 个有符号梯度方向求和得到 18 维向量，并入其中，最后得到 31 维特征向量。

DPM 的目标检测模型由两个组件构成，每一个组件由一个根模型和若干部件模型组成。图5.7 (a) 和图5.7(b) 是其中一个组件的根模型和部件模型的可视化的效果，每个单元内都是 SVM 分类模型系数对梯度方向加权叠加，梯度方向越亮的方向可以解释为行人具有此方向梯度的可能性越大。图5.7(a) 表示的根模型比较粗糙，大致呈现了一个直立的正面/背面行人。图5.7(b) 表示的部件模型为矩形框内的部分，共有 5 个部件，分辨率是根模型的两倍，这样能获得更好的效果。从中可以明显地看到头、手臂等部位。为了降低模型的复杂度，根模型和部件模型都是轴对称的。图5.7(c) 为部件模型的偏离损失，越亮的区域表示偏离损失代价越大，部件模型的理想位置的偏离损失为 0。

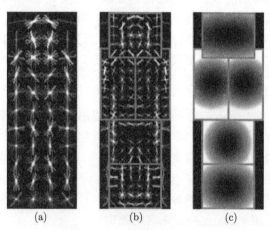

(a)   (b)   (c)

图 5.7   DPM 行人模型 [5]

DPM 采用了滑动窗口法进行检测，通过构建图像金字塔进行各个尺度搜索。图5.8为某一尺度下的行人检测流程，即行人模型的匹配过程。某一位置 (x, y) 在根模型或部件模型的响应得分为该模型与以该位置为锚点的子窗口区域内的特征的内积。也可以将模型看作一个滤波算子，响应得分为特征与待匹配模型的相似程度，越相似则得分越高。公式表述为

$$\sum_{x', y'} F\left[x', y'\right] \cdot G\left[x + x', y + y'\right]$$

其中，F 为滤波器，G 为特征图。

图5.8左侧为根模型的检测流程，滤波后的图中，越亮的区域代表响应得分越高。右侧为各部件模型的检测过程；首先，将特征图像与模型进行匹配得到滤波后的图像；然后进行响应变换，以锚点为参考位置，综合部件模型与特征的匹配

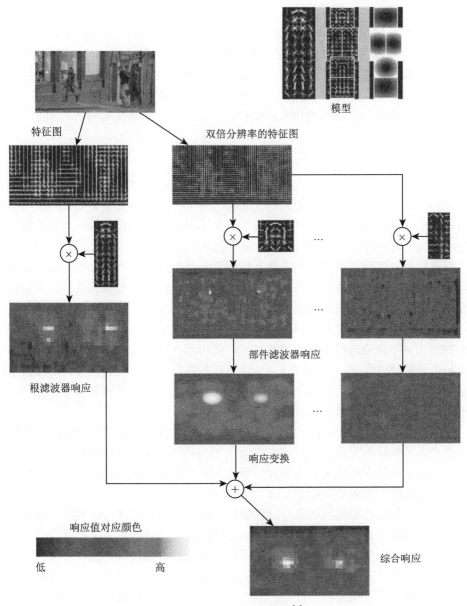

图 5.8 DPM 检测流程 [5]

程度和部件模型相对理想位置的偏离损失，得到的最优的部件模型位置和响应得分。

检测过程中，综合响应得分可以表述为

$$\text{score}(x_0, y_0, l_0) = R_{0,l_0}(x_0, y_0) + \sum_{i=1}^{n} D_{i,l_0-\lambda}(2(x_0, y_0) + v_i) + b \tag{5.11}$$

即在尺度为 l_0 层，以 (x_0, y_0) 为锚点的检测分数。其中 $R_{0,l_0}(x_0, y_0)$ 表示根模型的检测分数；b 为偏移系数，用于对齐不同组件模型的分数；$D_{i,l_0-\lambda}(2(x_0, y_0) + v_i)$ 为第 i 个部件模型的响应，因为部件模型的分辨率是根模型的一倍，部件模型需要在尺度 $l_0 - \lambda$ 层匹配，所以锚点的坐标也需要重新映射到尺度 $l_0 - \lambda$ 层，即放大一倍，v_i 表示部件模型对锚点的偏移量。部件响应计算公式为

$$D_{i,l}(x, y) = \max_{\mathrm{d}x, \mathrm{d}y}(R_{i,l}(x + \mathrm{d}x, y + \mathrm{d}y) - d_i \cdot \phi_d(\mathrm{d}x, \mathrm{d}y))$$

其中，(x, y) 为部件 i 在尺度 l 层的理想位置，$\mathrm{d}x, \mathrm{d}y$ 为相对于 x, y 的偏移量，$R_{i,l}(x + \mathrm{d}x, y + \mathrm{d}y)$ 为部件模型在 $(x + \mathrm{d}x, y + \mathrm{d}y)$ 处的匹配得分。$d_i \cdot \phi_d(\mathrm{d}x, \mathrm{d}y)$ 为偏移 $(\mathrm{d}x, \mathrm{d}y)$ 的损失，其中 $\phi_d(\mathrm{d}x, \mathrm{d}y) = (\mathrm{d}x, \mathrm{d}y, \mathrm{d}x^2, \mathrm{d}y^2)$，$d_i$ 为偏移损失系数，是模型训练时需要学习的参数，模型初始化时，$d_i = (0, 0, 1, 1)$，即偏移损失为偏移量相对理想位置的欧氏距离。根模型以及部件模型的得分都是通过计算窗口内的梯度方向直方图和一些权重的点积来获得的。下面对根滤波器以及部件滤波器的更新与初始化进行介绍。

为了初始化根滤波器，需要对每个目标类别根据训练数据集中目标矩形框大小的统计值，自动选择根滤波器的尺寸。使用不含隐藏变量的 SVM 训练得到一个初始的根滤波器 F_0。正样本从 PASCAL 数据集中含无遮挡的目标的图片中截取得到，这些截取的正样本非均匀地缩放到根滤波器的尺寸和长宽比。负样本从不包含目标的图片中随机截取。

给定上一步训练得到的初始根滤波器，对于训练集中的每个矩形框，在根滤波器和矩形框显著重叠（重叠 50% 以上）的条件下，找到滤波器得分最高的一个位置。此过程是在原始的、未缩放的图片上进行的。用得到的新的正样本集和初始的随机负样本集重新训练 F_0，如此迭代两次。

对于部件滤波器的初始化，可以使用一种简单的启发式方法根据上面训练的根滤波器初始化 5 个部件滤波器。首先选择面积 a，使得 $5a$ 等于根滤波器面积的 80%。使用贪婪方法从根滤波器中选出面积为 a 的具有最大正能量（Most Positive Energy，正能量是该区域中所有单元格的权重平方和）的矩形区域，将此区域的所有权重清零后继续选择，直到选出 5 个矩形区域。部件滤波器的初值是对应矩形区域内根滤波器的权值，但需要进行插值来适应更高的空间分辨率。

在介绍 LSVM 之前引入多示例学习 MI-SVM。它的本质思想是将标准 SVM 的最大化样本间距扩展为最大化样本集间距。具体来说是选取正样本集离分界面最近的样本用作训练，同样取负样本集中离分界面最近的负样本作为负样本。LSVM 实质上和 MI-SVM 是类似的，区别在于扩展了隐藏变量。DPM 模型给定一张标定了边界框的正样本以后，需要在某一位置或某一尺度，提取出一个最合适的正样本作为 LSVM 的正样本。

训练过程中，对样本 x 进行评分的分类器的公式为 $f_\beta(x) = \max\limits_{z \in Z(x)} \beta \cdot \Phi(x, z)$，这里 β 是模型参数向量，z 是隐藏变量。集合 $Z(x)$ 定义了样本 x 所有可能的隐藏变量值。通过对此得分值进行阈值化，可以获得样本 x 的二分类类标签。类比经典 SVM 算法，使用带类标的样本集 $D = (<x_1, y_1>, \cdots, <x_n, y_n>), y_i \in \{-1, 1\}$ 来训练参数 β，通过最小化下面的目标函数完成训练。

$$L_D(\beta) = \frac{1}{2}\|\beta\|^2 + C \sum_{i=1}^{n} \max(0, 1 - y_i f_\beta(x_i)) \qquad (5.12)$$

其中，$\max(0, 1 - y_i f_\beta(x_i))$ 是标准铰链损失（Hinge Loss）函数，常数 C 控制正则项的相对权重。如果每个样本的隐藏变量有唯一可能值（$Z(x_i) = 1$），则 f_β 为 β 的线性函数，此时变为线性 SVM 问题，这是 LSVM 的一个特例。

5.3　基于深度学习的目标检测算法

本节主要从双阶段和单阶段两个方面来介绍基于深度学习的目标检测算法。和传统方法相比，基于深度学习的方法使用 CNN 来提取特征，并采用大样本下有监督预训练和小样本微调的方式来解决小样本难以训练甚至过拟合的问题。两阶段目标检测方法通常使用一个候选区域网络（Region Propose Network，RPN）来得到物体的边界位置，然后使用一个分类网络来进行分类。而单阶段目标检测方法是指那些没有显示的提取候选区域，直接得到最终的检测结果的方法。其将提取和检测合二为一，直接得到物体的检测结果，因此这类方法的速度往往会更快一些。

5.3.1　双阶段目标检测算法

1. R-CNN

在 R-CNN [8] 提出之前，目标检测领域最好的方法一般是把多个低级图像特征和高级的上下文特征相结合的集成方法。R-CNN 提出了一个简单、可扩展的检测算法，在 mAP（对于每一类计算平均精度，再计算所有类的均值）上相比于之前 PASCAL VOC 2012 数据集上的最佳结果提高了 30% 以上，平均精度达到了 53.3%。R-CNN 提出了两个关键的方法：① 可以将卷积神经网络应用于自底向上的候选区域（Region Proposal），以便更好地定位和分割物体；② 当标记的训练数据集不足时，可以先在辅助任务上进行监督训练，然后进行特定领域的微调，这将带来显著的性能提升。R-CNN 的网络架构如图5.9所示。

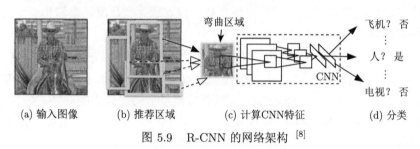

(a) 输入图像   (b) 推荐区域   (c) 计算CNN特征   (d) 分类

图 5.9   R-CNN 的网络架构 [8]

在 R-CNN 之前，许多论文提出了生成类别无关的区域推荐方法，例如，对象性（objectness [9]）、选择性搜索 [1]、类别无关的物体推荐（category-independent object proposals [10]）、约束参数最小分割（constrained parametric min-cuts [11]）、多尺度组合分组（multi-scale combination grouping [12]），以及 Cireşan 等 [13] 将卷积神经网络用在规律空间裁剪块上以检测有丝分裂细胞，这也算是一种特殊区域推荐类型。由于 R-CNN 不关心特定区域的推荐，所以在区域推荐阶段采用了选择性搜索以方便和前面的工作进行可控的对比。在特征提取阶段，R-CNN 使用 AlexNet [14] 的一个 Caffe 版本从每个推荐区域中提取一个 4096 维的特征向量。这些特征向量是通过将减去均值的 227×227 大小的图像输入到五个卷积层和两个全连接（FC）层的网络中得到的（具体可参考 AlexNet [14] 来获得更多的网络架构细节）。因为该架构要求输入固定为 227 像素 ×227 像素，所以在计算推荐区域的特征时，必须首先将该区域中的图片大小转换成与 CNN 兼容的形式。在进行转换时，该方法还考虑把原始推荐对象周围的上下文包含进来。具体而言，在转换之前，先在候选框周围补上 16 像素，再进行各向异性缩放。这种转换使得 mAP 提高了 3～5 个点。

在进行网络训练时，R-CNN 中的 CNN 模块先在辅助数据集 ILSVRC2012 [15] 上进行预训练，在训练时只使用了图像级的标注，即只是进行图像分类任务。为了让 R-CNN 中的 CNN 模块适应检测任务和形变后的推荐区域，其只使用形变后的推荐区域来对 CNN 模块的参数进行训练。对于 CNN 模块来说，除了使用一个随机初始化的 $N+1$ 个输出的分类层（N 是对象类的数目，加上 1 个背景类）替换在 ImageNet 数据集中使用的 1000 个输出的分类层外，其他结构没有变化。在候选区域模块中，其将所有与真实框重叠部分大于 0.5 交并比的推荐区域作为正类样本，其余的推荐区域作为负样本。SGD 的初始学习率设为预训练初始

学习率的 1/10，即 0.001，这可以在不破坏预训练参数的同时进行微调。在每个
SGD 迭代过程中，其在所有类中采样出 32 个正样本窗口和 96 个背景窗口来构
建一个 128 大小的小批量数据。

考虑训练一个二分类器来检测汽车，很明显，一个紧紧包围着汽车的图像区
域应该是一个正样本。相应地，与汽车不相关的背景区域显然应该是一个负样本。
比较难进行标记的区域应该是那些和汽车部分重叠的区域。R-CNN 使用了一个
IoU 重叠阈值来解决这个问题，低于这个阈值的区域被定义为负样本。而正样本
被简单地定义为每个类的真实边界框。一旦特征被提取出来，并使用标签数据，就
可以优化每个类对应的支持向量机。由于训练数据太大，所以 R-CNN 采用标准
的难负例挖掘算法（Hard Negative Mining Method）。

2. SPP-Net

在 SPP-Net [16] 提出之前，使用 CNN 进行训练和测试时都需要固定输入图
像的大小，而这会限制输入图像的长宽比和尺度。当输入任意尺寸的图像时，大多
数方法会通过裁剪或者弯曲把输入图像变换成固定大小输入到网络中。但是，这
些方法都存在一些问题，例如，裁剪后的图片可能不包含整个物体，弯曲后的图
片可能会引起不必要的几何畸变。由于内容丢失或失真，识别精度可能因此受到
影响。此外，当对象比例变化时，预定义的比例可能并不适用。

一个 CNN 网络主要包含卷积层和卷积层之后的全连接层两个部分，卷积层
以滑动窗口的方式运行，然后输出表示激活后的特征图。事实上，卷积层不需要
固定输入图像的大小并且可以产生任意大小的特征图。然而全连接层因为输入的
特征向量维数是固定的，因此需要固定输入图的大小。为此，通过将空间金字塔
池化（Spatial Pyramid Pooling，SPP）引入 CNN 中，可以消除网络对于固定输
入大小的约束。在 SPP-Net 中，SPP 层位于最后一个卷积层之后，从而可以将
卷积层的输出进行池化和生成固定长度的输出，然后将结果输入全连接层中。

SPP 是计算机视觉领域最成功的模型之一，通常被称为空间金字塔匹配（Spa-
tial Pyramid Matching）或者 SPM，是词袋（Bag of Words，BoW）模型的一个
扩展。SPP 把一张图像从细到粗划分，并在其中聚集局部特征。在 CNN 流行之
前，SPP 一直是分类和检测领域领先的系统。SPP 对于 CNN 有以下几点优点。

（1）对于任意的输入大小，SPP 可以生成一个固定长度的输出。之前的深度
网络中使用的滑动窗口池化却不能做到这一点。

（2）SPP 使用多层的空间尺度，对于物体的变形具有鲁棒性。而滑动窗口池
化只使用了一个单一的窗口大小。

（3）由于输入尺寸的灵活性，SPP 可以在可变尺度上汇集提取出来的特征。

这些输入到全连接层中的固定长度的向量可以通过词袋方法生成，该方法将

特征聚合在一起。SPP 提升了词袋方法，因为它可以通过在局部空间块中池化来维持空间信息，而这些空间块和图像大小是成比例的，因此无论输入图像的大小如何，块数量都是固定的。考虑比较流行的七层网络架构，为了使深度网络适应不同的输入大小，SPP-Net 采用 SPP 来替换最后一个池化层。图5.10展示了 SPP 层的具体结构。在每个空间块中，其池化每个滤波器的响应。假定块的数量是 M，k 是最后一个卷积层的滤波器数量，那么 SPP 的输出就是 kM 维向量，这个固定维数的向量就可以作为全连接层的输入。通过金字塔池化，输入图像可以是任意大小，这不仅意味着输入图像可以是任意的长宽比，还可以是任意的尺度。这样就可以把输入图像变换成任意尺度（如 $\min(w, h) = 180, 224, \cdots$），然后输入到相同的深度网络中。当输入图像的尺度不同时，使用同一个网络就可以抽出不同尺度的特征。

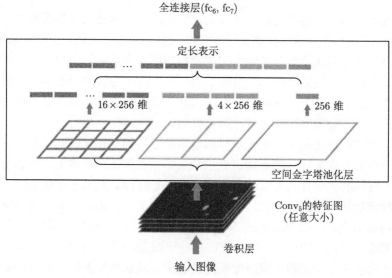

图 5.10   SPP 层的结构示意图 [16]（见彩图）

3. Fast R-CNN

相比于图像分类，目标检测是一个更具有挑战性的任务，需要更复杂的方法来解决。目标检测的复杂性来源于其需要准确定位物体，而这存在着两个挑战。首先，其需要处理大量的候选对象位置。其次，这些候选框只提供了粗略的定位，因此必须对其进行改进以实现精确定位。在 Fast R-CNN [17] 之前的解决方法往往会在速度、准确性或简单性上折中。Fast R-CNN 提出了一个可以同时分类候选框和优化空间位置的一阶段训练算法。该方法可以训练一个深度检测网络如 VGG-16 [18]，该网络比 R-CNN 快 9 倍，比 SPP-Net 快 3 倍。

　　Fast R-CNN 作为目标检测领域的一个新的训练算法，解决了 R-CNN 和 SPP-Net 的缺点，并且提升了他们的速度和准确度。Fast R-CNN 有如下优点：① 相比于 R-CNN 和 SPP-Net，其具有更高的 mAP；② 训练是单阶段的，使用了多任务损失；③ 训练可以更新所有的网络层；④ 特征被缓存起来，因此没有磁盘存储。

　　图5.11展示了 Fast R-CNN 的网络架构，网络的输入是整张图像和几个推荐区域。网络首先使用几个卷积层和最大池化层处理输入图像，然后得到一个卷积特征图。一个感兴趣区域（Region of Interest，ROI）的池化层会从这张特征图上抽取固定长度的特征向量。每个特征向量被输入到一系列的全连接层中，最终分为两个相邻的输出层：一个在 K 个对象类和一个"背景"类上生成 Softmax 概率估计值；另一个为 K 个对象类分别输出 4 个实数值，这 4 个实数值对其中的某个对象类的精确边界框进行编码。其中 ROI 池化层使用最大池化来把每个感兴趣区域的特征转换到一个固定的 $H \times W$（如 7×7）大小的空间范围，其中 H 和 W 对于每个 ROI 来说是相互独立的。一个 ROI 就是指在一个卷积特征图上的矩形框。每个 ROI 由四元组 (r, c, h, w) 定义，其中 (r, c) 是矩形框的左上角，(h, w) 是它的高和宽。ROI 最大池化是通过把 $h \times w$ 大小的 ROI 窗口近似分成 $h/H \times w/W$ 个 $H \times W$ 大小的子窗口，然后对每个子窗口进行最大池化来产生对应的输出网格单元来实现的。和标准的最大池化一样，池化操作是分别独立地应用在每个特征图的单个通道上的。ROI 层其实就是 SPP-Net 中使用的 SPP 的一个特例，因为它只有一个金字塔层。

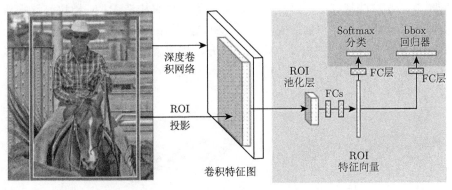

图 5.11　Fast R-CNN 的网络架构 [17]

　　Fast R-CNN 有两个输出层，第一个输出层为每个 ROI 输出一个 $K + 1$ 类的离散概率分布 $p = (p_0, p_1, \cdots, p_k)$，第二个输出层为 K 类物体中的第 k 类输出边界框的位置偏移 $t^k = (t_x^k, t_y^k, t_w^k, t_h^k)$。对于每个 ROI 和对应的类标签 u、边界框

标签 v 来说，使用一个多任务损失 L 来联合训练分类和边界框回归任务。损失函数如下：

$$L(p, u, t^u, v) = L_{\text{cls}}(p, u) + \lambda \left[u \geqslant 1 \right] L_{\text{loc}}(t^u, v) \tag{5.13}$$

其中，$L_{\text{cls}}(p, u) = -\lg p_u$ 是每个类标签的 log 损失；对于类别 u 来说，第二个损失函数 L_{loc} 定义在真实的边界框标签 $v = (v_x, v_y, v_w, v_h)$ 和预测标签 $t^u = (t^u_x, t^u_y, t^u_w, x^u_h)$ 上。其中，$[u \geqslant 1]$ 是一个指示器，当 $u \geqslant 1$ 时，其值为 1，否则为 0。这是因为当 $u = 0$ 时，代表背景，所以就不需要考虑这个 ROI 的位置。对于边界框回归来说，使用如下损失函数：

$$L_{\text{loc}}(t^u, v) = \sum_{i \in \{x, y, w, h\}} \text{smooth}_{L_1}(t^u_i - v_i) \tag{5.14}$$

其中

$$\text{smooth}_{L_1}(x) = \begin{cases} 0.5x^2, & |x| < 1 \\ |x| - 0.5, & 其他 \end{cases} \tag{5.15}$$

4. Faster R-CNN

虽然 R-CNN 的计算是费时的，但是 Fast R-CNN 通过在区域之间共享卷积实现了几乎实时的运行速度。但是，对这些目标检测方法来说，在测试时的区域推荐已经成为计算瓶颈。在 Faster R-CNN [19] 中，引入了一个候选区域模块，该网络通过和最新的检测网络共用卷积层，从而达到了在计算候选区域的消耗几乎为零。提出该方法是因为其观察到用于基于区域的检测器的特征图也可以用于生成区域推荐。在这些特征图上添加一些额外的卷积层来构造 RPN 模块，该模块可以同时计算区域的边界和物体的置信度。和先前使用图像金字塔方法（图5.12(a)）或滤波金字塔方法（图5.12(b)）相比，该方法提出使用锚框方法，可以提供多个尺度或长宽比的边界框（图5.12(c)）。

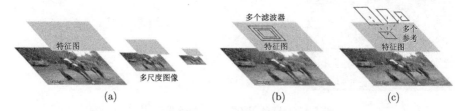

图 5.12　产生大量不同尺度和长宽比的边界框的方法 [19]

Faster R-CNN 的网络架构如图5.13所示，其包含两个模块，第一个是用于产生推荐区域的 RPN 模块，另一个是使用推荐区域的 Fast R-CNN 检测器模块。使用注意力机制来描述 Faster R-CNN 的过程就是 RPN 模块告诉 Fast R-CNN

模块应该往哪看。RPN 模块可以接收任意大小的图像输入，然后输出一系列物体的边界框和对应的物体置信度（图 5.14）。为了生成推荐区域，需要将一个小网络放在最后一个共享的卷积层之后。小网络使用一个 $n \times n$ 大小的滑动窗口和一个 ReLU 作用在输入的特征图上。然后将特征图输入到两个孪生全连接层中，其中一个是边界框回归层（reg），另一个是分类层（cls）。因为小网络使用滑动窗口模式，所以后续的全连接层在所有的空间位置上都是共享的。对于每一个滑动窗口位置来说，其同时预测多个推荐区域。假设对于每个位置的最大可能推荐区域是 k 个，那么回归块需要输出 $4k$ 个数来表示 k 个边界框的位置，分类块需要输出 $2k$ 个置信度来估计这个推荐区域是物体的概率和不是物体的概率。这 k 个推荐区域被参数化成和 k 个边界框相关，因此这 k 个推荐区域被称为锚。每个锚是以滑动窗口为中心，并且和尺度、长宽比相关，如图5.14(a) 所示。所以，对于一个 $W \times H$ 的特征图来说，总共有 $W \times H \times k$ 个锚。

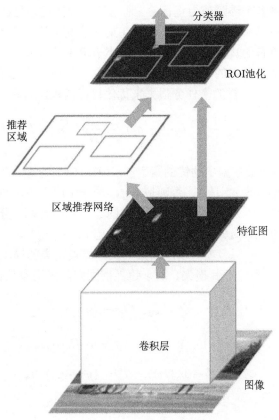

图 5.13　Faster R-CNN 的网络架构 [19]

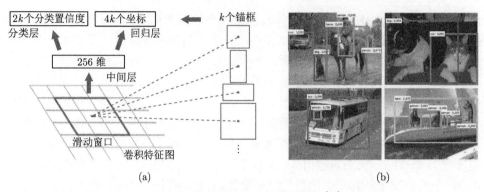

图 5.14   RPN 网络和使用 RPN 的测试结果 [19]（见彩图）

在训练 RPN 时，对每个锚赋予一个二值类。对和真实框之间的交并比最大的锚以及和任意一个真实框之间的交并比大于 0.7 的锚都赋予正标签。所以，一个真实框可能会将多个锚赋值为正标签。通常第二种情况是足够用来判断正样本，但是如果仍然使用第一个条件来解决，则在某些情况下第二个条件可能无法找到正样本。对于和所有的真实框之间的交并比小于 0.3 的锚赋值为负标签。那些既不是正样本也不是负样本的锚对于网络训练来说不起作用。通过这些定义，可以使用和 Fast R-CNN 一样的多任务损失来优化目标函数。目标函数定义如下：

$$L(p_i, t_i) = \frac{1}{N_{\text{cls}}} \sum_i L_{\text{cls}}(p_i, p_i^*) + \lambda \frac{1}{N_{\text{reg}}} \sum p_i^* L_{\text{reg}}(t_i, t_i^*) \tag{5.16}$$

其中，i 是一个小批量数据中的锚的索引；p_i 表示锚 i 为一个物体的概率，如果锚是正类，则真实标签 p_i^* 是 1，否则是 0；t_i 是一个用于表示预测边界框的 4 个参数化的坐标向量，t_i^* 是一个和正类锚相关的真实框的坐标；分类损失 L_{cls} 使用的是在两类之间的 log 损失；回归损失使用的是 $L_{\text{reg}}(t_i, t_i^*) = R(t_i - t_i^*)$，其中 R 是平滑的 L_1 损失；$p_i^* L_{\text{reg}}$ 项表示回归损失只计算被正类的锚 $(p_i^* = 1)$ 激活的损失，当 $p_i^* = 0$ 时，不计算其损失。对于边界框回归，采用参数化的 4 个坐标：

$$t_x = (x - x_a)/w_a, \quad t_y = (y - y_a)/h_a \tag{5.17}$$

$$t_w = \log(w/w_a), \quad t_h = \log(h/h_a) \tag{5.18}$$

$$t_x^* = (x^* - x_a)/w_a, \quad t_y^* = (y^* - y_a)/h_a \tag{5.19}$$

$$t_w^* = \log(w^*/w_a), \quad t_h^* = \log(h^*/h_a) \tag{5.20}$$

其中，x，y，w 和 h 分别表示框的中心坐标和它的宽、高；变量 x，x_a 和 x^* 分别表示预测框、锚框和真实框。这可以视为从一个锚框回归到它最近的真实框的回归过程。之前的基于 ROI 的方法通过先将任意大小的 ROI 池化，然后在池化后的特征上进行边界框回归，并且回归权重在所有的区域大小上共享。但是，在该方法中，所有用于回归的特征大小都是 3×3 的。为了解决同类物体尺度不一致的问题，总共需要学习 k 个边界框回归器。每个回归器适用于一个尺度和一个长宽比，并且不共享权重。即使这样，通过一个固定的大小仍然可以预测出不同大小的边界框。

5. R-FCN

在 R-FCN [20] 之前，基于深度学习的目标检测方法通过 ROI 池化层将网络主要分成了两个子网络：一个是共享的，即全卷积子网络是独立于 ROI 的；另一个是不共享的，即每个 ROI 都需要一个子网络。这样划分是因为之前的图像分类网络 AlexNet [14] 和 VGG [18] 等网络主要由两个子网络构成，一个带有空间池化层的卷积子网络和几个紧随其后的全连接层。因此，在目标检测网络中，空间池化层就自然而然地变成了 ROI 池化层了。但是，最近出现了使用全卷积的分类网络，如 ResNet [21]、GoogLeNets [22] 等。因此，理论上来说，在目标检测架构中只使用全卷积模块来构造共享的子网络就变得很自然了。但是实验证明这种方法会产生很差的检测结果。为了解决上述问题，ResNet 网络在其每个卷积层之间插入了 ROI 池化层。这虽然会提升精度，但是因为网络加深了，所以速度比较慢。

上述不自然的设计是由既想要增加图像分类的平移不变性，又想有目标检测的平移可变性之间的矛盾引起的。一方面，图像分类任务更倾向于平移不变性，如在一张图像中平移后的物体应该是不变的。另一方面，目标检测任务需要不同位置的表示是平移可变的。例如，把在一个候选框中的物体进行平移，网络应该能生成描述候选框框住物体的好坏程度。因此，ResNet 在卷积层之间插入的依赖于区域的 ROI 池化层打破了平移不变性。所以在 R-FCN 中提出了一个称为基于区域的全卷积网络，该网络的共享子网络是全卷积网络。为了把平移可变性加入 FCN [23] 中，其通过一堆特殊的卷积层生成了一个位置敏感的分数图（Position-sensitive Score Maps）。每个分数图都把相对空间位置编码成位置信息。在全卷积网络之上，是一个用于传递分数图信息的位置敏感的 ROI 池化层。整个框架是端到端可训练的，所有需要学习的层都是卷积层并且是在整张图上共享的，这个过程如图5.15所示。

图5.16描述了 R-FCN 的网络结构，首先通过一个全卷积的 RPN 网络抽取出候选区域，然后在 RPN 和 R-FCN 之间共享特征。通过 RPN 给出 ROI，R-FCN 模块把 ROI 分类成物体类别和背景。在 R-FCN 中，所有可学习的权重层都是卷积层并且是在整张图像上计算的。R-FCN 最后一个卷积层为每一个类别输出 k^2 个位置敏感的分数图，因此输出层总共有 $k^2(C+1)$ 个通道的输出，其中有 C 类

物体和一个背景类。这 k^2 个分数图对应着一个 $k \times k$ 大小的描述相对位置关系的空间网格。例如，当 $k \times k = 3 \times 3$ 时，这 9 个分数图编码了一类物体的左上、中上、右上、左边、中间、右边 …… 右下的位置关系。

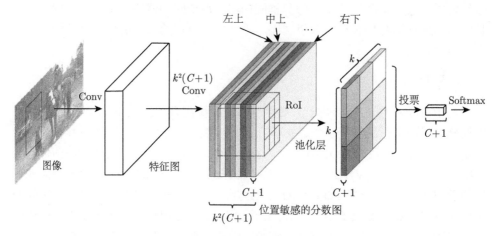

图 5.15 R-FCN 的核心思想 [20]

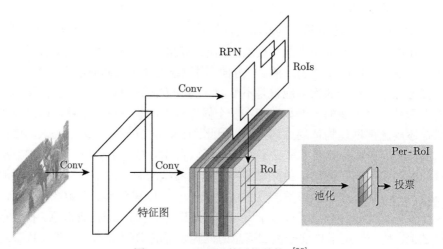

图 5.16 R-FCN 的网络结构 [20]

R-FCN 以一个位置敏感的 ROI 池化层结束，这个层把最后一个卷积层的输出进行聚合，然后为每一个 ROI 生成一个分数。和之前的方法不一样的地方在于，该方法在进行池化时是根据前面生成的分数来有选择性地池化。每个 $k \times k$ 大小的容器（bin）都是从一张分数图聚合而来，而这张分数图又是从 $k \times k$ 个分数图中得到的。在端到端的训练过程中，ROI 层通过最后一个卷积层来学习到特定的位置敏感的分数图。

为了显示地把位置信息编码进每个 ROI，需要把每个 ROI 划分成 $k \times k$ 个容器。对于一个 $w \times h$ 大小的 ROI，每个容器的大小 $\approx \frac{w}{k} \times \frac{h}{k}$。在实现过程中，最后一个卷积层为每个类输出 k^2 个分数图。在第 (i, j) 个容器 $(0 \leqslant i, j \leqslant k-1)$ 中，定义了一个只在第 (i, j) 个分数图上进行池化的位置敏感的 ROI 池化操作：

$$r_c(i, j|\theta) = \sum_{(x,y) \in \text{bin}(i,j)} \frac{z_{i,j,c}(x + x_0, y + y_0|\theta)}{n} \tag{5.21}$$

其中，$r_c(i, j)$ 是第 C 类的第 (i, j) 个容器的池化响应；$z_{i,j,c}$ 是 $k^2(C+1)$ 个分数图中的某一个；(x_0, y_0) 定义了一个 ROI 的左上角；n 是每个容器的像素数量；θ 是网络中所有可学习的参数。第 (i, j) 个容器的范围是 $\left\lfloor i\frac{w}{x} \right\rfloor \leqslant x < \left\lceil (i+1)\frac{w}{k} \right\rceil$ 和 $\left\lfloor j\frac{h}{k} \right\rfloor \leqslant y < \left\lceil (j+1)\frac{h}{k} \right\rceil$。然后，这 k^2 个位置敏感的分数在 ROI 上进行投票。在 R-FCN 中，其通过简单的平均所有的分数来进行投票，为每个 ROI 生成一个 $C+1$ 维的向量：$r_c(\theta) = \sum_{i,j} r_c(i, j|\theta)$。然后在所有类上计算一个 Softmax 响应：$s_c(\theta) = \text{e}^{r_c(\theta)} / \sum_{c'=0}^{C} \text{e}^{r_{c'}(\theta)}$。在训练时，通过这些响应来计算交叉熵；在测试时通过这些响应来对 ROI 进行排序。为了解决边界框回归问题，在上述的 $k^2(C+1)$ 维的卷积层基础上加上了一个并行的 $4k^2$ 维的卷积层用于边界框回归。先将这 $4k^2$ 个特征图池化为 $4k^2$ 维的向量；然后通过平均投票来将其聚合成一个 4 维的向量，这就是位置敏感的 ROI 池化操作。这个 4 维向量可以将一个边界框表示为 $t = (t_x, t_y, t_w, t_h)$。

5.3.2　单阶段目标检测算法

1. SSD

在 SSD [24]（Single Shot MultiBox Detector）算法产生之前，目标检测方法主要遵循以下步骤：首先估计边界框；然后为每个边界框重新采样像素或者特征；最后对特征进行分类。尽管这些方法是准确的，但是对于一些嵌入式设备、终端设备或实时应用来说是计算昂贵的和费时的。虽然已经有尝试使用一阶段的方法来进行目标检测，但是这些方法通常是以降低精度为代价来提升速度的。SSD 是第一个不需要对边界框进行重新采样像素或特征的目标检测方法，其在 VOC2007test 上取得了 59FPS 和 74.3%mAP。SSD 的速度提升主要来自于去掉了边界框估计和像素、特征重采样两个阶段。该方法通过以下手段来提升精度：一个是通过使用小的卷积核来预测在边界框位置的物体类别和偏移量；另一个是为不同长宽比的检测分别使用一个预测器，最后在网络的后期对多个特征图使用这些预测器，从而达到在多个尺度上进行检测的目的。使用这些手段,尤其是在不同尺度上使用多层预测,可以在低分辨率的输入上取得较高的准确率并且提升检测速度。

SSD 的网络结构如图5.17所示。SSD 以一个前馈卷积网络为基础,该网络可以生成许多固定大小的边界框和在边界框中物体类别的分数,然后使用一个非极大值抑制(Non-Maximum Suppression)步骤产生最终的检测结果。SSD 在一般的图像分类网络的基础上加上了一些辅助结构,以此来生成检测结果。通过在截断后的图像分类基础网络上添加一些逐渐减小的卷积层来保证在多个尺度上进行检测。对于每个特征层来说,预测检测结果的卷积模型都是不同的。这些卷积模型都可以生成多个固定大小的检测预测。对于一个 $m \times n \times p$ 大小的特征图来说,预测一个潜在检测的参数的基本元素是一个 $3 \times 3 \times p$ 的小卷积核,该卷积核的输出是一个类别分数或者是一个默认框的坐标的形状偏移量。在卷积核应用的这 $m \times n$ 个位置上,都会产生一个对应值。输出的边界框偏移量被用来衡量一个默认框的位置和每个特征图位置之间的相关性。其中默认框以卷积的方式平铺在特征图上,所以对应于特征图的每个边界框的位置是固定的。在每个特征图上,其预测了里面默认框形状的偏移量和框中每个物体类别的分数。例如,对于一个给定位置上的 k 个框中的某个框来说,SSD 计算了 c 个类别分数和与原来默认框坐标的 4 个偏移量。所以,在一个特征图上的每一个位置都需要 $(c+4)k$ 个滤波器,对于一个 $m \times n$ 大小的特征图来说会生成 $(c+4)kmn$ 个输出。默认框如图5.17所示,该默认框和 Faster R-CNN 中的锚框类似,但是该方法把它们用在不同分辨率的几个特征图上。通过在几个特征图上允许不同大小的默认框,可以有效地离散化输出框形状的可能空间。

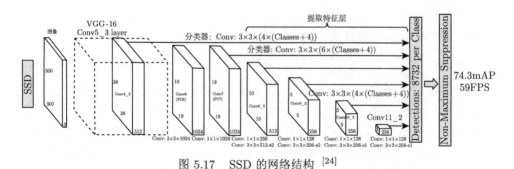

图 5.17   SSD 的网络结构 [24]

训练 SSD 和一个使用区域推荐的典型的检测器之间的主要区别在于 SSD 方法需要将真值信息赋给固定检测器的某些特定输出。赋值过程确定后,损失函数和反向传播就可以端到端地进行。在训练期间,需要决定哪个默认框对应着真实检测,然后从默认框中选出在不同位置、不同长宽比和不同尺度的框。刚开始时,需要依据默认框和真实框的最大交并比进行匹配。和 MultiBox 不同的是，第二次匹配时，需要依据默认框和真实框的交并比大于 0.5 来进行匹配。这简化了学习问题，允许网络对多个相交的默认框预测出高分数，而不是选择相交最大的那个框。

SSD 的训练目标源自于 MultiBox 的目标，但是扩展到了解决多个目标类上。令 $x_{i,j}^p = \{1,0\}$ 来指示对于目标类 p 来说，将第 i 个默认框匹配到了第 j 个真实框。在上述的匹配策略的基础上，有 $\sum_i x_{i,j}^p \geqslant 1$。整个损失函数是定位损失（$L_{\mathrm{loc}}$）和置信度损失（$L_{\mathrm{conf}}$）的加权和：

$$L(x,c,l,g) = \frac{1}{N}(L_{\mathrm{conf}}(x,c) + \alpha L_{\mathrm{loc}}(x,l,g)) \tag{5.22}$$

其中，α 设为 1；N 是匹配到的默认框的数量，如果 $N = 0$，则把损失置为 0；定位损失是在预测框 (l) 和真实框 (g) 之间的平滑的 L_1 损失。和 Faster R-CNN 相似，将默认框 (d) 的中心 (cx,cy) 和宽 (w)、高 (h) 的偏移量进行回归，具体公式如下：

$$L_{\mathrm{loc}}(x,l,g) = \sum_{i \in \mathrm{Pos}}^N \sum_{m \in \{cx,cy,w,h\}} x_{ij}^k \mathrm{smooth}_{L_1}(l_i^m - \hat{g}_j^m) \tag{5.23}$$

$$\hat{g}_j^{cx} = (g_i^{cx} - d_i^{cx})/d_i^w \quad \hat{g}_j^{cy} = (g_j^{cy} - d_i^{cy})/d_i^h \tag{5.24}$$

$$\hat{g}_j^w = \log\left(\frac{g_j^w}{d_i^w}\right) \quad \hat{g}_j^h = \log\left(\frac{g_j^h}{d_i^h}\right) \tag{5.25}$$

置信度损失是在多类上的交叉熵：

$$L_{\mathrm{conf}}(x,c) = -\sum_{i \in \mathrm{Pos}}^N x_{ij}^p \log(\hat{c}_i^p) - \sum_{i \in \mathrm{Neg}} \log(\hat{c}_i^0) \tag{5.26}$$

其中，$\hat{c}_i^p = \dfrac{\exp(c_i^p)}{\sum_p \exp(c_i^p)}$，Pos 和 Neg 分别表示所有正样本和负样本集合。

2. RetinaNet

训练时的类别不平衡是阻碍一阶段方法取得较好效果的主要原因。两阶段的方法通过两个阶段的级联和一个启发式的采样来解决类别不平衡问题。在区域推荐阶段使用如选择性搜索 [1]、EdgeBoxes [25]、DeepMask [26]、RPN [19] 等方法把候选区域急剧地缩减到 $1 \sim 2k$ 等较小的数量，来把大量的背景样本过滤掉。在分类阶段，通过启发式的采样，如固定前景和背景的比率为 $1:3$，或者在线难例挖掘（Online Hard Example Mining，OHEM [27]），来维持前景和背景的平衡。而 RetinaNet [28] 提出了焦点损失来解决类别不平衡问题。该损失函数是一个动态缩放的交叉熵，当分类正确的置信度上升时，缩放因子减小到 0。直观上来说就是在训练时缩放因子可以自动地降低对于简单样本的贡献，从而使网络急剧地关注困难样本。

焦点损失是用来解决一阶段目标检测中存在的前景和背景极度不平衡的现象。首先从二分类的交叉熵说起：

$$
\mathrm{CE}(p, y) = \begin{cases} -\log(p), & y = 1 \\ -\log(1-p), & \text{其他} \end{cases} \tag{5.27}
$$

其中，p 表示预测概率；y 表示真实值。为了描述的简便，定义 p_t：

$$
p_t = \begin{cases} p, & y = 1 \\ 1-p, & \text{其他} \end{cases} \tag{5.28}
$$

所以可以将以上公式重写为 $\mathrm{CE}(p, y) = \mathrm{CE}(p_t) = -\log(p_t)$。为了解决类别不平衡问题，一个常用的方法是为类别 1 引入一个权重因子 $\alpha \in [0, 1]$，为类别 -1 引入 $1 - \alpha$。在实践中，α 可以被设为类别频率的倒数或者是通过交叉验证设定的超参数。因此，α 平衡的交叉熵为

$$
\mathrm{CE}(p_t) = -\alpha \log(p_t) \tag{5.29}
$$

尽管 α 平衡了正、负样本，但是它并没有区分简单和困难样本。因此，需要一个降低简单样本权重和更加专注于困难样本的损失函数。RetinaNet 提出的损失函数如下：

$$
\mathrm{FL}(p_t) = -(1-p_t)^\gamma \log(p_t) \tag{5.30}
$$

该损失函数具有以下两个特点：① 当一个样本被误分类并且 p_t 较小时，调制因子接近于 1 并且损失函数不受影响。当 $p_t \to 1$ 时，调制因子接近于 0，对于分类较好的样本的损失接近于 0。② 焦点参数 γ 可以平滑地调节损失函数的下降率，使得对于简单样本的损失不至于下降得过快。当 $\gamma = 0$ 时，FL 等于 CE，当 γ 增大时，调制因子的影响也会增大。最终，焦点损失的形式如下：

$$
\mathrm{FL}(p_t) = -\alpha(1-p_t)^\gamma \log(p_t) \tag{5.31}
$$

RetinaNet 的网络结构如图5.18所示，包含一个骨干网络和两个特定任务的子网络。骨干网络是用于计算整张输入图像的特征图，第一个子网络是用于对骨干网络的输出进行分类，第二个子网络是用于边界框回归任务的。

骨干网络是一个特征金字塔网络（Feature Pyramid Network，FPN），该网络使用一个自顶向下的路径和横向连接来从一张输入图像中构造一个丰富的、多尺

度的特征金字塔，从而可以增强一个标准的卷积网络。金字塔的每一层都可以用来从不同尺度上检测物体。该金字塔将 P_3 层和 P_7 层连接起来。金字塔从 P_3 到 P_7 层的锚的大小分别是 32×32 和 512×512。每层金字塔的锚都有着 1:2, 1:1, 2:1 的长宽比。为了能够覆盖更多的尺度，RetinaNet 还添加了是原来锚的 $2^0, 2^{1/3}, 2^{2/3}$ 倍的锚。所以，在金字塔的每层有 $A = 9$ 个锚，可以覆盖输入图像中从 32 像素到 813 像素大小的面积。每个锚都有一个 K 维的独热码（One-hot Vector）作为分类目标（其中 K 是物体种类数），以及一个 4 维向量的边界框作为回归目标。当锚和真实框的交并比大于 0.5 时，其被赋值为正样本；交并比在 $[0, 0.4)$ 之间时，其被赋值为背景。当交并比在其他区间时，该锚在训练时被忽略。边界框回归目标是计算每个锚和它赋值的边界框之间的偏移量。

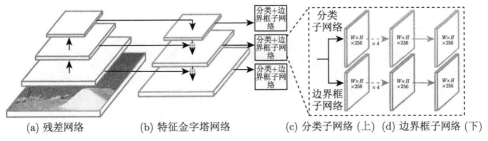

(a) 残差网络　　　(b) 特征金字塔网络　　　(c) 分类子网络 (上) (d) 边界框子网络 (下)

图 5.18　RetinaNet 的网络结构 [28]

分类子网络预测每个空间位置上的 A 个锚和 K 个物体类的概率值。这个子网络是接在 FPN 每层输出之后的一个小的全卷积网络（FCN）。在所有的金字塔层之间，该子网络是共享的。假如从金字塔某层输出的 C 通道的特征图作为该子网络的输入，子网络使用 4 个 3×3 的卷积层和 ReLU 激活，然后使用一个 3×3 的卷积层，最后使用 Sigmoid 激活来输出 KA 个二分类预测结果。和分类子网络并行的是边界框回归子网络，其在每个金字塔层使用另一个小的 FCN 来把每个锚通过偏移量回归至其最近的真实物体上。该子网络和分类子网络相似，其在每个空间位置产生一个 $4A$ 的线性输出。对于每个空间位置上的 A 个锚，这 4 个输出预测了锚和真实框之间的相对偏移量。

3. YOLO V1

YOLO [29] 提出了一种新的目标检测架构，与 RCNN 系不同，它使用了将图像分割成 $S \times S$ 的网格，并且对每个网格预测 B 个边界框的形式来代替候选区域方法，并以此为基础，预测每一个网格中物体的位置、包含物体的置信度、物体属于各个类别的概率。通常 S 取 7，B 取 2，可以理解为 98 个候选区，它们很粗略地覆盖了图片的整个区域。在这种架构下，网络的训练与检测速度显著提升，可以满足实时性的要求，但是准确率并不能达到最高水平，并且不适用密集分布的小物体的检测。

去掉候选区这个步骤以后，YOLO 的结构非常简单，就是单纯的卷积、池化，最后加了两层全连接。单看网络结构，和普通的卷积神经网络（CNN）对象分类网络几乎没有本质的区别，最大的差异是最后输出层用线性函数做激活函数，因为需要预测边界框的位置（数值型），而不仅仅是对象的概率。所以粗略来说，YOLO 的整个结构就是输入图片经过神经网络的变换得到一个输出的张量，如图5.19所示。因为只是一些常规的神经网络结构，所以理解 YOLO 的设计的时候，重要的是理解输入和输出的映射关系。

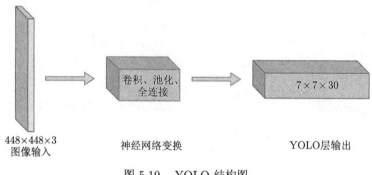

图 5.19　YOLO 结构图

输入的原始图像尺寸为 448×448，最终输出为 $7 \times 7 \times 30$ 的张量，映射关系如图5.20所示。

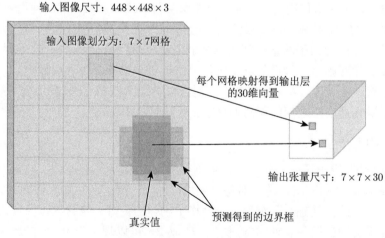

图 5.20　输入输出的映射关系

系统将图像分割成 $S \times S$ 大小的网格，物体中心落入哪个网格就由此网格负责检测。对于每个网格，预测 B 个边界框，每个边界框包括五个预测量：$x, y, w, h,$ confidence。其中 x, y 为边界框的中心的坐标；w, h 为边界框的宽和高；置信度（confidence）定义为 $P(\text{ Object }) \times \text{IoU}_{\text{pred}}^{\text{truth}}$（$P$ 表示概率，$\text{IoU}_{\text{pred}}^{\text{truth}}$ 表示预测值和真实值的交并比），这样，无物体时，置信度应为 0，否则应为与真实值的交并比。无论一个网格有多少个边界框，仅预测 C 个类别存在的概率（C 为类别总数）。这样，一幅图片的输出向量的形式为 $S \times S \times (5 \times B + C)$。由于 S 取 7、B 取 2、C 为 20，所以最终的输出张量为 $7 \times 7 \times (5 \times 2 + 20)$。图5.21展示了每个网格映射的 30 维向量包含的信息。

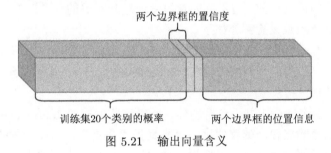

图 5.21　输出向量含义

30 维向量可以分为三部分：C 个类别的概率、边界框的置信度、边界框的位置信息。具体含义解释如下。

（1）分类概率。由于 YOLO 支持识别 20 种不同的对象，所以这里有 20 个值表示该网格位置存在任一种对象的概率，可以记为

$$P(C_1 \mid \text{ Object }), \cdots, P(C_i \mid \text{ Object }), \cdots, P(C_{20} \mid \text{ Object })$$

之所以写成条件概率，意思是如果该网格存在一个对象 Object，那么它是 C_i 的概率为 $P(C_i \mid \text{ Object })$。

（2）边界框的位置信息。每个边界框位置信息表示为 (x, y, w, h)，即边界框的中心点的 x、y 坐标，边界框的宽度和高度，2 个边界框位置信息即为一个 8 维的向量。

（3）边界框的置信度。置信度定义为 $P(\text{ Object }) \times \text{IoU}_{\text{pred}}^{\text{truth}}$。此外，因为这里的输出需要 IoU 信息，而 IoU 信息只有在训练过程中才可以得到，所以在测试阶段，并不能得到 IoU，物体存在的概率只能依赖于网络的输出。

YOLO 的损失函数如式 (5.32) 所示：

$$\lambda_{\text{coord}} \sum_{i=0}^{S^2} \sum_{j=0}^{B} \mathbb{1}_{ij}^{\text{obj}} \left((x_i - \hat{x}_i)^2 + (y_i - \hat{y}_i)^2 \right)$$

$$+ \lambda_{\mathrm{coord}} \sum_{i=0}^{S^2} \sum_{j=0}^{B} \mathbb{1}_{ij}^{\mathrm{obj}} \left(\left(\sqrt{w_i} - \sqrt{\hat{w}_i} \right)^2 + \left(\sqrt{h_i} - \sqrt{\hat{h}_i} \right)^2 \right)$$

$$+ \sum_{i=0}^{S^2} \sum_{j=0}^{B} \mathbb{1}_{ij}^{\mathrm{obj}} \left(C_i - \hat{C}_i \right)^2 + \lambda_{\mathrm{noobj}} \sum_{i=0}^{S^2} \sum_{j=0}^{B} \mathbb{1}_{ij}^{\mathrm{noobj}} \left(C_i - \hat{C}_i \right)^2 \qquad (5.32)$$

$$+ \sum_{i=0}^{S^2} \mathbb{1}_{i}^{\mathrm{obj}} \sum_{c \in \mathrm{classes}} \left(p_i(c) - \hat{p}_i(c) \right)^2$$

YOLO 的损失函数是根据 30 维向量的三部分误差加和得到的，三部分误差分别为边界框的位置误差、边界框的置信度误差和对象的分类误差。式（5.32）中的部分符号以及系数设置解释如下。

（1）$\mathbb{1}_{i}^{\mathrm{obj}}$ 表示第 i 个网格中有物体；$\mathbb{1}_{ij}^{\mathrm{obj}}$ 表示第 i 个网格的第 j 个边界框负责预测。训练时，由每个网格中与 Ground Truth 的 IoU 最高的那个边界框负责预测物体的类别。

（2）由于很多网格中并不含有物体，所以这些网格的 confidence 会趋向于 0，如果它不恰当地输出较高的置信度，会与真正 "负责" 该对象预测的那个边界框产生混淆。为了解决此问题，可以增加边界框坐标预测得到的损失，减少不含物体网格的 confidence 预测的损失。所以在这里添加了两个系数 λ_{coord} 和 λ_{noobj}，用于调整两者的权重。

（3）由于同样的 w、h 偏差对不同大小的边界框的影响不同，大的对象对差值的敏感度较低，小的对象对差值的敏感度较高，所以取平方根可以降低这种敏感度的差异，使得较大的对象和较小的对象在尺寸误差上有相似的权重。

训练好的 YOLO 网络，输入一张图片，将输出一个 $7 \times 7 \times 30$ 的张量来表示图片中所有网格包含的对象（概率）以及该对象可能的 2 个边界框和可信程度（置信度）。为了合并冗余输出，需要经过非极大值抑制算法进行后处理。

4. YOLO V2

YOLO V2 全称为 YOLO9000:Better, Faster, Stronger [30]，是 YOLO 系列的第二代版本，相比于第一代 YOLO，第二代汲取了多种优秀的思想并进行了一些创新，网络无论在精度还是在速度上都有提升。速度上的提升主要是因为使用 DarkNet-19 [30] 代替 VGG-16，不影响精度的情况下浮点运算量约减少到 1/5。图5.22给出了 YOLO 从第一代到第二代改进之处以及每处改动对识别精度的影响，下面对每处改动做进一步的说明。

批归一化（BN）[31] 的提出是为了解决神经网络反向传播的过程中梯度消失和梯度爆炸的问题，可以降低网络对一些超参数（如学习率、网络参数的大小范围、激活函数的选择）的敏感性，同时可以实现正则化的效果，使网络获得更好的收敛效果和收敛速度。第二代中，使用批归一化代替 drop out，使平均精度均值提升 2.4%。

	YOLO								YOLO V2
batch norm alization?		✓	✓	✓	✓	✓	✓	✓	✓
hi-res classifier?			✓	✓	✓	✓	✓	✓	✓
convolutional?				✓	✓	✓	✓	✓	✓
anchor boxes?				✓	✓				
new network?					✓	✓	✓	✓	✓
dimension priors?						✓	✓	✓	✓
location prediction?						✓	✓	✓	✓
passthrough?							✓	✓	✓
multi-scale?								✓	✓
hi-res detector?									✓
VOC2007 mAP	63.4	65.8	69.5	69.2	69.2	74.4	75.4	76.8	78.6

图 5.22　V1 到 V2 的改进 [30]

在 V1 中，网络首先在 ImageNet 数据集（图像尺寸为 224×224）上训练分类模型，而调整网络结构后，在 448×448 大小的图像上训练目标检测模型。在 V2 中，首先在 ImageNet 数据集上训练完网络后再在 448×448 尺寸的图像上微调 10 个 epoch 后再训练检测部分，缓解了分辨率突然切换带来的影响，这种方式使得 mAP 提升了 3.7%。

借鉴 Faster RCNN [19] 中的先验框（anchor）思想，V2 中也引入了 anchor，使每一个网格产生不同尺寸、比例的 anchor 以增加图像的覆盖率。网络需要检测每一个 anchor 中是否有物体并且通过微调 anchor 位置和尺寸得到边界框。为了引入 anchor 来预测边界框，需要去掉后面的一个池化层以确保输出的卷积特征图有更高的分辨率。然后，将输入图片分辨率改为 416×416，这一步的目的是让后面产生的卷积特征图宽高都为奇数以获得唯一的中心网格。最后，使用了卷积层降采样，使得输入卷积网络的 416×416 图片最终得到 13×13 的卷积特征图。加入了 anchor boxes 后，召回率上升，平均精度值稍微下降（mAP 下降 0.2%，recall 上升 7%），原因是候选框数量增加。

YOLO V2 中并没有直接按照 Faster RCNN 中 anchor 的设定（人工设置先验框），而是使用了对训练集中标注的边框进行 k-means 聚类分析，以找到更好的 anchor 宽高维度，此处 k-means 的评判标准为 IoU 得分，这样误差就和 anchor 的尺度无关了，anchor 间的距离函数表示如下：

$$d(\text{box}, \text{centroid}) = 1 - \text{IoU}(\text{box}, \text{centroid}) \tag{5.33}$$

其中，box 为其他边框；centroid 是聚类时被选作中心的边框，权衡速度与精度之后，此处将先验框数目设为 5。

引入先验框思想后，在实验中会遇到模型不稳定的问题，尤其是在训练的早期。模型的不稳定性来自预测 box 的坐标值，对应的公式为

$$x = (t_x \times w_a) + x_a$$
$$y = (t_y \times h_a) + y_a$$
(5.34)

其中，x, y 是预测边框的中心坐标；x_a, y_a 是先验框的中心点坐标；w_a, h_a 是先验框（anchor）的宽和高；t_x, t_y 是要学习的参数。由于 t_x, t_y 并未设置约束，因此预测框可能出现在任何位置，所以调整预测公式，将预测边框的中心约束在特定网格内，公式表述为

$$b_x = \sigma(t_x) + c_x, b_y = \sigma(t_y) + c_y$$
$$b_w = p_w \mathrm{e}^{t_w}, b_h = p_h \mathrm{e}^{t_h}$$
$$\mathrm{Pr}(\text{object}) \times \mathrm{IOU}(b, \text{object}) = \sigma(t_o)$$
(5.35)

其中，b_x, b_y, b_w, b_h 为预测框的中心坐标以及宽高；$\sigma(t_o)$ 为预测框的置信度；c_x, c_y 为网格左上角到图像左上角的距离，计算前首先将网格长宽设置为 1；p_w, p_h 为预测框的宽高；σ 是 Sigmoid 函数；t_x, t_y, t_w, t_h, t_o 是要学习的参数，分别用于预测边框的中心和宽高，以及置信度。

这样，因为 Sigmoid 函数将 t_x, t_y 约束在 0～1，所以预测框的中心点只可能在网格内部（蓝色背景格）（图5.23），使得模型更加稳定。框预测公式的改进以及初始框的 k-means 聚类选取使得 mAP 上升了 4.8%。

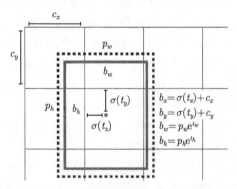

图 5.23　　边界框预测示意图 [30]（见彩图）

为了检测小物体时有更高的精度，网络加入了直接传递（passthrough）层。具体来说，就是在最后一个池化层之前，特征图的大小是 $26 \times 26 \times 512$，将特征图 1 拆 4，直接与池化层后的特征图叠加作为输出的特征图。这种改进使得 mAP 提升了 1%。结构如图5.24所示。

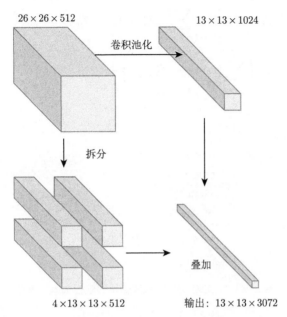

$26 \times 26 \times 512$

$13 \times 13 \times 1024$

卷积池化

拆分

叠加

$4 \times 13 \times 13 \times 512$　　　　输出：$13 \times 13 \times 3072$

图 5.24　passthrough 层示例

因为去掉了全连接层，YOLO V2 可以输入任何尺寸的图像。由于整个网络下采样倍数是 32，所以采用了 $320, 352, \cdots, 608$ 等 10 种输入图像的尺寸，这些尺寸的输入图像对应输出的特征图宽和高是 $10, 11, \cdots, 19$。训练时每 10 个 batch 就随机更换一种尺寸，使网络能够适应各种大小的对象检测。

虽然 YOLO V2 做出了一些改进，但总的来说网络结构依然很简单。就是通过卷积和池化将输入图像尺寸从 $416 \times 416 \times 3$ 变换到 $13 \times 13 \times 5 \times 25$。稍微大一点的变化是增加了 BN 层和 passthrough 层，去掉了全连接层，以及采用了 5 个先验框。输入和输出的映射关系如图 5.25 所示。

YOLO V2 的损失函数依旧包含三部分：分类误差、边界框误差和置信度误差，具体表达式如下：

$$
\begin{aligned}
\text{loss}_t = & \sum_{i=0}^{W}\sum_{j=0}^{H}\sum_{k=0}^{A} 1_{\text{MaxIoU}<\text{Thresh}} \times \lambda_{\text{noobj}} \times \left(C_i - \hat{C}_i\right)^2 \\
& + 1_k^{\text{truth}} \times \lambda_{\text{obj}} \times \left(C_i - \hat{C}_i\right)^2 \\
& + 1_k^{\text{truth}} \times \left(\lambda_{\text{coord}} \sum_{r\epsilon(x,y,w,h)} (2 - w_i h_i)\left(\text{truth}^r - b_{ijk}^r\right)^2 \right. \quad (5.36)
\end{aligned}
$$

$$+ 1_{t<12800}\lambda_{\text{prior}} \sum_{r\epsilon(x,y,w,h)} \left(\text{prior}_k^r - b_{ijk}^r\right)^2$$

$$+ \lambda_{\text{class}} \left(\sum_{c=1}^{C} \left(\text{truth}^c - b_{ijk}^c\right)^2\right)\Bigg)$$

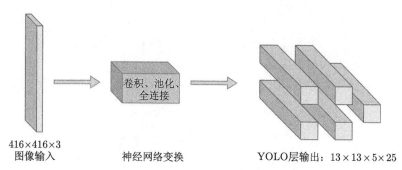

416×416×3
图像输入　　　　　　　神经网络变换　　　　YOLO层输出: $13 \times 13 \times 5 \times 25$

图 5.25　YOLO V2 输入和输出的映射关系示意图

式（5.36）等号右边的第一和第二行为边界框置信度误差，这里需要计算各个预测框和所有的 Ground Truth 之间的交并比（IoU），并且取最大值记作 Max-IoU，如果该值小于一定的阈值（如设置为 0.6），那么这个预测框就标记为背景，$1_{\text{MaxIoU}<\text{Thresh}}$ 取 1。1_k^{truth} 仅当第 k 个边界框与 Ground Truth 的交并比最大且大于 0.6 时取 1，否则取 0。式（5.36）等号右边第 3 行中，为了解决不同框大小对于损失函数贡献不一致问题，使用宽高的平方根误差效果不是很明显，于是直接计算 box 的回归损失，但是在该项前面添加了系数 $(2 - w_i \times h_i)$ 用来加大对小框的损失。最后是计算 anchor 和预测框的坐标误差，其中 $1_{t<12800}$ 表示前 12800 次迭代计入误差。这一部分的目的是对 anchor 的形状做出调整。

5. YOLO V3

YOLO V3[32] 在 V2 的基础上借鉴了其他网络的优秀方案，主要改变有：使用提取图像特征能力更强的基础网络；添加多尺度特征进行检测；使用 logistic 代替 Softmax 函数对结果进行分类。相较于 V2，网络在保证速度的情况下精度进一步提高。

在基本的图像特征提取方面，YOLO V3 采用了 Darknet-53（含有 53 个卷积层）作为基础网络，它借鉴了残差网络的做法，在一些层之间设置捷径连接（short-cut connections）。相较于 YOLO V2 中的 Darknet-19，新网络在保证效率的同时提取特征能力上更强。网络结构如图5.26所示，最左侧的 1、2、8 等数字表示重复的残差块的数量。

Type	Filters	Size	Output
Convolutional	32	3×3	256×256
Convolutional	64	$3 \times 3 / 2$	128×128
Convolutional (1×)	32	1×1	
Convolutional (1×)	64	3×3	
Residual (1×)			128×128
Convolutional	128	$3 \times 3 / 2$	64×64
Convolutional (2×)	64	1×1	
Convolutional (2×)	128	3×3	
Residual (2×)			64×64
Convolutional	256	$3 \times 3 / 2$	32×32
Convolutional (8×)	128	1×1	
Convolutional (8×)	256	3×3	
Residual (8×)			32×32
Convolutional	512	$3 \times 3 / 2$	16×16
Convolutional (8×)	256	1×1	
Convolutional (8×)	512	3×3	
Residual (8×)			16×16
Convolutional	1024	$3 \times 3 / 2$	8×8
Convolutional (4×)	512	1×1	
Convolutional (4×)	1024	3×3	
Residual (4×)			8×8
Avgpool		Global	
Connected		1000	
Softmax			

图 5.26　YOLO V3 基础网络结构 [32]

相较于 V2，V3 损失函数最大的变动是分类损失换成了二值交叉熵（Binary Cross entropy）。因为一个边界框内可能有多个物体，使用 Softmax 函数并不能取得更好的效果，所以使用 logistic 函数代替 Softmax 函数，对于每一类都使用二值交叉熵作为损失函数，这种模式下网络可以支持多标签对象。调整分类函数后的损失函数为

$$\text{Loss} = \lambda_{\text{coord}} \sum_{i=0}^{S^2} \sum_{j=0}^{B} 1_{ij}^{\text{obj}} \left(\left(x_i - \hat{x}_i^j\right)^2 + \left(y_i - \hat{y}_i^j\right)^2 \right)$$

$$+ \lambda_{\text{coord}} \sum_{i=0}^{S^2} \sum_{j=0}^{B} 1_{ij}^{\text{obj}} \left(2 - w_i \times h_i\right) \left(\left(w_i^j - \hat{w}_i^j\right)^2 + \left(h_i^j - \hat{h}_i^j\right)^2 \right)$$

$$- \sum_{i=0}^{S^2} \sum_{j=0}^{B} 1_{ij}^{\text{obj}} \left(\hat{C}_i^j \log \left(C_i^j\right) + \left(1 - \hat{C}_i^j\right) \log \left(1 - C_i^j\right) \right) \tag{5.37}$$

$$- \lambda_{\mathrm{noobj}} \sum_{i=0}^{S^2} \sum_{j=0}^{B} 1_{ij}^{\mathrm{noobj}} \left(\hat{C}_i^j \log \left(C_i^j \right) + \left(1 - \hat{C}_i^j \right) \log \left(1 - C_i^j \right) \right)$$

$$- \sum_{i=0}^{S^2} 1_{ij}^{\mathrm{obj}} \sum_{c \in \mathrm{classes}} \left(\hat{P}_i^j \log \left(P_i^j \right) + \left(1 - \hat{P}_i^j \right) \log \left(1 - P_i^j \right) \right)$$

在 YOLO V2 中已经使用 passthrough 层检测细粒度特征，V3 中更进一步参考了 FPN[33] 中的做法，将特征尺度扩展到三种。三种不同尺度之间递进关系如图 5.27 所示。取网络中在 y_1 两层之前的特征图，将其上采样 2 倍后与网络中同尺度的特征图融合（Concatenation），并经过多层卷积得到 y_2 的输出，使用类似的步骤得到 y_3。y_1、y_2、y_3 对应的尺度由大到小，对应的感受野亦如此，用于检测不同尺度的物体。网络结构如图5.27所示。

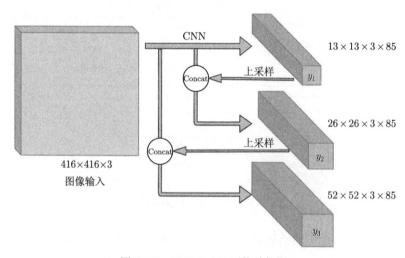

图 5.27　YOLO V3 网络结构图

随着输出的特征图的数量和尺度的变化，先验框的尺寸也需要相应的调整。YOLO V2 已经开始采用 k-means 聚类得到先验框的尺寸，YOLO V3 延续了这种方法，为每种下采样尺度设定 3 种先验框，总共聚类出 9 种尺寸的先验框。在 COCO 数据集这 9 个先验框的尺寸分别为 $(10 \times 13), (16 \times 30), (33 \times 23), (30 \times 61), (62 \times 45), (59 \times 119), (116 \times 90), (156 \times 198), (373 \times 326)$。它们和三种尺度的对应关系如图5.28所示。

V3 网络将从三种尺度预测物体的边界框，三种尺度分辨率为 1 倍、2 倍和 4 倍关系。在每一种尺度下，会对每个网格预测 3 个边界框，每个预测框对应输出向量的信息包括：边界框的 4 个位置的参数（边界框中心的坐标以及边界框的宽和高），含有物体的置信度以及 C 个类别的概率。所以一种尺度的最终输出为 $N \times N \times (3 \times (4+1+C))$。整个网络共有 $13 \times 13 \times 3 + 26 \times 26 \times 3 + 52 \times 52 \times 3 = 10647$ 个预测框，每个预测是一个 85 维的向量（COCO 数据集有 80 种对象）。作为对比，YOLO V2 共有 $13 \times 13 \times 5 = 845$ 个预测。YOLO V3 预测边框数量增加了 10 多倍，而且是在不同分辨率上进行，所以 mAP 以及对小物体的检测效果有一定的提升。

特征图	13×13	26×26	52×52
感受野	大	中	小
先验框	$(116 \times 90), (156 \times 198), (373 \times 326)$	$(30 \times 61), (62 \times 45), (59 \times 119)$	$(10 \times 13), (16 \times 30), (33 \times 23)$

图 5.28　先验框与特征图的对应关系

　　YOLO V3 借鉴了残差网络结构，形成更深的网络层次，以及多尺度检测，提升了 mAP 及小物体检测效果。如果采用 mAP50 作为评估指标，YOLO V3 的表现相当惊人，在精确度相当的情况下，YOLO V3 的速度是其他模型的 3~4 倍。不过如果要求更精准的预测边框，采用 COCO AP 作为评估标准，YOLO V3 在精确率上的表现就弱了一些。训练过程中，采用了多尺度训练、数据增强、批归一化等技巧，但并未采用类似 Hard Negative Mining 的技术来解决样本不均衡的问题。

5.4　本 章 小 结

　　作为计算机视觉的基本任务之一，目标检测是计算机视觉的一个热门的研究方向。它可以应用于机器人导航、视频监控、航空航天、遥感图像、工业检测等诸多领域。通过计算机视觉的应用可以降低人力成本，同时也可以提高生产效率，具有重要的现实意义。随着算力与数据量的提升以及神经网络相关理论的完善，越来越多基于深度神经网络的成果也在不断涌现。本章对经典的传统算法以及相关的深度学习方法进行了全面分析，包括传统算法流程与相关框架、双阶段目标检测模型以及单阶段目标检测模型等。虽然深度学习在目标检测领域已经遍地开花，但为了实现更高的检测精度与更快的推理速度，还需要进一步的努力。

参 考 文 献

[1] Uijlings J R, van de Sande K E, Gevers T, et al. Selective search for object recognition. International Journal of Computer Vision, 2013, 104(2): 154–171.

[2] Lienhart R, Maydt J. An extended set of haar-like features for rapid object detection. IEEE International Conference on Image Processing, Rochester, 2002: 900–903.

[3] Lowe D G. Object recognition from local scale-invariant features. IEEE International Conference on Computer Vision, Corfu, 1999: 1150–1157.

[4] Dalal N, Triggs B. Histograms of oriented gradients for human detection. IEEE Conference on Computer Vision and Pattern Recognition, San Diego, 2005: 886–893.

[5] Felzenszwalb P, McAllester D, Ramanan D. A discriminatively trained, multiscale, deformable part model. IEEE Conference on Computer Vision and Pattern Recognition, Anchorage, 2008: 1–8.

[6] Papageorgiou C P, Oren M, Poggio T. A general framework for object detection. IEEE International Conference on Computer Vision, Bombay, 1998: 555–562.

[7] Viola P, Jones M. Rapid object detection using a boosted cascade of simple features. IEEE Conference on Computer Vision and Pattern Recognition, Kauai, 2001: 511–518.

[8] Girshick R, Donahue J, Darrell T, et al. Rich feature hierarchies for accurate object detection and semantic segmentation. IEEE Conference on Computer Vision and Pattern Recognition, Columbus, 2014: 580–587.

[9] Alexe B, Deselaers T, Ferrari V. Measuring the objectness of image windows. IEEE Transactions on Pattern Analysis and Machine Intelligence, 2012, 34(11): 2189–2202.

[10] Endres I, Hoiem D. Category independent object proposals. European Conference on Computer Vision, Crete, 2010: 575–588.

[11] Carreira J, Sminchisescu C. CPMC: Automatic object segmentation using constrained parametric min-cuts. IEEE Transactions on Pattern Analysis and Machine Intelligence, 2011, 34(7): 1312–1328.

[12] Arbeláez P, Pont-Tuset J, Barron J T, et al. Multiscale combinatorial grouping. IEEE Conference on Computer Vision and Pattern Recognition, Columbus, 2014: 328–335.

[13] Cireşan D C, Giusti A, Gambardella L M, et al. Mitosis detection in breast cancer histology images with deep neural networks. Medical Image Computing and Computer-Assisted Intervention, Nagoya, 2013: 411–418.

[14] Krizhevsky A, Sutskever I, Hinton G E. ImageNet classification with deep convolutional neural networks. Advances in Neural Information Processing Systems, 2012, 25: 1097–1105.

[15] Russakovsky O, Deng J, Su H, et al. ImageNet large scale visual recognition challenge. International Journal of Computer Vision, 2015, 115(3): 211–252.

[16] He K, Zhang X, Ren S, et al. Spatial pyramid pooling in deep convolutional networks for visual recognition. IEEE Transactions on Pattern Analysis and Machine Intelligence, 2015, 37(9): 1904–1916.

[17] Girshick R. Fast R-CNN. IEEE International Conference on Computer Vision, Santiago, 2015: 1440–1448.

[18] Simonyan K, Zisserman A. Very deep convolutional networks for large-scale image recognition. International Conference on Learning Representations, San Diego, 2015.

[19] Ren S, He K, Girshick R, et al. Faster R-CNN: Towards real-time object detection with region proposal networks. IEEE Transactions on Pattern Analysis and Machine Intelligence, 2016, 39(6): 1137–1149.

[20] Dai J, Li Y, He K, et al. R-FCN: Object detection via region-based fully convolutional networks. Conference on Neural Information Processing Systems, Barcelona, 2016.

[21] He K, Zhang X, Ren S, et al. Deep residual learning for image recognition. IEEE Conference on Computer Vision and Pattern Recognition, Las Vegas, 2016: 770–778.

[22] Szegedy C, Liu W, Jia Y, et al. Going deeper with convolutions. IEEE Conference on Computer Vision and Pattern Recognition, Boston, 2015: 1–9.

[23] Long J, Shelhamer E, Darrell T. Fully convolutional networks for semantic segmentation. IEEE Conference on Computer Vision and Pattern Recognition, Boston, 2015: 3431–3440.

[24] Liu W, Anguelov D, Erhan D, et al. SSD: Single shot multibox detector. European Conference on Computer Vision, Amsterdam, 2016: 21–37.

[25] Zitnick C L, Dollár P. Edge boxes: Locating object proposals from edges. European Conference on Computer Vision, Zurich, 2014: 391–405.

[26] Pinheiro P O, Collobert R, Dollár P. Learning to segment object candidates. Conference on Neural Information Processing Systems, Montreal, 2015: 1990–1998.

[27] Shrivastava A, Gupta A, Girshick R. Training region-based object detectors with online hard example mining. IEEE Conference on Computer Vision and Pattern Recognition, Las Vegas, 2016: 761–769.

[28] Lin T Y, Goyal P, Girshick R, et al. Focal loss for dense object detection. IEEE International Conference on Computer Vision, Venice, 2017: 2980–2988.

[29] Redmon J, Divvala S, Girshick R, et al. You only look once: Unified, real-time object detection. IEEE Conference on Computer Vision and Pattern Recognition, Las Vegas, 2016: 779–788.

[30] Redmon J, Farhadi A. YOLO9000: Better, faster, stronger. IEEE Conference on Computer Vision and Pattern Recognition, Honolulu, 2017: 7263–7271.

[31] Ioffe S, Szegedy C. Batch normalization: Accelerating deep network training by reducing internal covariate shift. International Conference on Machine Learning, Lille, 2015: 448–456.

[32] Redmon J, Farhadi A. YOLOv3: An incremental improvement. arXiv preprint arXiv:1804.02767, 2018.

[33] Lin T Y, Dollár P, Girshick R, et al. Feature pyramid networks for object detection. IEEE Conference on Computer Vision and Pattern Recognition, Honolulu, 2017: 2117–2125.

第 6 章 图像分割

6.1 概　述

6.1.1 图像分割概述

图像分割（Image Segmentation）是计算机视觉领域的一个重要的研究方向，它作为图像分析的第一步，是计算机视觉的基础，也是图像语义理解的重要组成部分。图像分割是指根据图像的灰度、彩色、空间纹理、几何形状等特征把图像划分成若干个互不相交的区域，使得这些特征在同一区域内表现出一致性或相似性，而在不同区域间表现出明显的差异。简单来说，图像分割是指将图像分成若干具有相似性质的区域的过程，分割将图像细分为构成该图像的子区域或物体，针对不同的分割需求会具有不同的分割操作。传统的分割方法利用数字图像处理、拓扑学、数学等方面的知识进行图像分割，而近些年来随着深度学习技术逐渐应用于这一领域，图像分割技术也突飞猛进，与该技术相关的场景物体分割、人体前背景分割、三维重建等技术已经在无人驾驶、增强现实、安防监控等行业都得到广泛的应用。

图像分割的数学定义如下：对一幅图像 $g(x,y)(0 \leqslant x \leqslant x_{\max}, 0 \leqslant y \leqslant y_{\max})$ 进行分割就是将图像划分为满足如下条件的 N 个子区域 $g_1(x,y), g_2(x,y), \cdots, g_N(x,y)$：

（1）$\bigcup\limits_{i=1}^{N} g_i(x,y) = g(x,y)$，即由子区域组成整幅图像；

（2）$g_i(x,y)$ 是连通的区域，连通性是指在该区域内存在链接任意两点的路径；

（3）$g_i(x,y) \cap g_l(x,y) = \varnothing (i,j = 1,2 \cdots N, i \neq j)$，即任意两个子区域不存在公共元素；

（4）区域 $g_i(x,y)$ 满足一定的均匀性条件，所谓均匀性（或相似性）是指区域内所有像素点满足灰度、纹理、颜色等特征的某种相似性准则。

6.1.2 图像分割发展背景

图像分割是计算机视觉研究中的一个经典难题，已经成为图像理解领域关注的一个热点。由于图像分割问题本身的重要性和复杂性，从 20 世纪 70 年代起图像分割问题就成为很多研究者的研究重点，到目前为止，人们已经提出了上千种图像分割算法。遗憾的是，现存的分割算法往往是针对某一具体问题的。虽然人们还没有发明出一个通用的、完美的图像分割算法，但是对于图像分割的一般性规律则已基本上达成共识，并产生了相当多的研究成果。

　　传统的图像分割往往只关注灰度图像，其算法均基于灰度值的两个基本性：不连续性和相似性。对于不连续的灰度，如图像的边缘，方法是以灰度突变为基础分割一幅图像。对于相似的灰度，主要方法是根据一组预定义的准则把一幅图像分割为相似的区域。基于此类思想的一系列方法，无论早期方法，如阈值处理、区域增长、k-means 聚类，还是后来的一些复杂方法，如活动轮廓、图形切割、条件随机场等，都可以达到相当不错的效果。而对于彩色图像，由于通道数的增加，彩色图像包含了比灰度图像更加丰富的信息，因此需要将彩色图像分割问题看作基于颜色和空间特征的分类问题，在此基础上也提出了直方图阈值法、特征空间聚类、自适应模糊算法等优秀的方法。而在过去的十几年里，深度学习技术的发展催生出了新一代的图像分割模型，其性能得到了显著的提升，通常能在主流的基准测试中达到较高的准确率，这导致许多人将深度学习网络视为该领域的重大变革，并不断地通过对深度模型的设计和优化来推动图像分割技术的进步。

6.2　图像分割传统算法

6.2.1　基于阈值分割的算法

　　阈值分割法是一种传统的图像分割方法，因其实现简单、计算量小、性能较稳定而成为图像分割中最基本和应用最广泛的分割技术。阈值分割法的基本原理是通过设定不同的特征阈值，把图像像素点分为具有不同灰度级的目标区域和背景区域的若干类。它特别适用于目标和背景占据不同灰度级范围的图像，其中阈值的选取是图像阈值分割中的关键。

　　灰度阈值分割方法是一种最常用的并行区域技术。若只需将图像分割为目标和背景两部分，那么只需要选取一个阈值，此分割方法称为单阈值分割。阈值分割的结果取决于阈值的选择。由此可见，阈值分割算法的关键是确定阈值。阈值确定后，将阈值与像素点的灰度值比较以及对各像素的分割并行地进行。阈值可以表示成如下形式：

$$T = T(x, y, g(x,y), p(x,y)) \tag{6.1}$$

其中，T 为阈值；$g(x,y)$ 是点 (x,y) 的灰度值；$p(x,y)$ 是点 (x,y) 的局部邻域属性。根据对 T 的不同约束，可以得到三种不同类型的阈值：

　　（1）T 仅与灰度值 $g(x,y)$ 相关，即 $T = T(g(x,y))$，称为点相关的全局阈值；

　　（2）T 与灰度值 $g(x,y)$、局部邻域属性 $p(x,y)$ 相关，即 $T = T(g(x,y), p(x,y))$，称为区域相关的全局阈值；

(3)T 与点的位置、该点的灰度值和该点邻域特征相关，即 $T = T(x, y, g(x, y), p(x, y))$，称为局部阈值或动态阈值。

常用的阈值选择方法有利用图像灰度直方图双峰法、迭代阈值法、最大类间方差法、最小误差法、基于过渡区法、利用像素点空间位置信息的变化阈值法、结合连通信息的阈值方法、最大相关性原则选择阈值和最大熵原则自动阈值法等。下面简单介绍其中的一些阈值选择方法。

1. 直方图双峰法

图像灰度直方图的峰谷法，也称为直方图双峰法或者 mode 法，是一种常见的阈值分割法。图像的灰度直方图，即为对灰度图像的灰度值分布的统计。一张灰度图像的像素值分布在 0~255，其中像素值 0 时，在图像中表现为黑色；像素值为 255 时，在图像中表现为白色；像素值在 0~255 时，在图像中表现为不同强度的灰色。对灰度图像的这些像素值分布进行统计，可以了解到灰度图像各个像素值的像素个数，即灰度直方图是将数字图像中的所有像素，按照灰度值的大小，统计其出现的频率。直方图双峰法假设一张图像中有明显的目标和背景，则该图像的灰度直方图应呈双峰分布。当图像的灰度直方图具有双峰特性时，可表现为处于靠近像素值 0 的一个像素值区域内的灰度图像素数量很多，从而形成一个高峰；处于靠近像素值 255 的一个像素值区域内的灰度图像素数量也很多，从而形成另一个高峰。在上述描述的具有双峰性的灰度直方图中，选取两峰之间灰度图像素数量最少的灰度级作为阈值进行图像分割。直方图双峰法仍存在缺点，即该方法不适合对那些灰度直方图中双峰间的不同灰度级像素数量十分相近的图像、灰度直方图是单峰或其他非双峰分布的图像进行图像分割，这些情况下该方法无法选择出合适的分割阈值。

2. 最大类间方差法

最大类间方差，即由日本学者大津提出的一种自适应阈值选择方法，又称为大津（Otsu）法。该方法同样根据图像的灰度直方图，将图像分为前景和背景两个部分。最大类间方差法认为，当选取到最佳的分割阈值时，根据该阈值对图像进行分割，得到的前景和背景两大类之间的差别应该是最大的。大津法利用类间方差来衡量前景和背景两类的差别大小，前景和背景之间的类间方差越大，说明构成图像的前景和背景两个部分之间的差别越大。当部分前景像素被错分为背景像素、部分背景像素被错分为前景像素时，会导致前景与背景两类的差别变小。由此可知，若所取阈值对图像的分割使类间方差最大，则错分的概率最小，图像分割结果最好，所选取的分割阈值是最优的。大津法同直方图双峰法以及迭代阈值法类似，首先需要计算图像的灰度直方图。令 $0, 1, 2, \cdots, L - 1$ 对应图像的 L 个不同的灰度级，n_i 为第 i 个灰度级的像素个数，则归一化的灰度直方图的第 i

个灰度级的分量为 $p_i = n_i/N$，其中 N 为图像的像素总数。假设选取分割阈值为
灰度级 k，$0 < k < L - 1$，可以根据该阈值将图像划分为 C_1 和 C_2 两类，其中
C_1 由像素灰度值小于阈值 k 的所有图像像素组成，而 C_2 由其他的图像像素组
成，则像素被分到 C_1、C_2 类别的概率可分别由以下公式计算得出：

$$P_1(k) = \sum_{i=0}^{k} p_i, \quad P_2(k) = \sum_{i=k+1}^{L-1} p_i \tag{6.2}$$

分配到 C_1 类和 C_2 类的像素的平均灰度值可由以下公式计算得出：

$$m_1(k) = \frac{1}{P_1(k)} \sum_{i=0}^{k} i p_i, \quad m_2(k) = \frac{1}{P_2(k)} \sum_{i=k+1}^{L-1} i p_i \tag{6.3}$$

得到了类别像素的平均灰度值之后，还需计算出累加均值 $m(k)$ 以及全局灰度均
值 m_G：

$$m(k) = \sum_{i=0}^{k} i p_i, \quad m_G = \sum_{i=0}^{L-1} i p_i \tag{6.4}$$

使用类间方差与全局方差（即图像中所有像素的灰度方差）的比值 η 作为阈
值质量的评价指标，类间方差 σ_B^2、全局方差 σ_G^2、二者比值 η 的公式如下：

$$\eta = \frac{\sigma_B^2}{\sigma_G^2} \tag{6.5}$$

$$\sigma_B^2 = P_1(m_1 - m_G)^2 + P_2(m_2 - m_G)^2 = P_1 P_2 (m_1 - m_2)^2 \tag{6.6}$$

$$\sigma_G^2 = \sum_{i=0}^{L-1} (i - m_G)^2 p_i \tag{6.7}$$

根据类间方差的公式可以看出，前景与背景的两个灰度均值差值越大，类间方差
越大；由于全局方差是一个常数，因此类间方差越大，比值 η 就越大，说明图像
分割结果越好。因此将所有灰度级分别作为分割阈值，计算各个阈值下类间方差
的值，取最大的类间方差值所对应的分割阈值为最佳分割阈值。

阈值分割算法的优点是图像分割的速度快，计算简单，效率较高。但是这种
方法只考虑像素点灰度值本身的特征，一般不考虑空间特征，因此对噪声比较敏
感。虽然目前出现了各种基于阈值分割的改进算法，图像分割的效果有所改进，但
在阈值的设置上还是没有很好的解决方法，若将智能遗传算法应用在阈值筛选上，
选取能最优分割图像的阈值，则将是基于阈值分割的图像分割法的发展趋势。

6.2.2　基于区域提取的算法

基于区域提取的分割方法是以直接寻找区域为基础的分割技术，具体包括两种基本形式：一种是区域生长，从单个像素出发，逐步合并以形成所需要的分割区域；另一种是区域分裂合并，从全局出发，逐步切割至所需的分割区域。

区域生长是串行区域技术，其分割过程后续步骤的处理要根据前面步骤的结果进行判断而确定。常见的区域生长算法包括：同伦的区域生长方式、对称区域生长方式和模糊连接度方法与区域生长相结合等算法。区域生长的基本思想是将具有相似性质的像素集合起来构成区域。具体是先对每个需要分割的区域找一个种子像素点作为生长的起点，然后将种子像素周围邻域中与种子像素有相同或相似性质的像素合并到种子像素所在的区域中。将这些新像素当作新的种子像素继续进行上面的过程，直到再没有满足条件的像素可被包括进来。这样一个区域就长成了。根据区域生长的基本思想，应用区域生长算法进行图像分割，需要解决三个问题：① 选择或确定一组能正确代表所需区域的种子像素；② 确定在生长过程中能将相邻像素包括进来的准则；③ 指定让生长过程停止的条件或规则。

区域生长的优点是计算简单，对于较均匀的连通目标有较好的分割效果。它的缺点是需要人为地选取种子，对噪声较敏感，可能会导致区域内有空洞。另外，它是一种串行算法，当目标较大时分割速度较慢，因此在设计和实现此类算法时应尽量提高运行效率。

区域分裂合并可看作区域生长的逆过程。它是从整个图像出发，不断分裂得到各个子区域，然后把前景区域合并，得到前景目标，继而实现目标的提取。分裂合并的假设是对于一幅图像，前景区域是由一些相互连通的像素组成的，因此如果把一幅图像分裂到像素级，那么就可以判定该像素是否为前景像素。当所有像素点或者子区域完成判断以后，把前景区域或者像素合并就可以得到前景目标。在实际应用中，通常是将区域生长算法和区域分裂合并算法这两种基本形式结合使用。该类算法对在某些复杂场景下或某些自然景物等先验知识不足的图像分割而言效果较为理想。

分水岭算法[1]（Watershed Algorithm）是基于上述思想的一个具体应用。分水岭算法最早是由 Vincent 和 Soille 在 1991 年提出的，是一种图像分割算法。该算法是一种基于拓扑理论的数学形态学的传统图像分割算法，在该分割算法中需要考虑三种不同的点。

（1）第一类点为区域里的最小值点，即它周围的点的亮度都大于等于该点的亮度。

（2）若以图像中每一点像素的灰度值表示该点的海拔，第二类点满足这样的性质：若在该点处放置一个水滴，则水滴会流向一个第一类点。

（3）而对于第三类点，若在该点处放置一个水滴，水滴会等概率地流向不止一个第一类点。

上述三类点中，（2）中所描述的点的集合被称为汇水盆地，汇水盆地周围边界形成分水岭；（3）中所描述的点形成的表面的峰线称为分水线或分割线。分水岭算法的基本思想是把灰度图像看作一种拓扑地貌，图像中每一点像素的灰度值表示该点的海拔，假设在每一个区域最小值表面，刺穿一个小孔，然后把整个图像模型缓慢浸入水中，随着浸入的加深，每一个区域最小值的影响域慢慢向外扩展，水逐渐会从一个汇水盆地向另一个汇水盆地汇合，此时在两个汇水盆地的汇合处构筑大坝，即对应形成了分水线。之后让图像模型继续浸入水中，直至到达最高水位，换言之，到达图像的最高灰度值时停止，该过程中形成的水坝即为最终的图像分割结果。分水岭分割算法的主要应用之一是从图像背景中提取几乎一致的物体。变化较小的灰度表征区域有较小的梯度值，因此分水岭算法常用于图像的梯度而不是图像本身。

分水岭算法过程描述如下。假设 $\{a_1, a_2, \cdots, a_R\}$ 为梯度图像 G 的区域最小值点的坐标集合，$C(a_i)$ 表示与区域最小值 a_i 相联系的汇水盆地中的点坐标集合，设定一个灰度值阈值 n 表示水位高度，从 $n = \min +1$ 到 $n = \max +1$ 水位不断上升，其中 $\min$ 和 $\max$ 为梯度图像的灰度值最小值和最大值，这些灰度值可根据梯度图像的灰度直方图确定。在梯度图像被水淹没的过程中，需要时刻掌握被淹没的像素点的数量信息，假设处于灰度值阈值 n 以下的被淹没的像素点被标记为黑色，则其他像素点即被标记为白色，用于区分淹没与未被淹没区域。因此，令 $T[n]$ 表示梯度图像 $G(s,t) < n$ 的被淹没的像素点坐标 (s,t) 的集合，公式如下：

$$T[n] = \{(s,t) \mid G(s,t) < n\} \tag{6.8}$$

在汇水盆地中，与水位高度处于 n 时的区域最小值 a_i 相关联的点坐标集，为 $C_n(a_i)$。$C_n(a_i)$ 可认为是一幅二值图，若点 (x,y) 在 $C(a_i)$ 和 $T[n]$ 集合中均存在，则值为 1；否则值为 0。

$$C_n(a_i) = C(a_i) \cap T[n] \tag{6.9}$$

令 $C[n]$ 表示水位高度为 n 时被水淹没的所有汇水盆地区域，则 $C[\max +1]$ 表示所有汇水盆地的并集，公式如下：

$$C[n] = \bigcup_{i=1}^{R} C_n(a_i) \tag{6.10}$$

$$C[\max +1] = \bigcup_{i=1}^{R} C(a_i) \tag{6.11}$$

初始化 $C[\min+1] = T[\min+1]$，之后随着水位高度的升高，不断根据前一阶段的 $C[n-1]$ 计算得到下一阶段的 $C[n]$。令 Q 表示 $T[n]$ 中连通分量的集合，则对于每一个 Q 中的连通分量 q 都有以下三种情况可能发生：① $q \cap C[n-1]$ 为空集；② $q \cap C[n-1]$ 包含了 $C[n-1]$ 中的一个连通分量；③ $q \cap C[n-1]$ 包含了 $C[n-1]$ 中的超过一个的连通分量。

当遇到新的最小值点时情况①发生,将连通分量 q 并入 $C[n-1]$ 得到 $C[n]$。情况②说明连通分量 q 位于某区域最小值的汇水盆地内,将连通分量 q 并入 $C[n-1]$ 得到 $C[n]$。情况③说明遇到了全部或部分分隔两个或两个以上的汇水盆地的分水岭,需要构筑水坝阻止不同汇水盆地之间水的溢出现象发生。重复上述步骤,直至水位高度达到最大值时,所有构筑的水坝即可形成最终分水线,即为图像分割线,完成图像分割任务。

分水岭算法对微弱边缘具有较为敏感的响应,图像中的噪声、物体表面细微的灰度变化都有可能产生过度分割的现象,但是这也同时能够保证得到封闭连续边缘。为解决过度分割问题,可对图像进行高斯平滑操作来去除很多最小值,或从相对较大的灰度值开始作为水位。

6.2.3 基于边缘检测的算法

基于边缘检测的分割算法试图通过检测包含不同区域的边缘来解决分割问题,它可以说是人们研究最多的算法之一。通常不同的区域之间的边缘上像素灰度值的变化往往比较剧烈,这是边缘检测算法得以实现的主要假设之一。边缘检测算法一般利用图像一阶导数的极大值或二阶导数的过零点信息来作为判断边缘点的基本依据。边缘检测技术通常可以按照处理的技术分为串行边缘检测和并行边缘检测。串行边缘检测是根据先前像素的验证结果来判断当前像素点是否属于检测边缘上的一点。并行边缘检测是由当前正在检测的像素点以及与该像素点的一些相邻像素点来判断一个像素点是否属于检测边缘上的一点。最简单的边缘检测算法是并行微分算子法,它利用相邻区域的像素值不连续的性质,采用一阶或二阶导数来检测边缘点。近年来还提出了基于曲面拟合的方法、基于边界曲线拟合的方法、基于反应-扩散方程的方法、串行边界查找、基于变形模型的方法。

具体来说,为了能够找到图像的边缘部分,检测灰度变化这一任务可以通过求一阶或者二阶导数来完成。下面对求一阶导数的方法做具体讲解。

为了在一幅图像 f 的 (x,y) 位置处寻找边缘的强度和方向,用 ∇f 表示梯度,其定义为

$$\nabla f = \mathrm{grad}(f) = \begin{bmatrix} g_x \\ g_y \end{bmatrix} = \begin{bmatrix} \dfrac{\partial f}{\partial x} \\ \dfrac{\partial f}{\partial y} \end{bmatrix} \tag{6.12}$$

∇f 即为 f 在位置 (x, y) 处最大变化率的方向。向量 ∇f 的大小表示为 $M(x, y)$：

$$M(x, y) = \mathrm{mag}(\nabla M) = \sqrt{g_x^2 + g_y^2} \tag{6.13}$$

是梯度方向变化率的值。通常称 g_y 为梯度图像。梯度向量的方向由下列对于 x 轴度量的角度给出：

$$\alpha(x, y) = \arctan\left(\frac{g_y}{g_x}\right) \tag{6.14}$$

其中，$\alpha(x, y)$ 是由 g_y 除以 g_x 的阵列创建的尺寸相同的图像。任意点 (x, y) 处一个边缘的方向与该点处梯度向量的方向 $\alpha(x, y)$ 正交。

要得到一幅图像的梯度，需要在图像的每个像素处计算偏导数 $\dfrac{\partial f}{\partial x}$ 和 $\dfrac{\partial f}{\partial y}$，为此需要对相应的导数算子进行计算。常用的一阶导数算子有梯度算子、Prewitt 算子和 Sobel 算子。二阶导数算子有 Laplacian 算子、Kirsch 算子和 Wallis 算子等。

虽然边缘检测的优点是边缘定位准确、运算速度快，但它有两大难点限制了其在图像分割中的应用：① 不能保证边缘的连续性和封闭性；② 在高细节区存在大量的碎边缘，难以形成一个大区域，但是又不宜将高细节区分为小碎片。由于上述两个难点，因此无论采用什么方法，单独的边缘检测只能产生边缘点，并不能称为完整的图像分割过程。这也就是说，边缘点信息需要后续处理或与其他相关算法相结合，才能完成分割任务。常用的方法是用边缘生长技术来最大限度地保证边缘的封闭性，或用有向势能函数将有缺口的两边缘强制连接，最终得到封闭边缘图。

6.2.4　结合特定理论工具的算法

1. 基于数学形态学的分割方法

基于数学形态学的分割方法将数学形态学用于图像分割的研究工作，主要分为两大部分，一部分是基于形态腐蚀和形态膨胀的边缘检测；另一部分是基于分水岭变换的区域分割算法。

在基于边缘检测的图像分割部分，通过研究形态学在图像边缘检测上的优势和形态运算的加权组合构造了一种边缘检测方法。为检测出图像中复杂的边缘，引入了结构元素的方向信息，可以检测出不同方向的边缘。分别对无噪声、有噪声的静态灰度测试图像进行实验。结果表明，形态学边缘检测方法具有很好的边缘提取能力，在边缘的连续性和图像细节的保持上都优于传统的边缘检测方法。

在基于区域的图像分割部分，对分水岭算法进行了分析，并针对分水岭算法的过分割问题给出了两种解决方案：一种是利用多尺度形态梯度和灰度重构的方法对图像进行预处理，简化图像从而达到解决过分割的目的；另一种是利用散射滤波的方法对图像进行预处理。有关分水岭算法的详细介绍见 6.2.2 节。

2. 基于神经网络的分割方法

在 20 世纪 80 年代后期,在图像处理、模式识别和计算机视觉的主流领域,受到人工智能发展的影响,出现了将更高层次的推理机制用于识别系统的做法,于是出现了基于人工神经网络模型的图像分割方法。人工神经网络是由大规模神经元互联组成的高度非线性动力系统,是在认识、理解人脑组织机构和运行机制的基础上模拟其结构和智能行为的一种工程系统。

基于神经网络分割的基本思想是:通过训练多层感知机来得到线性决策函数,然后用决策函数对像素进行分类来达到分割的目的。近几年神经网络在图像分割中的应用按照处理数据类型大致上可以分为两类:一类是基于像素数据的神经网络算法;另一类是基于特征数据的神经网络算法,即特征空间的聚类分割方法。基于像素数据分割的神经网络算法用高维的原始图像数据作为神经网络训练样本,比起基于特征数据的算法能够提供更多的图像信息,但是各个像素是独立处理的,缺乏一定的拓扑结构而且数据量大,计算速度非常慢,不适合实时数据处理。目前有很多神经网络算法是基于像素进行图像分割的,如 Hopfield 神经网络、细胞神经网络、概率自适应神经网络等。

3. 基于模糊集合和逻辑的分割方法

模糊集理论具有描述事物不确定性的能力,适合于图像分割问题。1998 年以来,出现了许多模糊分割技术,在图像分割中的应用日益广泛。模糊技术在图像分割中应用的一个显著特点就是它能和现有的许多图像分割方法相结合,形成一系列的集成模糊分割技术,如模糊聚类、模糊阈值、模糊边缘检测技术等。

模糊阈值技术利用不同的 S 型隶属函数来定义模糊目标,通过优化过程选择一个具有最小不确定性的 S 函数。用该函数增强目标及属于该目标的像素之间的关系,这样得到的 S 型函数的交叉点为阈值分割需要的阈值,这种方法的困难在于隶属函数的选择。而基于模糊集合和逻辑的分割方法则是以模糊数学为基础,利用隶属图像中由信息不全面、不准确、含糊、矛盾等造成的不确定性问题来进行分割。

4. 基于小波分析和变化的分割方法

小波变换是一种应用广泛的数学工具,它在时域和频域都具有良好的局部化性质,能将时域和频域统一于一体来研究信号。而且小波变换具有多尺度特性,能够在不同尺度上对信号进行分析,因此在图像分割方面得到了应用。

二进小波变换具有检测二元函数的局部突变能力,因此可作为图像边缘检测工具。图像的边缘出现在图像局部灰度不连续处,对应于二进小波变换的模极大值点。通过检测小波变换模极大值点可以确定图像的边缘小波变换位于各个尺度上，而每个尺度上的小波变换都能提供一定的边缘信息，因此可通过多尺度边缘检测来得到比较理想的图像边缘。

5. 基于遗传算法的分割方法

遗传算法是一种借鉴生物界自然选择和自然遗传机制的随机化搜索算法。其基本思想是模拟由一些基因串控制的生物群体的进化过程，把该过程的原理应用到搜索算法中，以提高寻优的速度和质量。此算法的搜索过程不直接作用在变量上，而是在参数集进行了个体的编码，这使得遗传算法可直接对结构对象（图像）进行操作。整个搜索过程是从一组解迭代到另一组解，采用同时处理群体中多个个体的方法，降低了陷入局部最优解的可能性，同时有着良好的并行化潜力。搜索过程采用概率的变迁规则来指导搜索方向，而不采用确定性搜索规则，而且对搜索空间没有任何特殊要求（如连通性、凸性等），只利用适应性信息，不需要导数等其他辅助信息，适应范围广。

遗传算法擅长全局搜索，但局部搜索能力不足，所以常把遗传算法和其他算法结合起来应用。将遗传算法运用到图像处理主要是考虑到遗传算法具有与问题领域无关且快速随机的搜索能力。其搜索从群体出发，具有潜在的并行性，可以进行多个个体的同时比较，能有效地加快图像处理的速度。但是遗传算法也有其缺点：搜索所使用的评价函数的设计、初始种群的选择有一定的依赖性等。结合一些启发算法进行改进使得遗传算法的并行机制的潜力得到充分的利用，是当前遗传算法在图像处理中的一个研究热点。

6.3　基于深度学习的图像分割算法

6.3.1　全卷积网络

卷积神经网络（CNN）的使用推动了图像识别领域的进步。从发展的趋势来看，图像分类任务的下一步是对每个像素进行预测。以往的方法使用了 CNN 来进行语义分割，其中每个像素都用其对象或区域的类来标记。为了对一个像素进行分类，传统的基于 CNN 的分割算法需要使用该像素周围的一个图像块作为卷积神经网络的输入用于训练和预测，但该方法有如下几个缺点。

（1）存储开销很大。若对每个像素使用的图像块的大小为 15×15，然后不断通过滑动窗口，每次滑动的窗口输入卷积神经网络进行判别分类，那么所需的存储空间根据滑动窗口的次数和大小会急剧上升。

（2）计算效率低下。由于相邻的像素块有较多的重复部分，针对每个像素块逐个计算卷积，这种计算也有很大程度上的重复。

（3）像素块的大小限制了感受野的大小。通常情况下像素块的大小要比整个图像小很多，因此卷积操作只能提取一些局部的特征，从而导致分类的性能受到限制。

而全卷积网络（FCN）[2] 是对图像进行像素级的分类（即对每个像素点都进行分类），从而解决了语义级别的图像分割问题。与传统 CNN 在卷积层使用全连接层得到固定长度的特征向量进行分类不同，全卷积网络可以接收任意尺寸的输入图像，采用反卷积层对最后一个卷积层的特征图进行上采样，使它恢复到输入图像相同的尺寸，从而可以对每一个像素都产生一个预测，同时保留了原始输入图像中的空间信息，最后在上采样的特征图上进行像素的分类。简单地说，全卷积网络与卷积神经网络的区别在于全卷积网络把卷积神经网络最后的全连接层换成卷积层，输出一张已经分类完成的图。

具体而言，卷积网络的每层数据是一个 $h \times w \times d$ 的三维数组，其中 h 和 w 是空间维度，d 是特征或通道维数。第一层是像素尺寸为 $h \times w$、颜色通道数为 d 的图像。卷积神经网络的基本组件（卷积层、池化层和激活函数）作用于局部输入区域，并且只依赖于相对的空间坐标。设 X_{ij} 为特定层中坐标 (i, j) 处的数据向量，Y_{ij} 为下一层对应向量，那么 X 和 Y 的关系：

$$Y_{ij} = f_{ks}(X_{si+\Delta i, sj+\Delta j}) \tag{6.15}$$

其中，Δi 和 Δj 是坐标的变化量，k 是卷积核；s 是步长或采样因子；f_{ks} 根据层的类型进行卷积或平均池化的矩阵乘法。

经典的图像识别网络，包括 LeNet、AlexNet 及其更深层次的后继网络，均采用固定大小的输入并产生非空间的输出。这些网络的全连接层具有固定的维度并且丢弃空间坐标，但是这些全连接层也可以看作卷积核覆盖整个输入区域的卷积。因此在全卷积网络中将卷积层替代全连接层，可以使这些网络能接受任意大小的输入并输出分类图。

此外，虽然所得到的映射结果相当于原始网络对特定输入块的求值，但计算的结果在这些块的重叠区域上是高度平均的。这些卷积模型的空间输出映射的特性，使它们成为诸如语义分割等的密集型问题的自然选择。由于每个输出单元都有更好的标准可用，因此前向和反向传播都很简单，并且都利用了卷积固有的计算效率。这种密集的反向传播如图6.1所示。

为了从粗糙输出中得到逐像素预测的结果，需要对输出结果进行上采样操作。该上采样操作是通过反卷积实现的（图6.2）。对第 5 层的输出（32 倍放大）反卷积到原图大小，得到的结果还是不够精确，一些细节无法恢复。于是将第 4 层的输出和第 3 层的输出也依次反卷积，分别进行 16 倍和 8 倍上采样，从而得到更加精细的结果。

如图6.2所示，首先对原图像进行卷积操作 conv1、pool1，原图像缩小为 1/2；

之后对图像进行第二次卷积操作 conv2、pool2，图像缩小为 1/4；接着继续对图
像进行第三次卷积操作 conv3、pool3，图像缩小为原图像的 1/8，此时保留 pool3
的特征图；然后继续对图像进行第四次卷积操作 conv4、pool4，图像缩小为原图
像的 1/16，保留 pool4 的特征图；最后对图像进行第五次卷积操作 conv5、pool5，
图像缩小为原图像的 1/32，之后把原来卷积神经网络操作中的全连接变成卷积操
作 conv6、conv7，图像的特征图数量改变但是图像大小依然为原图的 1/32，此
时图像不再称为特征图而是称为热图（Heat Map），如图6.3所示。现在有了 1/32
尺寸的热图，1/16 尺寸的特征图和 1/8 尺寸的特征图。由于对 1/32 尺寸的热图
进行上采样操作仅仅考虑了 conv5 卷积核提取到的特征，精度较低，并不能很好
地还原图像中的特征，因此还需要从这里向前迭代。把 conv4 中的卷积核对上一
次的上采样之后的图进行反卷积补充细节（相当于一个插值过程），最后把 conv3
中的卷积核对刚才下采样之后的图像进行再次反卷积补充细节，这样就完成了整
个图像的还原。

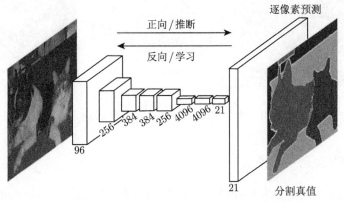

图 6.1　全卷积网络的反向传播 [2]

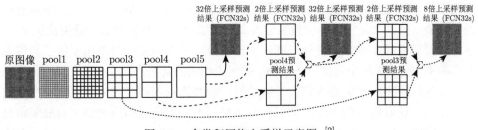

图 6.2　全卷积网络上采样示意图 [2]

全卷积网络是一类丰富的模型，现代分类卷积网络是其中的一个特例。认识
到这一点，将这些分类网扩展到分段，并通过多分辨率图层组合改进体系结构，

可以极大地改善现有技术，同时能简化模型并加快模型学习和推理的速度。但全卷积网络的缺点也比较明显。一是得到的结果还是不够精细。进行 8 倍上采样虽然比 32 倍的效果好了很多，但是上采样的结果还是比较模糊和平滑，对图像中的细节不敏感。二是对各个像素进行分类，没有充分考虑像素与像素之间的关系，忽略了在通常的基于像素分类的分割算法中使用的空间规整步骤，缺乏空间一致性。

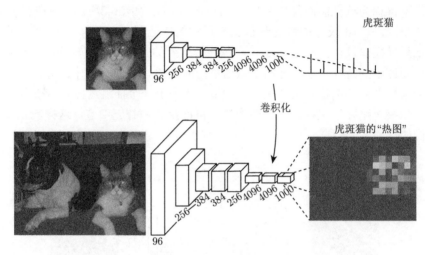

图 6.3   全卷积网络输出的热图 [2]（见彩图）

6.3.2 带图模型的卷积模型

DeepLab [3] 最早将卷积神经网络和概率图模型的方法结合在一起，以解决像素级分类的任务。在处理图像分割问题时，卷积神经网络存在两个主要的问题。第一个是下采样，深度卷积神经网络（DCNN）中存在大量连续的下采样操作以及池化操作，导致了网络输出的特征图的分辨率逐渐减小，从而造成图像中信息的大量损失。第二个是空间不变性，分类器获取以目标对象为中心的分类决策结果，需要空间变换的不变性；然而空间不变性也限制了卷积神经网络模型的空间信息的准确率。针对这两个问题，DeepLab 提出了相应的解决办法。下采样问题使用空洞卷积进行解决，空洞卷积扩大了感受野，能够让卷积神经网络有更多更密集的有效计算，获取更多的上下文信息；对于空间不变性造成的空间像素的细节信息不够精确的问题，则使用全连接的条件随机场（Conditional Random Field，CRF）来捕捉更多的细节信息。

DeepLab 使用了带有空洞卷积的 VGG-16 神经网络，对 VGG-16 网络预测输出的粗略得分图进行上采样扩大分辨率，再加入全连接的 CRF 进行后处理，最终输出分类预测结果图。上述过程即为 DeepLab 的网络框架流程，其基本流程可参照图6.4。

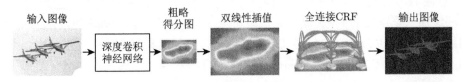

图 6.4 DeepLab 基本流程图 [3]

DeepLab 的具体流程如下：为了实现基于空洞卷积的密集滑动窗口特征提取器，首先将 VGG-16 网络的全连接层改为卷积层，并且将最后两个池化层的步长由 2 减小到 1，让输出的特征图信息更加密集。为了保证足够大的感受野，还要使用空洞卷积来代替普通的卷积层，将最后三个卷积层的空洞比率设为 2，第一个全连接层的空洞比率设为 4。将 VGG-16 网络改为全卷积网络后，会加大计算量，导致计算速度减慢。在 DeepLab 方法中，将原先对应于第一个全连接层的卷积核进行下采样，到 4×4 大小，通过这种方式来控制感受野大小，减小计算量并提升计算速度。修改后的 VGG-16 网络预测的粗略得分图十分平滑且密集，之后使用简单的双线性插值，以可忽略的计算成本将其分辨率提高 8 倍。

一般来说，越深的网络模型的分类情况越好，但是其空间不变性和较大的感受野会导致对象的定位不精确。DeepLab 方法使用了全连接的 CRF 来进一步精细化边缘细节信息。全连接的 CRF 的能量函数公式如下：

$$E(x) = \sum_i \theta_i\left(x_i\right) + \sum_{ij} \theta_{ij}\left(x_i, x_j\right) \tag{6.16}$$

其中，$\theta_i(x_i)$ 为一元势函数，它计算的是网络输出的得分图在第 i 个像素上的正确分类标签的概率。一元势函数表达式为

$$\theta_i\left(x_i\right) = -\lg P\left(x_i\right) \tag{6.17}$$

式 (6.16) 中等号右边的第二项 $\theta_{ij}(x_i, x_j)$ 为二元势函数，描述了不同像素点之间的关系，网络将为差别较小的像素更多地分配相同的标签。二元势函数表达式为

$$\theta_{ij}\left(x_i, x_j\right) = \mu\left(x_i, x_j\right) \sum_{m=1}^{K} w_m \cdot k^m\left(f_i, f_j\right) \tag{6.18}$$

其中，k^m 是高斯核。根据式 (6.19) 可以得知，这里的高斯核依赖于颜色值 I 和像素之间的实际距离 p：

$$w_1 \exp\left(-\frac{\|p_i - p_j\|^2}{2\sigma_\alpha^2} - \frac{\|I_i - I_j\|^2}{2\sigma_\beta^2}\right) + w_2 \exp\left(-\frac{\|p_i - p_j\|^2}{2\sigma_\gamma^2}\right) \tag{6.19}$$

其中，w 为权重参数，σ 决定了高斯核的尺寸。

DeepLab 与其他方法相比，主要有三个优势：速度快、准确率高、网络结构简单。DeepLab 使用空洞卷积以及对卷积层进行下采样，使得网络计算速度加快；该方法添加了全连接的 CRF 精细化调整边缘信息，使得预测准确率更高；DeepLab 网络框架是 VGG-16 与全连接 CRF 的结合，整体结构较为简单。本节所介绍的 DeepLab V1 方法的准确率和目前最先进的方法相比并不够高，其网络结构还有改进的空间。

6.3.3 基于编码器–解码器的结构

1. SegNet

SegNet [4] 使用了全卷积网络进行像素级的图像分割，其网络的核心部分是一个编码器网络及其相对应的解码器网络，最后接一个像素级别的分类网络。编码器网络的结构与 VGG-16 网络的前 13 层卷积层的结构相似，而解码器网络将由编码器得到的低分辨率的特征图进行映射，得到与输入图像的特征图相同的分辨率，进而进行像素级别的分类。SegNet 的解码器中使用的上采样的方式，是直接利用编码器阶段中下采样时得到的池化索引进行非线性上采样，这样在上采样阶段就不需要重新进行学习。但上采样后得到的稀疏特征图需要进一步选择合适的卷积核进行卷积，从而得到特征图。SegNet 主要用于场景理解，需要在进行推理时考虑内存的占用及分割的准确率。同时，SegNet 的训练参数较少（将前面提到的 VGG-16 的全连接层剔除），可以用 SGD 进行端到端的训练。

目前的分割网络都有相似的编码结构（如 VGG-16），但是解码器网络的结构各异，同时训练和推理形式等也有所不同。大量训练参数导致进行端到端训练困难度较大，因此 SegNet 使用多步训练方式，将预训练好的网络添加到全卷积网络后再对分割网络进行单独训练，能加快训练速度并更好地利用训练数据。

SegNet 由编码器网络、解码器网络及其后接一个分类层组成（图6.5）。编码器网络由 13 个卷积层组成，与 VGG-16 的前 13 层卷积相同，这些卷积层的权重初始值是通过将 VGG-16 在大型数据集上训练得到的。为了保留编码器最深层输出的到高分辨率的特征图，删掉 VGG-16 中的全连接层以大幅度减少编码器层中训练参数的数量。每一层编码器都对应着一层解码器，因此解码器网络也是 13 层。在解码器网络输出后接一个多分类的 Softmax 分类器对每个像素生成类别概率。编码器网络中的每一个编码器通过一组卷积核来产生一系列的特征图，后接一层 BN+ReLU+ 最大池化。最大池化用于实现小空间移动上的空间不变性，同时，可以在特征图上有较大的感受野，但使用最大池化会导致分辨率上的损失。这种损失会对边界界定产生不利的影响，因此编码器网络要在进行下采样前着重捕捉和保存边界信息。由于内存的限制，无法保存特征图的全部信息。池化的窗口可以用 2 比特的 2×2 的窗口实现，相比存储特征图的浮点精度效率较高，该窗口对准确率会有轻微的损失，但仍适用于实际应用。

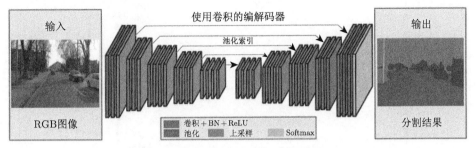

图 6.5 SegNet 网络结构图 [4]（见彩图）

解码器网络中的解码器利用对应编码器特征图中保存的最大索引对输入的特征图进行上采样，产生的稀疏特征图后接一系列可训练的卷积核，输出密集的特征图，后接 BN 用于正则化减弱过拟合，与输入对应的解码器产生多通道特征图，虽然输入只有 RGB 三通道。其他的编码器、解码器的通道数，尺寸大小都是一一对应的。解码器输出的高维度的特征表示被送入一个可训练的 Softmax 多分类器，对每个像素进行单独分类。Softmax 输出的是一个类别数为 K 的概率图，预测后的分割图中的每个类别是每个像素中概率值最大所对应的类别。许多分割网络的编码网络大同小异，而其解码网络的形式却相差很大。SegNet 解码上采样阶段借用编码阶段产生的最大值的索引，这里没有可学习的参数，但是上采样后的特征图需要经过可训练的多通道解码器的卷积核来降低输入特征图的稀疏性，因此其通道数与上采样得到的特征图数目相同。

SegNet 用于语义分割，其主要动机是为了设计一个存储和计算时间均高效的网络结构用于道路和室内场景理解。SegNet 通过和其他的变体进行的分析对比，展示了设计网络结构过程中对训练时间、储存大小、准确率等实际的取舍、权衡。虽然那些能够完整存储编码器网络的特征图的结构有更好的表现，但是会花费更多的内存和时间。而 SegNet 则是更加高效的，因为它只存储最大池化索引，然后在解码器网络中使用。深层分割架构的端到端学习是一个更难的挑战，今后的工作会更多地关注这一重要问题。

2. U-Net

U-Net [5] 提出了一种基于少量数据进行训练的网络模型，具有较高的分割精度，并且网络的运行速度也很快。U-Net 的网络模型结构看起来像一个 U 形。U-Net 网络结构如图6.6所示，这里假设 U-Net 的最低分辨率为 32×32。每一个蓝色的块代表一个多通道的特征图。特征图的通道数被标注在块的顶部。X-Y 尺寸设置在块的左下边缘。箭头代表着不同的操作。

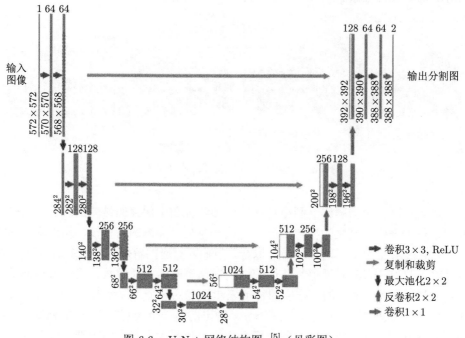

图 6.6　U-Net 网络结构图 [5]（见彩图）

具体而言，U-Net 网络由一个收缩路径（左侧）和一个扩展路径（右侧）组成。收缩路径遵循卷积网络的典型架构，包括重复使用两个 3×3 卷积（无填充卷积），每个卷积后跟一个 ReLU 和一个 2×2 最大池化操作，以及步长为 2 的下采样。在每个下采样步骤中，我们将特征通道的数量加倍。扩展路径中的每一步都包括特征映射的上采样，然后进行 2×2 卷积，将特征通道数量减半，与来自收缩路径的相应裁剪特征映射串联，然后是两个 3×3 卷积，每个卷积后面接 ReLU。由于每一次卷积都会丢失边界像素，因此需要进行裁剪。在最后一层，使用 1×1 卷积将每个 64 分量特征向量映射到所需数量的类别上。

U-Net 对全卷积网络的架构进行了修改和扩展，使其只需很少的训练图像就可以获得更加精确的分割。全卷积网络的主要思想是使用连续的层补充通常的收缩网络，其中的池化层被上采样层取代。因而这些层增加了输出层的分辨率。为了进行定位，来自压缩路径的高分辨率还需要与上采样输出相结合。基于这个信息，后续的卷积层可以学习更精确的输出。U-Net 与全卷积网络的不同在于 U-Net 的上采样部分依然有大量的特征通道，这使得网络将上下文信息向更高分辨率的层传播。因此图像恢复路径多多少少与压缩路径对称，形成一个 U 的形状。网络没有全连接层，并且只是用每一个卷积层的有效部分，即分割映射仅包含在输入图像中可获得完整上下文的像素。这种策略被命名为 Overlap-tile 策略，该策略可以使得任意大小的输入图像都可以获得一个无缝分割。

U-Net 最初用于医学图像分割，但其编解码器结构及其细节部分的设计对后续的图像分割方法产生了深远的影响，并得到广泛的应用。

6.3.4 基于多尺度和金字塔网络的模型

1. FPN

多尺度分析（Multi-scale Analysis）是图像处理中的一个相当久远的概念，但在近年来被广泛运用到各种神经网络体系结构中。这其中最著名的模型即为特征金字塔网络（FPN）[6]，该模型最初为目标检测任务提出，但广泛运用于图像分割领域。特征金字塔是识别系统中用于检测不同尺度目标的基本组成部分，而 FPN 利用深度卷积网络内在的多尺度、金字塔分级等特点来构造额外成本较少的特征金字塔，并设计了一种具有横向连接的自顶向下架构，能在所有尺度上构建高级语义特征映射。该特征金字塔网络的架构作为通用特征提取器在多项任务中表现出了极佳的性能。

单次检测器（Single Shot MultiBox Detector，SSD）是首先尝试使用卷积网络的金字塔特征层级中的一个，是一个特征化的图像金字塔（图6.7）。理想情况下，SSD 式的金字塔将重用正向传递中从不同层中计算的多尺度特征映射并因此没有成本。但为了避免使用低级特征，SSD 放弃重用已经计算好的图层，而从网络中的最高层开始构建金字塔并添加几个新层，因此错过了重用特征层级的更高分辨率映射的机会。而 FPN 的目标是自然地利用卷积网络特征层级的金字塔形状，同时创建一个在所有尺度上都具有强大语义的特征金字塔。为了实现这个目标，FPN 所依靠的架构能将低分辨率、强语义的特征与高分辨率、弱语义的特征通过自顶向下的路径和横向连接相结合（图6.8）。这样就可以得到一个在各个级别都有丰富的语义，并且可以从单个输入图像尺度上进行快速构建的特征金字塔。换言之，FPN 展示了如何创建网络中的特征金字塔以用来代替特征化的图像金字塔，而不牺牲表示能力、速度或内存。

FPN 的金字塔结构包括自底向上的路径、自顶向下的路径和横向连接。

（1）自底向上的路径。自底向上的路径是卷积网络主干的前馈计算，其计算由尺度步长为 2 的多尺度特征映射组成的特征层级。通常有许多层产生相同大小的输出映射，并且这些层位于相同的网络阶段。对于特征金字塔，FPN 为每个阶段定义一个金字塔层，并选择每个阶段的最后一层的输出作为特征映射参考集，通过丰富它来创建我们的金字塔。每个阶段的最深层应具有最强大的特征，因此这种选择是十分显而易见的。

　　具体来说，对于 ResNets，FPN 使用每个阶段的最后一个残差块输出的特征激活。对于 conv2、conv3、conv4 和 conv5 的输出，将这些最后残差块的输出表示为 C_2, C_3, C_4, C_5，并注意相对于输入图像而言它们有 4、8、16 和 32 个像素的步长。由于其庞大的内存占用，FPN 不会将 conv1 纳入金字塔。

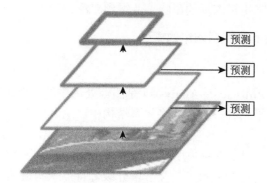

图 6.7　重用卷积计算的金字塔特征层次结构

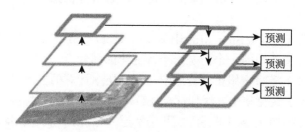

图 6.8　特征金字塔网络

　　（2）自顶向下的路径和横向连接。自顶向下的路径通过上采样空间变得更粗糙，但在来自较高金字塔等级的特征映射来幻化更高分辨率的特征会有语义上的增强。这些特征随后通过自底向上路径上的特征经由横向连接进行增强。每个横向连接合并来自自底向上路径和自顶向下路径的具有相同空间大小的特征映射。自底向上的特征映射具有较低级别的语义，但其激活函数可以更精确地定位，因为它被下采样的次数更少。

　　图6.9显示了建造自顶向下特征映射的构建块，使用较粗糙分辨率的特征映射，通过将空间分辨率上采样为 2 倍（为了简单起见，使用最近邻上采样），然后通过按元素相加，将上采样映射与相应的自底向上映射（其经过 1×1 卷积层来减少通道维度）合并。迭代这个过程，直到生成最佳分辨率映射。为了开始迭代，只需在 C_5 上添加一个 1×1 卷积层来生成最粗糙分辨率映射。最后还需要在每个合并的映射上添加一个 3×3 卷积来生成最终的特征映射，这是为了减少上采样

的混叠效应。这个最终的特征映射集称为 P_2, P_3, P_4, P_5，与对应的 C_2, C_3, C_4, C_5 分别具有相同的空间大小。

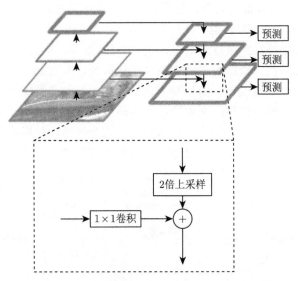

图 6.9　横向连接和自顶向下的路径的构造块 [6]

　　FPN 提出了一个干净而简单的框架，用于在卷积网络内部构建特征金字塔。该方法为特征金字塔的研究和应用提供了一个实用的解决方案，而不需要计算图像金字塔。此外，尽管深层卷积网络具有强大的表示能力以及它们对尺度变化的隐式鲁棒性，但使用金字塔表示对于准确地解决多尺度问题仍然至关重要。

2. PSPNet

　　PSPNet [7] 主要是通过金字塔池化提取多尺度信息，它能更好地提取全局上下文信息，同时利用局部和全局信息，使得场景识别更加可靠。PSPNet 网络结构如图6.10所示，其中最突出的贡献为其所提出的 PSP 模块。在一般卷积神经网络中感受野可以粗略地认为是使用上下文信息的大小，该方法指出在许多网络中没有充分地获取全局信息，所以效果不好。要解决这一问题，常用的方法是：① 用全局平均池化处理，但这在某些数据集上，可能会失去空间关系并导致模糊；② 由金字塔池化产生不同层次的特征最后被平滑地连接成一个全连接（FC）层进行分类。这样可以去除卷积神经网络固定大小的图像分类约束，减少不同区域之间的信息损失。而 PSPNet 提出了一个具有层次全局优先级，包含不同子区域之间的不同尺度信息的 PSP 模块。

　　具体而言，该模块融合了 4 种不同金字塔尺度的特征，第一行突出显示的是最粗略的层级，是使用全局池化生成的单个容器输出。剩下的三个层级将输入特征图划分成若干个不同的子区域，并对每个子区域进行池化，最后将包含位置信息的池化后的单个容器组合起来。金字塔池化模块中不同层级输出不同尺度的特征图。为了保持全局特征的权重，在每个金字塔层级后使用 1×1 的卷积核，当某个层级维数为 n 时，可将语境特征的维数降到原始特征的 $1/n$。然后，通过双线性插值直接对低维特征图进行上采样，使其与原始特征图尺度相同。最后，将不同层级的特征图拼接为最终的金字塔池化全局特征。注意到金字塔层数和每个层级尺度的大小都可以修改，它们与输入金字塔池化层的特征图尺度有关。该结构通过采用不同大小的池化核，通过简单几步即可提取出不同的子区域的特征，因此，多层级的池化核大小应保持合理的间隔。该金字塔池化模块是一个四层级的模块，分别有 1×1、2×2、3×3 和 6×6 的容器大小。

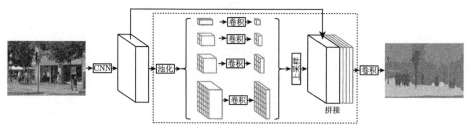

图 6.10   PSPNet 网络结构图 [7]

此外，PSPNet 通过一种独特的方式来构建了其基础网络。如图6.11中显示的模型的示例。除了使用 Softmax 损失来训练最终分类器的主分支外，在第四阶段之后使用了另一个分类器，即 res4b22 残差块。与将反向辅助损失阻止到几个浅层的中继反向传播不同，该方法让两个损失函数（loss1 和 loss2）通过所有先前的层。辅助损失有助于优化学习过程，而主分支损失承担最大的责任。最后通过增加权重以平衡辅助损失。

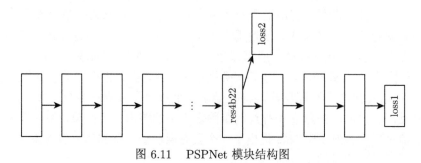

图 6.11   PSPNet 模块结构图

PSPNet 在结构上提供了一个 PSP 模块，在不同层次上融合特征，能做到将语义和细节进行融合。该模型具有强大的性能，其 PSP 模块在后续的图像分割算法发展中也得到了广泛的应用。

6.3.5 膨胀卷积模型与 DeepLab 系列

1. DeepLab V2

DeepLab 的方法在 6.3.2 节中已有相关介绍。而 DeepLab V2 [8] 提出了空洞空间池化金字塔（ASPP）来稳健地分割多个尺度的对象。ASPP 在多个采样率和有效视场下使用滤波器探测传入的卷积特征层，从而在多个尺度上捕获对象以及图像上下文。该方法结合了卷积神经网络和概率图模型的方法来改进对象边界的定位。

卷积神经网络进行图像语义分割存在三个挑战：① 特征分辨率的降低；② 对象存在多尺度；③ 由卷积神经网络不变性导致的定位精度下降。第一个挑战是由重复的最大池化和下采样产生的。为了解决这一问题，DeepLab V2 移除了卷积神经网络最后几层的最大池化，并在接下来的几层中使用上采样滤波器（即空洞卷积）来代替。在实践中，DeepLab V2 采用空洞卷积恢复了全分辨率的特征图，空洞卷积能够更加密集地计算特征图。随后还需要对特征响应进行简单的双线性插值到原始图像大小。空洞卷积方案提供了一个简单并有效的反卷积替代品，与更大的卷积滤波器相比，空洞卷积有效增大了感受野而又不增加参数数量和运算量。

第二个挑战是对象存在多尺度，受到空间金字塔池化的启发，DeepLab V2 提出了一种在卷积前以多种速率对给定特征层进行重采样的高效计算方案。这相当于使用具有互补有效视场的多个滤镜检测原始图像，从而以多个比例捕获对象以及有用的图像上下文。该多个并行不同采样率的空洞卷积层所构成的模块即为 ASPP 模块。

第三个挑战是以对象为中心的分类器要求空间变换具有不变性，因而限制了卷积神经网络的空间精度。因此 DeepLab V2 提出了一个全连接条件随机场（fcCRF）来提升模型捕获细节的能力。可以证明，fcCRF 和基于卷积神经网络的像素级分类器的级联使用使得 DeepLab V2 的图像分割在当时达到了相当高的水准。

针对以上挑战，DeepLab V2 提出了以下观点。

（1）用于密集特征提取和视场放大的空洞卷积。卷积神经网络每层重复的最大池化严重地降低了输出特征图的分辨率，虽然反卷积的方法能在一定程度上解决这个问题，但是它需要额外的内存和时间。DeepLab V2 采用空洞卷积来代替传统的方法，其优势所在如图6.12所示。

图6.12在一维角度论证了空洞卷积的密集特征提取。如图所示，传统的方法为了增大感受野的同时不增大运算量，先进行下采样将图像缩小为原先的 1/4，然

后采用 7×7 的卷积核卷积输出分数图，之后通过上采样将分数图还原到原先大小。而采用空洞卷积直接对原图进行空洞卷积，增大了卷积核的感受野，整合了更多的上下文信息，虽然看起来卷积核尺寸变大，但由于空洞卷积的每一个洞填充的均为 0，因此运算量不变，没有下采样也不会丢失信息，从最终输出的分数图来看，空洞卷积的优势不言而喻。

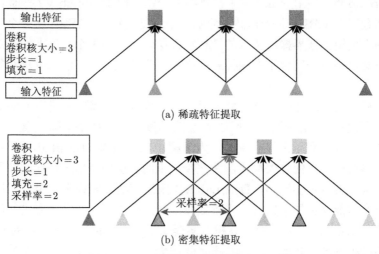

(a) 稀疏特征提取

(b) 密集特征提取

图 6.12   空洞卷积的密集特征提取 [8]

（2）使用 ASPP 的多尺度图像表示。DeepLab V2 尝试了两种方法来处理语义分割中的尺度变化。第一种方法是标准多尺度处理：使用共享参数的并行卷积神经网络分支从原始图像中的多个缩放比例的版本中提取卷积神经网络分数图。为了生成最后的结果，将来自并行卷积神经网络分支的特征图通过双线性插值算法还原到原图大小并融合它们（融合方法是取不同尺度下对应每个位置的最大值）。这种方法确实能够提升性能，但是运算代价太大。第二种方法是受到循环神经网络空间金字塔的启发，该方法表明任意尺度的区域可以通过对以单一尺度提取的卷积特征进行重采样来准确而有效地分类。第二种方法采用了一种不同于它们的方案。采用多个不同采样率的并行空洞卷积层，对每个采样率提取到的特征在不同的分支中进一步处理后再进行融合，从而产生最后的结果。其过程如图6.13所示。

（3）采用 fcCRFs 结构预测的准确边缘恢复。目标定位精准度和分类性能之间的权衡和制约似乎是卷积神经网络所固有的：模型越深、最大池化越多，分类任务越成功，然而随之增长的空间不变性和顶级神经元节点的大感受野只能产生光滑的响应。卷积神经网络输出分数图能够预测目标的存在和大致位置但不能真正描绘出目标的轮廓。传统的方法有两个方向来处理定位挑战：第一种方法是利用卷积网络的多层信息去更好地估计目标边缘；第二种方法是超像素表示法，实质是将定位任务委托给低级分割方法。而 DeepLab V2 则在 DeepLab V1 的基础上继续采用 fcCRF 结构来预测准确边缘，在此不作赘述。DeepLab V2 通过将空洞卷积与上采样滤波器结合使用以进行密集特征提取，从而将经过图像分类训练的网络重新用于语义分割任务。该方法进一步将其扩展到空洞空间金字塔池化，该池化以多种比例对对象以及图像上下文进行编码。为了产生语义上准确的预测和详细的分割图以及整个对象边界，该方法还结合了深度卷积神经网络（DCNN）和完全连接的条件随机场的思想。为了产生沿对象边界的语义准确的预测和详细的分割图，该方法还结合了深度卷积神经网络和完全连接的条件随机场的思想，表现出不错的性能。

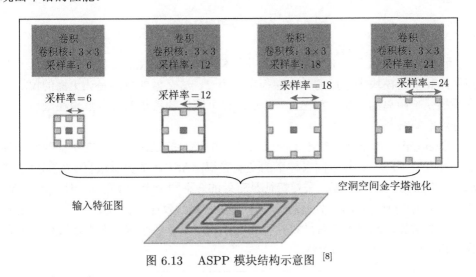

图 6.13　　ASPP 模块结构示意图 [8]

2. DeepLab V3 与 DeepLab V3+

DeepLab V3 [9] 重新回顾了空洞卷积在语义分割中的应用，这是一种显式调整滤波器感受野和控制网络特征响应分辨率的有力工具。为了解决多尺度分割对象的问题，DeepLab V3 设计了采用级联或并行的空洞卷积模块，通过采用多种空洞率来捕获多尺度上下文。此外，该方法扩充了先前提出的空洞卷积空间金字塔池化模块，该模块在多尺度上探测卷积特征，可以编码图像级的全局上下文特征，并能进一步提高性能。

DeepLab V3 重新讨论了在级联模块和空间金字塔池化的框架下应用空洞卷积，这使得网络能够有效地扩大滤波器的感受野，将多尺度的上下文结合起来。此外，DeepLab V3 提出的模块由具有不同采样率的空洞卷积卷积和 BN 层组成，对于训练十分重要。

首先，该方法采用级联的方式设计了空洞卷积模块。取 ResNet 网络中最后一个模块（block4），并将它们级联到了一起，如图6.14所示。

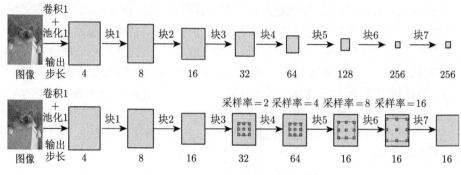

图 6.14 空洞卷积模块结构图 [9]

这些模块中有三个 3×3 卷积，并且和原来的 ResNet 一样，除了最后一个模块，其余的模块中最后的一个卷积步长为 2。这么做的目的是让更深的模块更容易捕获长距离的信息。如图6.14所示，整个图像的特征都可以汇聚在最后一个小分辨率的特征图中。

DeepLab V3 重新审视了 DeepLab V2 中提出的 ASPP，其在特征映射的顶层并行应用了四个具有不同采样率的空洞卷积。ASPP 的灵感来自于空间金字塔池化，它表明在不同尺度上采样特征是有效的。不同于上一个版本，DeepLab V3 的 ASPP 中包括了 BN。不同采样率的 ASPP 能有效地捕捉多尺度信息。但随着采样率的增加，滤波器的有效权重（指权重应用于特征区域，而不是填充 0 的部分）逐渐变小，如图6.15所示。

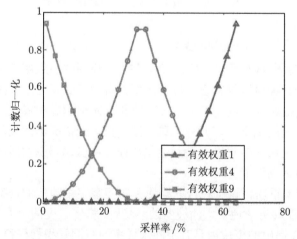

图 6.15   不同采样率的 ASPP 效果示意图 [9]

当在 65×65 大小的特征图上应用不同采样率的 3×3 卷积时，比率值已经接近于特征映射大小的极端情况，这时的 3×3 卷积核已经无法捕获整个图像上下文信息，而是退化为一个简单的 1×1 卷积核，因为此时只有中心点的权重才是有效的。为了解决这个问题，并将全局上下文信息纳入模型，DeepLab V3 采用了图像级特征。具体来说，DeepLab V3 在模型的最后一个特征图采用全局平均池化，将重新生成的图像级别的特征提供给有 256 个滤波器的 1×1 卷积，然后双线性插值将特征提升到所需的空间维度。

最后，改进后的 ASPP 模块如图6.16所示。当 output_stride=8 时会进行采样率的加倍，然后将所有分支的特征图通过一个 1×1 卷积（有 256 个滤波器和BN）连接起来，送入最后的 1×1 卷积以产生最终得分。

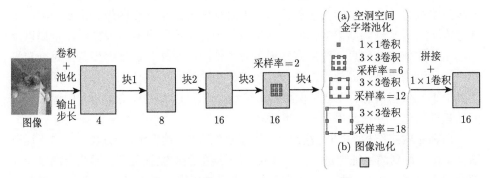

图 6.16　改进后的 ASPP 模块结构图 [9]

DeepLab V3+ [10] 最大的改进是将 DeepLab 的 DCNN 部分看作编码器，将DCNN 输出的特征图上采样成原图大小的部分看作解码器，构成编解码器体系。双线性插值上采样便是一个简单的解码器，而强化解码器能使模型整体在图像语义分割边缘部分取得良好的结果。

具体来说，DeepLab V3+ 在步长为 16 的 DeepLab V3 模型输出上采样四倍后，将 DCNN 中 0.25 倍的输出使用 1×1 的卷积降维后与之连接，再使用 3×3 卷积处理后双线性插值上采样 4 倍后，得到相对于 DeepLab V3 更精细的结果。

DeepLab V3+ 提出了一个编解码器结构，其包含 DeepLab V3 作为编码器和高效的解码器模块。该编解码器结构中可以通过空洞卷积来平衡精度和运行时间，这是之前的编解码器结构做不到的。此外在语义分割任务中采用 Xception 模型并采用深度可分离卷积，从而使算法更快更有效。

6.3.6 基于循环神经网络的模型

1. ReSeg

ReSeg[11] 网络基于利用 RNN 来进行图像分类任务的 ReNet 网络,对 ReNet 进行修改以执行语义分割任务。每个 ReNet 层均由四个 RNN 组成,它们在水平和垂直这两个方向上扫描图像、图块(Patch),并提供相关的全局信息。除此之外,得益于通用的局部特征信息,ReNet 层可以被直接堆叠在预训练的卷积层之上。上采样层则设置在 ReNet 层之后,以在最终预测中恢复原始图像的分辨率。

通常用于完成语义分割任务的网络模型是卷积神经网络。在 CNN 中增加卷积层能提高网络对图像特征的提取能力,但也会严重缩小输入到网络中的图像分辨率。在语义分割任务中,图像的低分辨率会影响分割结果的精确度。在基于全卷积网络的方法中,虽然大多数采用了上采样的方法来恢复图像分辨率,减小了低分辨率对语义分割结果的影响,但是没有考虑到保留具有重要作用的全局以及局部上下文依赖性信息。这些方法通常将条件随机场作为后处理步骤,对全卷积网络的预测结果进行局部平滑来改善语义分割结果,但是仍未充分利用图像的长距离上下文依赖信息。与全卷积网络相比,RNN 可以有效地检索得到图像全局空间依赖性信息,并凭此提升分割准确率。

ReSeg 网络结构如图6.17所示。输入图像需送入预训练的 VGG-16 网络提取图像特征,得到的特征图进一步经由 ReNet 层的图块交换处理,捕获全局以及局部空间上下文依赖性信息。一个或者多个上采样层用于对 ReNet 层处理后得到的特征图进行上采样,恢复图像的分辨率,再应用 Softmax 函数计算出图像每个像素点上的类别概率分布。ReSeg 网络中的循环层是整个网络的核心结构,该循环层由多个 RNN 组成。循环层可以用经典的 Tanh RNN 层(Vanilla Tanh RNN Layer)、门控循环单元层(Gated Recurrent Unit Layer,GRU Layer)或者一个长短期记忆层(Long Short-Term Memory Layer,LSTM Layer)完成实现。ReSeg 网络选择使用 GRU,因为 GRU 在内存使用和计算能力之间能够取得良好的平衡。

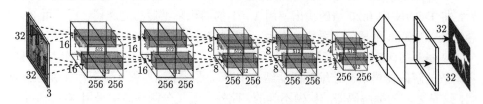

图 6.17   ReSeg 网络结构图 [11]

基于 ReNet 结构的循环层对图像的处理过程可如下简述。给定一个图像或特征图$X \in \mathbb{R}^{H \times W \times C}$,则 X 将其划分为$I \times J$ 个图块,每一个图块$p_{i,j} \in \mathbb{R}^{H_p \times W_p \times C}$

（其中 H_p、W_p 分别表示图块的高度和宽度）。用两个 RNN 模块 $f^\uparrow$ 和 $f^\downarrow$（每个 RNN 包含 U 个回归单元）在图像或特征图的竖直方向上分别自底向上、自顶向下进行扫描，每一列图块的 RNN 处理过程均为相互独立的并行处理。为加快图像扫描速度以及降低内存使用量，单位时间内 RNN 读取一个不重叠的图块 $p_{i,j}$，基于之前的状态 $z_{i-1,j}$ 来生成投影 $o^*_{i,j}$ 并更新状态 $z^*_{i,j}$。将竖直方向的投影结果 $o^\downarrow_{i,j}$ 和 $o^\uparrow_{i,j}$ 拼接得到合成特征图 $O^\updownarrow$，为保证水平方向 RNN 扫描得到的结果与其有相同粒度，不将 $O^\updownarrow$ 划分图块，直接用 $f^\leftarrow$ 和 $f^\rightarrow$ 扫描并处理图像每一行，得到拼接后的特征图 $O^\leftrightarrow$。上述内容中的竖直方向的投影结果 $o^\downarrow_{i,j}$ 和 $o^\uparrow_{i,j}$ 的生成过程可由式 (6.20) 和式 (6.21) 简要表达：

$$o^\downarrow_{i,j} = f^\downarrow \left(z^\downarrow_{i-1,j}, p_{i,j} \right), \quad i = 1, \cdots, I \tag{6.20}$$

$$o^\uparrow_{i,j} = f^\uparrow \left(z^\uparrow_{i+1,j}, p_{i,j} \right), \quad i = I, \cdots, 1 \tag{6.21}$$

为获取和原始图像相同分辨率的预测结果，可以用全连接层、全卷积层和转置卷积等方法实现上采样。对于语义分割任务，由于全连接层的方式没有考虑输入的拓扑关系，全卷积层的方式需要大卷积核和较大步长才能得到上采样所需的倍数，转置卷积的方式计算量较小且内存可高效使用，因此 ReSeg 网络采用转置卷积的方法实现上采样层。

综上所述，基于 RNN 的 ReSeg 网络高效且灵活，在 Weizmann Horses 数据集上 mIoU 指标可达 91.6%，在 Oxford Flowers 数据集上可达 93.7%，在 CamVid 数据集上则可达到 58.8%，效果较之前的一系列语义分割方法更好。

2. Graph LSTM

语义分割方法常用的 CNN 结构只能捕获有限的局部上下文信息，不能捕获精确推理语义部分布局及其交互所需的全局上下文信息。此外，添加了 CRF 的 CNN 方法在获取全局信息时没有显式增强特征表示，因此这种方法在复杂场景下的语义分割结果不是最优的。多维度的 LSTM 方法可通过顺序作用于所有像素来记忆长距离依赖关系，但这些 LSTM 方法大多数仅用预定义的固定拓扑，而且会产生大量冗余计算，而新型 Graph LSTM 网络 [12] 可以解决上述网络的缺陷。

Graph LSTM 网络结构如图6.18所示。输入图像先通过卷积层生成卷积特征图，然后根据生成的对应的超像素图，用 Graph LSTM 模块去利用卷积特征图的全局结构上下文信息进行细粒度预测。Graph LSTM 以每幅图像的卷积特征和基于置信度图来自适应指定的节点更新序列作为输入，将聚合的上下文信息传播到所有节点。为提高网络收敛速度，Graph LSTM 网络在 Graph LSTM 层之后使用残差连接，以生成下一个 Graph LSTM 层的输入特征，最终使用多个 1×1 卷积滤波器来获取分割结果。

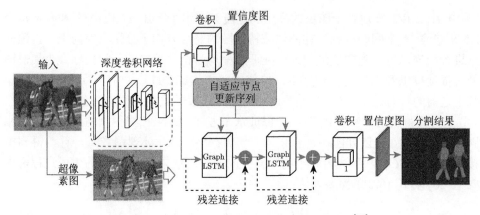

图 6.18   Graph LSTM 语义分割网络结构图 [12]

网络中的超像素图使用 SLIC 方法得到。为了在每个 Graph LSTM 层中使用超像素图进行图的构建，需要先将特征图上采样为原图像同大小，然后经由图边$\{\epsilon_{ij}\}$ 连接一组图节点$\{v_i\}_{i=1}^N$ 来构建每个图像的超像素图 $\mathcal{G}$。每个图节点 v_i 表示一个超像素，而每条图边ϵ_{ij} 仅连接空间上相邻的两个超像素节点。每个图形节点的输入特征被表示为$f_i \in \mathbb{R}^d$，其中 d 是特征尺寸。特征f_i 通过对属于同一超像素节点的所有像素的特征求平均来计算。

Graph LSTM 方法为每幅图像的信息传播指定了自适应的起始节点和节点更新顺序，对于构造的无向图 $\mathcal{G}$ 则采用置信度驱动搜索更新所有节点。在给定卷积特征图的情况下，1×1 的卷积滤波器可用于生成关于每个语义标签的初始置信度图。然后通过对其包含像素的置信度求平均来计算每个标签类别的每个超像素的置信度，并将置信度最高的类别分配给该超像素。在所有前景超像素中，置信度高的节点被优先更新。

使用自适应更新方案时，当在每个 Graph LSTM 层中的特定节点上操作时，它的一些相邻节点已经更新，而其他节点可能还没有更新。Graph LSTM 使用访问标志 q_j 来指示图形节点v_j 是否已被更新，其中如果更新则将 q_j 设置为 1，否则设置为 0。然后将更新后的隐藏状态 $h_{j,t+1}$ 用于已访问节点，并将先前状态 $h_{j,t}$ 用于未访问节点；$|\mathcal{N}_{\mathcal{G}}(i)|$ 表示相邻图节点的数目。为了在网络训练期间获得 Graph LSTM 单元的输入的固定特征维度，通过平均相邻节点的隐藏状态来获得用于计算节点的 LSTM 门的隐藏状态，表示如下：

$$\overline{h}_{i,t} = \frac{\sum_{j \in \mathcal{N}_{\mathcal{G}}(i)} (\underline{1}(q_j = 1) h_{j,t+1} + \underline{1}(q_j = 0) h_{j,t})}{|\mathcal{N}_{\mathcal{G}}(i)|} \tag{6.22}$$

整体 Graph LSTM 由五个门组成：输入门g^u、遗忘门g^f、自适应遗忘门$\overline{g}^f$、

存储门g^c和输出门g^o。W^u、W^f、W^c、W^o为输入特征指定的递归门权重矩阵，而U^u、U^f、U^c、U^o为节点的隐藏状态指定的权重参数，U^{un}、U^{fn}、U^{cn}、U^{on}为相邻节点的状态指定的权重参数。若简单地设W，U表示所有权重矩阵的级联，$\{Z_{j,t}\}_{j \in \mathcal{N}_\mathcal{G}(i)}$表示相邻节点的所有相关信息，则可以使用 Graph LSTM$(\cdot)$ 来表述隐藏状态和记忆状态的更新过程：

$$(h_{i,t+1}, m_{i,t+1}) = \text{Graph LSTM}\left(f_{i,t+1}, h_{i,t}, m_{i,t}, \{Z_{j,t}\}_{j \in \mathcal{N}_\mathcal{G}(i)}, W, U, \mathcal{G}\right) \quad (6.23)$$

Graph LSTM 在多个数据集上均取得优秀结果，此方法利用超像素图，结合了 LSTM 以及图的相关概念知识进行语义分割对象的解析，为语义分割解析任务提供了新思路。

6.3.7　基于注意力机制的方法

1. Attention to Scale

将多尺度特征纳入 FCN 中已成为提升语义分割性能的关键要素。提取多尺度特征的一种常用方法是将多个调整为不同大小的输入图像馈送到共享的深度网络，然后合并生成的特征以进行像素分类。Attention to Scale [13] 使用了注意力机制，将语义分割网络与多尺度输入图像和注意力模型共同训练。Attention to Scale 建议使用的注意力模型不仅效果优于平均池化和最大池化，而且能够可视化出不同位置和尺度比例的特征的重要性。

Attention to Scale 的主干卷积网络使用 DeepLab-LargeFOV 网络。基于 Share-Net 的网络结构，Attention to Scale 将待分割图像调整为不同的 S 个尺度大小，每张不同大小的图像都送入权重共享的主干网络 DeepLab 中并最终生成对应图像的得分图。得到的不同大小的得分图同注意力模型计算出的注意力权重图相乘，再使用双线性插值法将不同尺度的特征图调整为相同大小，随后将特征图进行加权求和得到分割结果，网络结构如图6.19所示。

获取注意力权重图的过程如下。输入不同尺度的图像后，从主干网络 DeepLab 的未经过 Softmax 函数的最后一层卷积层中提取出特征图h_i^s，将特征图送入基于 FCN 结构的注意力模型中，即可处理得到对应尺度的注意力权重图。注意力模型由两层卷积层构成，第一层包括 512 个 3×3 的卷积核，第二层包括 S 个 1×1 的卷积核。对应特征图像素位置的注意力权重 w_i^s 由式 (6.24) 计算得到：

$$w_i^s = \frac{\exp\left(h_i^s\right)}{\displaystyle\sum_{t=1}^{S} \exp\left(h_i^t\right)} \quad (6.24)$$

它决定了在进行语义分割时，每个位置和尺度的像素应该被赋予多少关注度。该注意力模型计算的是每个尺度和位置上像素的软权重，允许损失函数进行梯度反向传播，因此可以同主干网络进行联合训练，让模型可以自适应地找到每个尺度上的最佳权重。

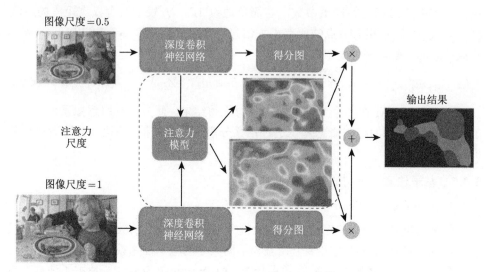

图 6.19　　Attention to Scale 网络结构图 [13]（见彩图）

该方法除了在最终的分割结果处使用交叉熵损失函数进行监督外，还在主干网络 DeepLab 网络的不同尺度图像输出结果处进行额外的监督，让即将进行合并的特征图更加具有区分性。训练过程中，用于监督的 Ground Truth 图像被下采样到对应的尺度再计算交叉熵损失。综上所述，网络总体共使用了 $S+1$ 个交叉熵损失函数进行监督学习。

2. RAN

在语义分割任务中，我们可以观察到两个现象：高级语义特征可能在不同类别之间共同分享，也就是说同一个区域或像素上，可能在多个类别上的预测概率都很强，这种区域就叫困惑区域；对象和背景过于复杂，可能导致对目标对象的预测概率变得更低。在这些困惑区域中，两个或多个类共享相似的空间模式，很容易出现分类错误。反向注意力网络 [14]（Reverse Attention Network，RAN）可以解决这一现象带来的问题。

如图6.20所示，RAN 网络主要包含三个网络分支：原始分支、反向分支以及注意力分支。在 RAN 网络的原始分支中，输入的待分割图片经过基于 ResNet-101 的 DeepLab V2 主干网络，可以提取出图像的特征图，经过网络最后的卷积层生成一张预测的语义图，将其进行上采样获取原始尺寸的预测结果。在反向分支中，为了获取相反的类，需要将所有类的响应值的符号反转，然后将其输入基于 Softmax 的分类器中, 此操作由反向分支中的 NEG 块实现。最后该分支得到的预测结果同样需要进行上采样。

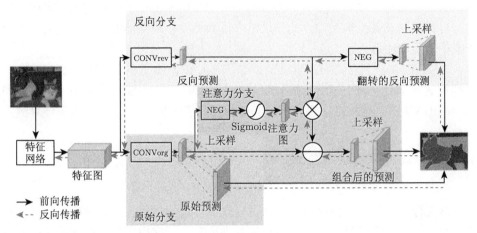

图 6.20 RAN 网络结构图 [14]

合并原始分支和反向分支结果可直接从原始预测中减去反向预测结果。由于反向预测结果不一定和正向预测结果一样好, RAN 设计了注意力分支, 将在原始分支中的预测结果经过 NEG 模块得到反向预测结果, 再经过 Sigmoid 函数将反向注意力图的像素值归一化到 [0,1] 区间中。上述过程使得原先图像中比较小或者被忽略的区域被强调; 相反地, 正面的响应在注意力分支中被抑制。对于具有比较高的正响应值的区域, 不再考虑它的反向预测结果; 对于响应值很小的区域, 需要考虑它的反向预测结果。上述过程可描述为

$$I_{\text{ra}}(i,j) = \text{Sigmoid}\left(-F_{\text{CONV}_{\text{org}}}(i,j)\right) \tag{6.25}$$

其中, $F_{\text{CONV}_{\text{org}}}(i,j)$ 表示卷积得到的原始预测结果图; (i,j) 表示像素的位置, 对其中的像素值均取负值, 并经由 Sigmoid 函数处理, 即可得到反向注意力图 I_{ra}。将得到的注意力图同反向分支的预测结果进行像素级相乘, 再从原始分支的预测结果中减去注意力图相乘后的反向预测结果, 上采样即可得到最终的预测语义图。

经过实验证明, 式 (6.26) 中的归一化策略相比不使用该归一化策略, 能够提供更快的收敛速度:

$$I_{\text{ra}}(i,j) = \text{Sigmoid}\left(\frac{1}{\text{Relu}\left(F_{\text{CONV}_{\text{org}}}(i,j)\right) + 0.125} - 4\right) \tag{6.26}$$

$F_{\text{CONV}_{\text{org}}}$ 先被归一化到 $[-4,4]$ 区间中, 确保在对预测结果图进行 Sigmoid 处理前分布更加均匀。针对结果图中的负值, 利用 ReLU 操作缩减到 0 值, 用上面公

式中的参数 0.125 和参数 −4 确保其在 [−4, 4] 区间内。

RAN 网络的三个分支都需要使用交叉熵损失函数同时进行监督。原始分支预测损失和反向分支预测损失使 CONVorg 卷积层和 CONVrev 卷积层可以并行学习目标类别及其反向类别。此外，组合预测损失使网络能够学习到反向注意力分支中的反向注意力。

RAN 在稍具挑战性的 PASCAL Context 数据集上的平均交并比（mIoU）指标可达到 48.0 %，使用上述公式的归一化策略还能够提升结果到 48.1%，和 DeepLab V2 的基线标准结果相比 mIoU 值提高了 4.6%，在当时取得了还算满意的结果。

6.3.8 生成模型和对抗训练

1. 针对语义分割的对抗训练方法

语义分割中常用的监督学习方法虽能取得不错的结果，但高精确度的标签获取困难。无监督学习虽然不需要带标签的训练数据，使用大量易获取的无标签数据即可训练网络模型，但这些网络模型缺乏类的概念，仅试图识别一致的区域以及边界，因此预测结果并不理想。半监督学习方法是监督学习和无监督学习的折中之策，半监督学习方法仅需要一部分带标签的训练数据，另一部分使用无标签训练数据即可。假设如果两个数据点 x_1、x_2 在输入的特征空间里相近，则它们对应的输出类别 y_1、y_2 也应该是相近的。这个假设可说明无监督训练数据在深度神经网络中可充当正则化器，从而提高其泛化能力。基于这个假设，可以将语义分割网络同 GAN 以及半监督思想相结合 [15]，生成器生成的大量合成数据可以帮助判别器学习更多的图像语义特征，以便更好地完成语义分割任务。

下面介绍两种半监督学习方法用于语义分割：基于 GAN 生成器的半监督学习网络、基于条件 GAN 生成器的带有弱标签数据的弱监督学习网络。两种方法的判别器网络均用带有反卷积层的 VGG-16 网络代替传统 GAN 的判别器。假设分割类别数为 K，判别器则有 $K + 1$ 个类别的输出，多出来的分类类别为假样本类别。对于全卷积化的判别器，其分类结果是输入图片大小的密集预测。和传统 GAN 的判别器网络不同，全卷积网络判别器从判断每一个样本的真伪变为判断每一个像素的真伪，让假样本通道和 K 类分割输出通道结合。第一种方法如图6.21所示，带标签数据、无标签数据以及假数据被输入到判别器中，判别器及生成器需优化的损失函数可分别如式 (6.27) 和式 (6.28) 描述：

$$\mathcal{L}_D = -\mathbb{E}_{x \sim p_{\text{data}}(x)} \log(D(x)) - \mathbb{E}_{z \sim p_z(z)} \log(1 - D(G(z)))$$
$$+ \gamma \mathbb{E}_{x,y \sim p(y,x)}(CE(y, P(y|x, D))) \tag{6.27}$$

$$\mathcal{L}_G = \mathbb{E}_{z \sim p_z(z)}(\log(1 - D(G(z)))) \tag{6.28}$$

其中，判别器损失函数公式 (6.27) 的第一项用于无标签数据，旨在降低像素属于假类的可能性；第二项表示有标签数据中的所有像素都应正确分类为 K 个可用类别之一；第三项旨在促使判别器将真实样本与生成器生成的假样本区分开。

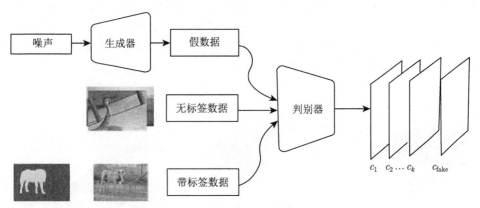

图 6.21 半监督 GAN 网络结构图 [15]

对于第二种半监督学习方法，使用条件 GAN 可以利用图像类别信息辅助生成器和判别器的无标签数据训练过程。因此，该方法的判别器输入为带有类别信息的无标签数据、带标签数据以及生成器生成的假数据。判别器的损失函数如下：

$$\mathcal{L}_D = -\mathbb{E}_{x,l \sim p_{\text{data}(x,l)}} \log(p(y \in K_i \subset 1 \cdots K|x)) - \mathbb{E}_{x,l \sim p_{z,l}(x,l)} \log(p(y = \text{fake}|x))$$
$$+ \gamma \mathbb{E}_{x,l \sim p(y,x)}(CE(y, P(y|x,D))) \tag{6.29}$$

其中，各项分别计算：属于数据分布$p_{\text{data}(x,l)}$ 的弱标记数据损失、不属于真实分布的生成样本损失、正确分类的带标签数据的像素损失。

上述方法利用生成对抗网络以及半监督学习方法进行语义分割，为语义分割任务开创了新的解决思路。半监督网络以及弱监督网络在 VOC 2012 数据集上 mIoU 指标分别取得 64.1% 以及 65.8% 的结果，相比较监督学习的基线模型的分割效果有较大提升。

2. 使用对抗网络进行半监督语义分割的方法

本节方法 [16] 采用了基于 GAN 的半监督学习方法，将分割网络作为 GAN 的生成器，生成器输出概率图，用 GAN 结构来保证分割网络的输出结果在空间上更靠近真实图像的概率分布；判别器则采用全卷积网络结构，引导分割网络生成器生成接近 Ground Truth 的分割概率图。此外，在推断测试阶段不需要该判别器，因此测试阶段不会增加计算量。

该网络模型如图6.22所示。生成器使用 DeepLab V2 语义分割网络，为保证训练阶段可以同时训练生成器网络和判别器网络，需将原 DeepLab V2 方法中占用大量 GPU 存储的多尺度融合去除；为让生成器网络的输出结果可达到输入图像分辨率大小的 1/8，去掉了最后一个分类层，并将最后两个卷积层的步长由 2 修改为 1；为扩大感受野，将空洞卷积应用于步长为 2 和 4 的网络 conv4 层和 conv5 层。此外，生成器网络的最后一层使用了 ASPP 结构，并应用一个上采样层和 Softmax 输出来匹配输入图像的大小。

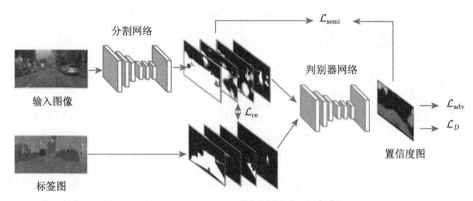

图 6.22   半监督分割网络结构图 [16]

生成器网络的损失函数由三部分组成:交叉熵损失、对抗损失、半监督损失。训练带标签数据时采用交叉熵损失和对抗损失函数。给定输入图像X_n、对应的 one-hot 编码的 Ground Truth 标签图Y_n 以及网络预测结果$S(X_n)$，对于每个 (h,w) 位置的 c 类别通道的像素计算交叉熵损失:

$$\mathcal{L}_{\text{ce}} = -\sum_{h,w} \sum_{c \in C} Y_n^{(h,w,c)} \log\left(S\left(X_n\right)^{(h,w,c)}\right) \tag{6.30}$$

根据判别器网络的结果$D(S(X_n))$，对抗损失用于让网络进行对抗学习，即让生成器生成和 Ground Truth 更相似的分布结果，其公式如下:

$$\mathcal{L}_{\text{adv}} = -\sum_{h,w} \log\left(D\left(S\left(X_n\right)\right)^{(h,w)}\right) \tag{6.31}$$

训练无标签数据时采用半监督损失函数，由于训练好的判别器能生成图像的置信度图，可利用该置信度图强调值得信赖的区域，从而优化生成器网络。在半监督损失函数中利用阈值T_{semi} 控制自学习过程的敏感度，$I(*)$ 代表指标函数，该损失函数可看作一个掩膜后的空间交叉熵损失:

$$\mathcal{L}_{\text{semi}} = -\sum_{h,w} \sum_{c \in C} I\left(D\left(S(X_n)\right)^{(h,w)} > T_{\text{semi}}\right) \cdot \hat{Y}_n^{(h,w,c)} \log\left(S\left(X_n\right)^{(h,w,c)}\right) \tag{6.32}$$

　　判别器网络为全卷积网络结构，该结构由五个步长为 2、卷积核大小为 4×4 的卷积层构成，除最后一层外，每个卷积层都使用 Leaky-ReLU 激活函数；网络最后加入上采样层，以便将结果恢复到原始图像分辨率大小。该方法的判别器网络未使用任何批量归一化层，因为批量归一化层只有在同一批输入网络的图像足够多时才能够起到更好的作用。

　　采用半监督学习思路的分割方法，基于生成对抗网络的生成器-判别器结构进行网络模型设计，利用了无标签数据增强训练效果，在语义分割数据集上取得了较好的结果，虽和顶尖语义分割方法相比逊色一些，但半监督学习的思路仍具有一定的创新性。

6.4　本 章 小 结

　　图像分割是图像处理和计算机视觉中的关键主题，其应用包括场景理解、医学图像分析、机器人感知、视频监视、增强现实和图像压缩等。而近年来，由于深度学习模型在各种视觉应用中的成功，已经有大量的工作旨在使用深度学习模型开发图像分割方法。在本章中，我们对最近图像分割传统方法和最近使用深度学习的文献进行全面回顾，涵盖了语义分割的开创性工作的拓展，包括全卷积像素标记网络、编码器-解码器体系结构、多尺度和对抗环境中基于金字塔的方法、递归网络、视觉注意力模型和生成模型等。而图像分割在深度学习领域的应用，还有很长的路要走。

参 考 文 献

[1] Vincent L, Soille P. Watersheds in digital spaces: An efficient algorithm based on immersion simulations. IEEE Transactions on Pattern Analysis and Machine Intelligence, 1991, 13(6): 583–598.

[2] Long J, Shelhamer E, Darrell T. Fully convolutional networks for semantic segmentation. IEEE Conference on Computer Vision and Pattern Recognition, Boston, 2015: 3431–3440.

[3] Chen L C, Papandreou G, Kokkinos I, et al. Semantic image segmentation with deep convolutional nets and fully connected CRFs. arXiv preprint arXiv:1412.7062, 2014.

[4] Badrinarayanan V, Kendall A, Cipolla R. SegNet: A deep convolutional encoder-decoder architecture for image segmentation. IEEE Transactions on Pattern Analysis and Machine Intelligence, 2017, 39(12): 2481–2495.

[5] Ronneberger O, Fischer P, Brox T. U-Net: Convolutional networks for biomedical image segmentation. Medical Image Computing and Computer-Assisted Intervention, Boston, 2015: 234–241.

[6]   Lin T Y, Dollár P, Girshick R, et al. Feature pyramid networks for object detection. IEEE Conference on Computer Vision and Pattern Recognition, Honolulu, 2017: 2117–2125.

[7]   Zhao H, Shi J, Qi X, et al. Pyramid scene parsing network. IEEE Conference on Computer Vision and Pattern Recognition, Honolulu, 2017: 2881–2890.

[8]   Chen L C, Papandreou G, Kokkinos I, et al. DeepLab: Semantic image segmentation with deep convolutional nets, atrous convolution, and fully connected CRFs. IEEE Transactions on Pattern Analysis and Machine Intelligence, 2017, 40(4): 834–848.

[9]   Chen L C, Papandreou G, Schroff F, et al. Rethinking atrous convolution for semantic image segmentation. arXiv preprint arXiv:1706.05587, 2017.

[10] Chen L C, Zhu Y, Papandreou G, et al. Encoder-decoder with atrous separable convolution for semantic image segmentation. European Conference on Computer Vision, Munich, 2018: 801–818.

[11] Francesco V, Romero A, Cho K, et al. ReSeg: A recurrent neural network-based model for semantic segmentation. IEEE Conference on Computer Vision and Pattern Recognition Workshops, Las Vegas, 2016: 41–48.

[12] Liang X, Shen X, Feng J, et al. Semantic object parsing with graph LSTM. European Conference on Computer Vision, Amsterdam, 2016: 125–143.

[13] Chen L C, Yang Y, Wang J, et al. Attention to scale: Scale-aware semantic image segmentation. IEEE Conference on Computer Vision and Pattern Recognition Workshops, Las Vegas, 2016: 3640–3649.

[14] Huang Q, Xia C, Wu C, et al. Semantic segmentation with reverse attention. British Machine Vision Conference, London, 2017.

[15] Souly N, Spampinato C, Shah M. Semi and weakly supervised semantic segmentation using generative adversarial network. arXiv preprint arXiv:1703.09695, 2017.

[16] Hung W C, Tsai Y H, Liou Y T, et al. Adversarial learning for semi-supervised semantic segmentation. arXiv preprint arXiv:1802.07934, 2018.

第 7 章　多任务学习

本章将前面章节中所介绍的不同语义层次的方法联系起来，重点讨论几类结合不同语义信息和任务的方法案例，包括图像与图像边缘、图像与图像平滑、图像与语义分割和图像与图像增强，说明图像和它的这几种不同表示之间的关系，并从直觉解释、公式说明和文章案例三个主要方面来说明这些表示对其他视觉任务的辅助作用。

7.1　图像与图像边缘

我们在绘画时往往都会先画出由线条构成的画作的草图，这些草图一般包含了图像的基本结构，决定了整幅画作的主要内容。图像与边缘的关系就类似于画作与草图的关系：图像的边缘信息往往与图像的主要内容息息相关，蕴含着丰富的信息。正因如此，二者之间的转换自然也就吸引了很多学者的注意。

在深度学习方法出现之前，人们主要使用在第 1 章中介绍的传统边缘提取算子。这些传统的边缘检测算子还没有考虑高语义特征，因而在一些复杂的场景（如 BSDS 数据集 [1]）中，它们往往难以取得令人满意的效果。近年来，一些研究者开始提出使用数据驱动的方法，联合颜色、亮度、梯度特征来提高边缘检测算法的性能。一些主要的例子包括 StructuredEdge [2]、DeepEdge [3] 和 HED [4] 等。

传统的从边缘到图像的转换往往使用词包的方法，其中图像的内容由预定义的关键词集合构建。这样的方法是无法准确地构建细粒度尤其是边缘附近的信息的。在近期的深度学习方法中，绘画的草图上色任务 [5-7] 及边缘到图像转换任务 [8] 中的大部分工作都选择了使用生成对抗模型 [9] 来完成。从 Pix2pix [8] 方法中我们可以得到启发：只要有足够多的训练数据，就可以将图像语义信息从一种表示方式"翻译"为另外一种表示方式，例如，从语义分割图到自然图像、边缘到图像、绘画草图上色、黑白图像上色等。由此可见，利用边缘图、语义分割图等语义信息进行先验引导对于图像超分、补全等任务应该是有益的。

在后面内容中，将从出发点、形式化描述等方面介绍几类结合边缘信息的多语义方法，并结合具体文献说明这些方法的可行性。

7.1.1 边缘引导的图像补全

很多图像补全任务对于待补全的区域都无法生成合适的结构，往往只能得到过于平滑、过于模糊的结果，而如果采用边缘进行引导的方式来帮助图像进行补全，就能够给图像的待补全区域预先提供一个结构框架，对生成内容进行约束，避免细节区域出现过平滑或模糊。对于边缘引导的图像补全任务，我们可以先将缺失部分的边缘补充完整，再在边缘的引导下结合图像的剩余信息对缺失部分进行修复，这样就可以分解图像补全的过程，降低任务的难度，我们将该方法形式化描述如下。

（1）边缘预测：设 I_{gt} 为完整图像，它的灰度图和边缘图分别记为 I_{gray} 和 E_{gt}，设掩码 M 中 1 表示缺失区域，0 表示正常区域，边缘图预测的过程可以形式化表示为

$$E_{pred} = f_1\left(I_{gray} \odot (1 - M), E_{gt} \odot (1 - M), M\right) \tag{7.1}$$

其中，f_1 是边缘预测网络，它的输入一般由未被遮掩区域的灰度图和边缘图以及掩码组成。输出 E_{pred} 表示对包括缺失区域在内的完整图像的边缘预测。

（2）边缘引导的图像补全：通过上面步骤获得修复完成的边缘之后，就可以结合融合后的边缘图 $E_{comp} = E_{gt} \odot (1 - M) + E_{pred} \odot M$ 以及待补全的图像得到补全后的图像 $I_{pred} = f_2(I_{gt} \odot (1 - M), E_{comp})$，其中 f_2 为图像补全网络。

使用这种模式进行图像补全的方法有 EdgeConnect [10] 以及 GIEC [11] 等，下面对这两种方法进行具体介绍。

EdgeConnect 的边缘补全和图像补全网络采用了生成对抗式的训练，在边缘补全阶段将待补全图像的灰度图、边缘和图像掩码作为输入，通过一个图像变换网络 [12] 也就是生成器来生成修复后的边缘（这和前面提到的使用 pix2pix 转换图像的不同表示的观点是一致的），并使用真实的边缘和修复的边缘分别作为辨别器的输入，用来判断生成的边缘的真假。这一方法中还利用了特征对齐损失来对齐生成图像和真实图像的特征，从而加速边缘生成器的训练（这与感知损失 [12] 的思想是类似的）。随后的图像补全网络同样采用了对抗训练的方式，以补全后的边缘和待补全的图像作为输入，并将它们转换为修复完成的图像。图 7.1 是该方法的示意图，从左到右依次为完整图像、待补全图像、补全后的边缘图和优化后的清晰图像输出。

GIEC 方法与 EdgeConnect 方法的思路比较相似，不过该方法不仅将边缘信息作为了图像补全任务的先验，还引入了模糊后的图像作为全局颜色信息，和边缘结合在一起作为第二个阶段的输入来预测清晰的图像，从而得到补全后的输出。具体而言，完整边缘的预测和 EdgeConnect 的方法是基本一致的，而颜色图则是先对待补全图像通过基于 PatchMatch 的 CA 算法 [13] 来进行基本的补全。但由于 CA

算法是从完整区域随机选择像素来填充缺失区域的,并没有考虑语义信息,所以只能作为粗补全的结果。不过缺失区域和它周围区域的颜色差异并不是很大,于是该方法还使用一个较大的高斯核对 CA 的结果进行模糊,从而得到相对准确的全局颜色信息 F_{color},然后和边缘信息 E_{edge} 进行融合,即 $I_{\text{fuse}} = F_{\text{color}} \odot (1 - E_{\text{edge}})$。最后使用融合结果对清晰图像进行预测 $I_{\text{pred}} = G_c(I_{\text{fuse}})$(其中 G_c 为图像补全网络,受输入的边缘和颜色信息引导)。图 7.2 是该方法的示意图,从左到右依次为待补全图、全局颜色特征、融合后的特征和优化后的清晰图像输出。

图 7.1　边缘引导的图像补全示意图 [10]

图 7.2　边缘和颜色引导的图像补全示意图 [11]

7.1.2　边缘引导的图像超分辨率

图像超分任务需要以低分辨率的图像作为依据生成高分辨率的图像,是对图像缺失的细节进行补全,这与图像补全任务是类似的。一个有效的图像超分辨率方法不应该破坏图像原有的结构特征,因此在超分辨率图像中我们应该保持原图像的边缘信息。而如果先利用低分辨率的边缘对高分辨率的边缘进行预测,再将边缘作为先验来引导图像的超分任务,就可以降低图像超分任务的难度。仅对边缘进行超分任务是相对简单的,而超分边缘又可以为图像超分提供一个基本的结构信息,从而能够让超分后的图片的细节更加显著,一定程度上避免超分图像细节形状上的错位。

在图像超分任务中,对于给定的低分辨率输入图像 L,要学习它到高分辨率图像 H 的映射从而得到超分图像 S。在 SRCNN[14] 方法中先对低分辨率图像 L 进行插值得到和 H 等尺寸的图像 L',再对 L' 进行块提取表示、非线性映射和重建得到最后的超分图像 S。在 FSRCNN[15] 方法中,不使用插值进行预处理,而是先对输入图像 L 进行特征提取,然后经过收缩、非线性映射、放大,最后通过反卷积的方式将图像从特征空间直接映射到指定倍数的高分辨率的图像空间中。在边缘引导的图像超分任务中，一般将任务分解为两个分支，一个分支是对低分辨率图像的边缘 E_L 进行超分，即 $E_S = g(E_L)$；另一个分支则是利用边缘引导对低分辨率图像进行超分，即 $S = f(L, E_S)$。因为 L 和 E_S 尺寸的不同，E_S 对 L 的引导可能会穿插在这两者的前馈过程中，包括使用权值共享、特征融合等方式。

使用这种思路的方法有 EGSDISR [16] 和 SPSR [17]。EGSDISR 方法主要关注三维扫描设备生成的深度图像的超分辨率。为了实现深度图的超分，该方法首先通过双三次插值（Bicubic Interpolation）将图像上采样到目标分辨率，然后用 Canny 算子提取其边缘图。此时的边缘图很可能存在锯齿，为了消去这些锯齿，使用 Shock 滤波器 [18] 对边缘图进行平滑处理。该方法还需要使用马尔可夫随机场（Markov Random Filed，MRF）优化方法将边缘图进一步优化。在得到高分辨率的边缘图后，使用它来引导改进的联合双边上采样滤波器，从而得到深度图的超分结果。与基于样本或学习的超分辨率方法相比，通过高分辨率边缘的引导可以减轻由直接进行深度值预测产生的边缘模糊或环状等伪影问题。在给定低分辨率深度图像 D^l 的情况下，该方法的边缘提取过程可以表示为：首先应用双三次插值方法来上采样 D^l，使其达到与高分辨率深度图 D^h 相同的分辨率；然后利用 Canny 边缘检测器提取边缘，得到边缘图 E^r。不过由于从双三次插值深度中提取的边缘通常是不平滑的，并且包含锯齿状边缘，这将在用于指导深度图像插值时出现明显的伪影现象。于是为了获得更高质量的高分辨率边缘图，该方法还在边缘检测之前对双三次插值得到的深度图应用了 Shock 滤波器来作为后处理，从而平滑了上一步的边缘（这里定义为 E^s）。然而，平滑后的边缘图像仍然包含边缘周围的波浪图案伪影。因此，该方法还结合 E^r 和来自外部训练数据集的先验知识，将 E^s 细化为平滑的高分辨率边缘图 E^h：给定一个锯齿状的边缘图 E^r 和一个平滑的边缘图 E^s，该方法通过马尔可夫随机场框架以基于块的方式构造 E^h。MRF 的基本思想是在一定的似然性和相干性的约束下，从外部数据集获取高分辨率的边缘块。

SPSR 方法指出结构信息对图像超分辨率任务来说是相当重要的，所以应予以特别关注。从这一角度出发，该模型使用图像超分和梯度超分两个分支网络来实现图像超分辨率。模型以低分辨率图像作为输入，并将其传入图像超分网络和梯度超分网络。梯度超分网络的目标是从原始图像中估计超分图像的边缘图，而图像超分网络则负责生成超分图像。由于图像超分网络的中间层仍然包含结构信息，于是该方法还将图像超分网络的中间层结果输入到梯度超分网络某些中间层从而来辅助决策。随后，该方法对两个部分的输出进行融合，再经过后处理得到最终的图像超分结果。该模型的训练模式使用了生成对抗的方式，其网络的损失函数不仅包括超分图像的重建和对抗损失，还加入了超分梯度图的重建和对抗损失。图7.3是该方法的效果图。

图 7.3 边缘引导的图像超分辨率 [17] 效果图

7.1.3 边缘引导的语义分割

在语义分割任务中,分割图和不同语义分割部分的边缘之间的相关性非常强,我们将这种边缘称为语义边缘。语义分割的误差往往就是出现在语义边缘的区域,而出现这种问题的主要原因就是网络对语义边缘的估计还不够准确。如果能够先估计出较为准确的语义边缘,再对不同的语义区域进行分类,或者将语义边缘和语义分割进行分解再分别训练,就能够在一定程度上简化语义分割的任务。

对于输入的图像 I,语义分割的目标是为图像中的每个像素分配一个类别标签,进而将整张图像分割成若干互不相交的区域。在为某个像素分配类别标签时,不仅要考虑该像素的亮度、位置等属性,还要考虑它周边区域甚至更广范围内的像素的类别信息。像素局部的相关性可以由卷积神经网络中的互相关操作来进行捕获。记像素可选类别标签的数量为 N,模型应该输出包含 N 个通道的类别图 $C_{1,\cdots,N}$。因为对于一个像素我们往往只给定一个类别,且语义信息在自然图像上通常是连续的,所以类别和类别间的边界的确定对于语义分割任务的表现起着至关重要的作用。因此可以将语义分割任务分解为语义边缘预测和基于语义边缘的语义分割两个分支。即用语义边缘 E 引导 C 的生成 $C = f(I, E)$ 或者联合学习语义边缘和语义分割 $C, E = f(I)$。以边缘信息引导语义分割的例子主要有 DecoupleSegNet [19]、RPCNet [20] 以及 BES [21]。

DecoupleSegNet 从学习如何分解物体的整体和边缘入手,即图像的低频和高频信息,从而可以分别得到对图像中物体的整体和边缘的分割,再将它们融合在一起得到最后的输出。具体而言,给定特征图 $F \in \mathbb{R}^{H \times W \times C}$(其中 C 表示特征的通道数,$H \times W$ 表示图像的空间分辨率),该方法中的分割解耦模块可以输出优化后的等大特征图 $\hat{F}$。如前所述,可以基于假设 $F = F_{\text{body}} + F_{\text{edge}}$ 将输入的语义分割特征 F 分解为 F_{body} 和 F_{edge} 两部分,因此可以分别在不同的语义监督下设计处理这两部分的模块。如图 7.4 所示,该模块首先生成对象的主体特征,然后通过 $F - F_{\text{body}}$ 得到语义边缘特征 F_{edge},其中 $F_{\text{body}} = \phi(F)$。

进而可以通过等式 $\hat{F} = \phi(F) + \varphi(F_{\text{edge}}) = F_{\text{body}} + \varphi(F - F_{\text{body}})$ 得到优化后的特征 $\hat{F}$,其中 ϕ 是对象主体特征生成模块,φ 表示边缘保持模块。对象主体特

征生成模块收集对象内的上下文信息，为每个对象生成一个清晰的主体部分。我们知道一个对象内部的像素彼此之间比较相似，而边缘上的像素则差异较大，因此该方法引入了一个流场 $\sigma \in \mathbb{R}^{H \times W \times 2}$，用它来对原来的特征图进行变形从而获得更明显的主体特征表示。这个流场模型包括流场生成和特征变形两个部分，其中流场生成部分将物体中心部分的特征作为引导。通常而言，特征图中层次较深、分辨率较低的特征图往往包含低频部分，从而表示了图像中最显著的部分，于是该方法将它看作图像的伪中心点。

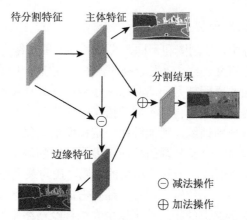

待分割特征　　主体特征

分割结果

边缘特征

⊖ 减法操作
⊕ 加法操作

图 7.4   DecoupleSegNet 的分割分解模块结构 [19]

在流场生成方面，该方法和 FlowNet-S [22] 使用相同的模式。具体而言，该方法先使用了一个编码器-解码器的结构，并使用编码器来下采样特征 F，得到低分辨率的低频特征 F_{low}；随后使用双线性插值将 F_{low} 上采样到和 F 相同的大小；然后将它们连接在一起使用三个连续的 3×3 深度可分离卷积来去掉特征表示中剩余的高频信息并预测流图 $\delta \in \mathbb{R}^{H \times W \times 2}$。对于特征变形部分，该方法将标准空间网格 Ω_l 中的每个位置 p_l 都通过 $p_l + \sigma_l(p_l)$ 映射到一个新的位置 $\hat{p}$，然后使用可导的双线性采样来拟合 F_{body} 中的每个点 p_x。该方法的采样机制使用了空间 Transformer 网络 [23]，它将 p_l 的四个最近邻像素进行线性插值，表示为 $F_{\text{body}}(p_x) = \sum\limits_{p \in \mathcal{N}(p_l)} w_p F(p)$，其中由流图 δ 计算的 w_p 表示变形空间网格上的双线性核权重，$\mathcal{N}$ 表示涉及的空间像素。而边缘保持模块用于处理高频信息，它首先从原特征图 F 中减去主体部分的特征；然后添加细粒度的低层级的特征 F_{fine} 作为丢失的细节信息的补充来增强 F_{edge} 中的高频信息；最后将二者连接在一起并使用一个 1×1 的卷积层用作融合。这一模型可以形式化表示为 $F_{\text{edge}} = \gamma((F - F_{\text{body}}) \| F_{\text{fine}})$，其中，$\|$ 表示连接操作。在监督方面，该方法联合了对 F_{body}、F_{edge} 和 $\hat{F}$ 三个部分的监督。在训练阶段，边缘保持模块首先预测边

界图 b，b 中包含了对图像中所有物体轮廓的二值表示及其类别。该方法中使用到的总的损失函数为

$$L = \lambda_1 L_{\text{body}}(s_{\text{body}}, \hat{s}) + \lambda_2 L_{\text{edge}}\left(b, s_{\text{final}}, \hat{b}, \hat{s}\right) + \lambda_3 L_{\text{final}}(s_{\text{final}}, \hat{s}) \tag{7.2}$$

其中，$\hat{s}$ 表示语义标签的真值；$\hat{b}$ 表示由 $\hat{s}$ 生成的二值掩码的真值；s_{body} 和 s_{final} 分别表示由 F_{body} 和 F_{final} 预测的分割图；$\lambda_1, \lambda_2, \lambda_3$ 是控制三个部分损失权重的超参；L_{body} 使用的是边界松弛损失 [24]，它仅对对象内的部分像素进行采样来进行训练。对于边缘部分，该方法提出了一种通过边缘预测部分得到的边界先验的综合损失 L_{edge}。L_{final} 是语义分割任务中常用的交叉熵损失。如前所述，对于语义分割，大多数最难以分类的像素就位于对象类之间的边界上。而且，对于同一个感受野中的像素，当一半以上的上下文像素都可能是其他类别时，模型对感受野中心的像素通常是不容易分类的。为解决这一问题，该方法提出在处理边界像素时就使用这样的边缘先验，并在训练过程中使用边缘阈值 t_b 执行在线难例挖掘（OHEM）算法。该方法中使用的总损失为

$$L_{\text{edge}}(b, s, \hat{b}, \hat{s}) = \lambda_4 L_{\text{bce}}(b, \hat{b}) + \lambda_5 L_{\text{ce}}(s, \hat{s}, b) \tag{7.3}$$

其中，L_{bce} 是用于边界像素分类的二元交叉熵损失；$L_{\text{ce}}(s, \hat{s}, b)$ 表示场景边缘部分的交叉熵损失，定义为

$$-\frac{1}{K} \sum_{i=1}^{N} w_i \cdot 1\left[s_{i,\hat{s}_i} < t_K \cap \sigma(b_i) > t_b\right] \cdot \log s_{i,\hat{s}_i}$$

其中，$K = 0.1N$，N 为图像中的像素总数；$\hat{s}_i$ 是像素的类别标签，$s_{i,j}$ 是像素 i 和类别 j 的预测后验概率；σ 表示 Sigmoid 函数。阈值 t_K 的设置方式是，仅选择前 k 个最高损失的像素，而阈值 t_b 用于屏蔽非边界像素。

　　RPCNet 方法同样把语义分割任务和语义边界检测任务联合起来进行学习，与 DecoupleSegNets 方法类似。它考虑在网络中共享这两种任务的语义信息，并分别使用不同的损失来优化这两个任务。在生成语义边界的输出前，该方法还将语义分割的概率图的梯度和边界概率图连接到一起，作为额外的语义边界概率图。

　　具体而言，该方法中的 RPCNet 是一个使用空洞卷积的残差神经网络，它的结构如图7.5所示。该方法首先从 ResNet101 的主干网络中提取不同尺度的特征。在经过这些卷积块后，将这些特征迭代式地输入到一系列金字塔上下文模块（Pyramid Context Module，PCM）中。

　　随后，网络在不同尺度上通过 PCM 块实现了语义分割和语义边界检测任务的交互。在每一层中，这两个任务都交替执行。经过一系列的 PCM 块之后，就可以得到用于语义分割和语义边界检测的精细特征图。记第 t 层的第 s 个 PCM 块导出的特征图为 F_s^t，当 $s = 0$ 时，表示的是从 ResNet 骨干网络中提取到的特征。

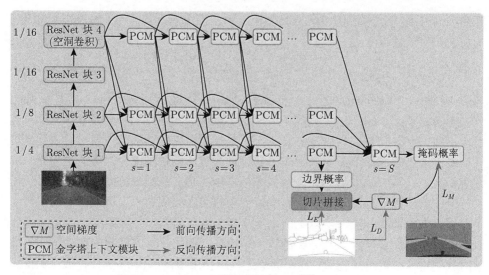

图 7.5　RPCNet 网络结构示意图 [20]（见彩图）

PCM 的结构如图7.6所示。在 PCM 中，首先利用全局池化的方式将高层特征图和当前层的特征图分割成多个块。随后将不同块的全局特征图送入对应的卷积层来获取全局的上下文信息。这些全局的上下文信息就可以用来改善语义分割或语义边缘提取任务的特征图。在第一层和第二层，上一层的特征图与本层特征图大小并不相等，所以还需要使用双线性插值的方法对特征图进行上采样，以保证这里的高层特征图与本层的特征图大小一致。

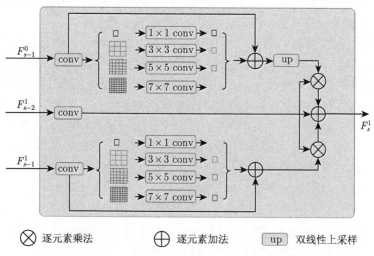

图 7.6　RPCNet 中 PCM 块的示意图 [20]

对于在第 t 层第 s 步输入的同一任务的特征图, PCM 使用更高层的另一任务的特征图 $F_{s-1}^{t'} \in \mathbb{R}^{H \times W \times C}$ 来改善它。PCM 通过全局池化的思想来获取全局上下文信息 $P_{G \times G}^{t'} \in \mathbb{R}^{H \times W \times C}$:

$$P_{G \times G}^{t'}(x,y) = \frac{1}{|S(x,y)|} \sum_{(h,w) \in S(x,y)} F(h,w) \tag{7.4}$$

其中, $x = 0, 1, \cdots, G-1$; $y = 0, 1, \cdots, G-1$; $S(x,y)$ 表示 (x,y) 处生成的块。通过将这些信息与输入信息 $F_{s-1}^{t'}$ 加和得到上下文特征图 $F_{\text{context}}^{t'}$。在 $F_{\text{context}}^{t'}$ 上采样到和 F_{s-2}^{t} 一致的尺寸后, 计算二者的逐元素积, 再将结果与 F_{s-2}^{t} 加和, 则 PCM 的输出 F_s^t 就可以表示为

$$
\begin{aligned}
F_s^t &= F_{s-2}^t + \sum_{0 \leqslant t' \leqslant t} F_{s-2}^t \odot F_{\text{context}}^{t'} \\
&= F_{s-2}^t + \sum_{0 \leqslant t' \leqslant t} \left(F_{s-2}^t \odot F_{s-1}^{t'} + \sum_{G \in \{1,3,5,7\}} F_{s-2}^t \odot F_G^{t'} \right)
\end{aligned}
\tag{7.5}
$$

经过一系列 PCM 块的迭代后, 就可以得到语义掩码的概率图 $M \in \mathbb{R}^{H \times W \times K}$ 和语义边界的概率图 $B \in \mathbb{R}^{H \times W \times K}$, 其中 K 是语义分割的最大类别数。为了进一步改善语义边界的质量, RPCNet 还从语义分割任务得到的概率图 B 中提取辅助语义边界概率图, 也就是语义分割概率图的空间梯度 ∇M, 定义为

$$\nabla M_{x,y} = |M_{x,y} - \text{pool}_k(M_{x,y})| \tag{7.6}$$

其中, x 和 y 代表概率图上的坐标; pool_k 代表使用大小为 k 的核进行自适应池化得到的结果。为了得到最终的语义边界检测结果, 该方法随后将网络得到的概率图 $B = \{B_1, B_2, \cdots, B_K\}$ 以及从语义掩码中计算的空间导数 $\nabla M = \{\nabla M_1, \nabla M_2, \cdots, \nabla M_K\}$ 放在一起 $[B_1, \nabla M_1, B_2, \nabla M_2, \cdots, B_K, \nabla M_K]$, 随后通过一组 K 个卷积层得到最后的概率图 $Y \in \mathbb{R}^{H \times W \times K}$, 最终的语义分割结果和语义边界检测结果就分别用概率图 M 和 Y 来表示。

在损失函数方面, 由于网络的任务有两个, 因此损失函数分为两部分。首先是语义掩码损失 (Semantic Mask Loss): 在语义分割任务中, 人们通常是对每个像素使用交叉熵分类损失。在 RPCNet 中也考虑了这一损失, 记为 L_M。由于交叉熵损失中各个像素都具有相同的权重, 因此仅使用交叉熵损失的语义分割方法往往无法在语义边界处得到准确的分割结果。为了改善这一点, RPCNet 利用从语义分割结果导出的语义边界 ∇M 与语义边界的真实值进行对比来强化在语义边界处的分割效果。记这一损失为 L_D, 则 $L_D = \sum_i |\nabla M_i - B_i^{\text{gt}}|$, 其中 B^{gt} 是从

语义分割真实值获取的语义边界信息。损失函数的另一部分是语义边界损失，由于边缘周围像素的稀疏性，语义边界检测存在很高的漏检率。因此，该方法提出使用一种类平衡交叉熵损失函数：

$$L_E = -\sum_{k}^{K} \sum_{i} \left(\beta y_i^k \log Y_i^k + (1 - \beta) \left(1 - y_i^k \right) \log \left(1 - Y_i^k \right) \right) \tag{7.7}$$

其中，β 是真实语义边界中非边缘像素的比例；y_i^k 是真实的语义边界标签，若第 i 个标签属于第 k 类，则 $y_i^k = 1$，反之 $y_i^k = 0$。这样，两部分的总体损失就可以表示为

$$L_{\text{total}} = L_M + \lambda_1 L_D + \lambda_2 L_E \tag{7.8}$$

其中，λ_1 和 λ_2 是调节损失权重的参数。该方法通过将这两种语义信息在网络中相互融合，最终实现了较好的分割质量。

BES 方法 [21] 提出在弱监督中从训练图像中显式地挖掘目标边界，以保持分割和边界的一致性。通过有监督学习方法来训练语义分割模型时往往需要对分类结果进行像素级的标记，这样做耗时长、需要的资金多，显著提高了标注的成本。而在语义分割任务上，使用了弱监督学习方法训练语义分割任务，可以利用边界框 [25]、图像级别的标记 [26]、小部分区域标注 [27] 等方法来降低标注成本。在基于边界探索的分割（Boundry Exploration based Segmentation，BES）方法中，利用 CNN 分类器得到的粗定位图来合成边界标签，并使用这些合成标签来训练网络。BENet 网络进一步挖掘更多的目标边界，为语义分割提供约束条件。最后利用训练图像生成的伪标注对一个现有的分割网络进行监督。BES 的两个主要模块是边界探索（Boundary Exploration）模块和注意力池化类激活图（Attention-pooling Class Activation Map，Attention-pooling CAM）模块。图7.7是 BES 的网络结构示意图。

边界探索模块是 BES 方法的关键组成部分。它的目标是以原始训练图像为输入，预测精确的边界图。为了训练 BES 方法使其能执行边界检测任务，该方法通过定位图人工合成了边界标签。BES 方法的边界分类能力有助于探索大量的边界，用于修改定位图。框架中的另一个组件称为注意力池化类激活图，它是一种改进的 CAM 机制，可以获得更好的初始目标定位图。

以每个像素的类概率来表示的定位图往往不适合边界类标签的合成。在该方法中，首先对于每个像素，该方法将类概率转化为确定的类标签。记 P_i^c 为像素 i 属于类别 c 的概率，则像素 i 的分类结果 $\hat{y}_i$ 可以表示为

$$\hat{y}_i = \begin{cases} \arg\max_{c \in \mathcal{C}} \left(P_i^c \right), & \max_{c \in \mathcal{C}} \left(P_i^c \right) > \theta_{\text{fg}} \\ 0, & \max_{c \in \mathcal{C}} \left(P_i^c \right) < \theta_{\text{bg}} \\ 255, & \text{其他} \end{cases} \tag{7.9}$$

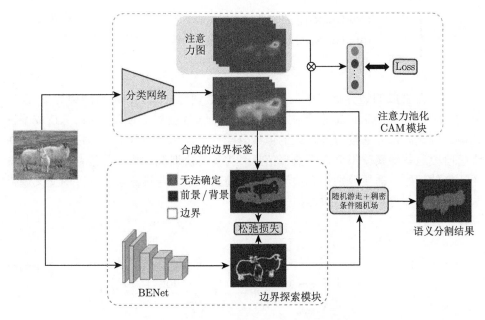

图 7.7　BES 的结构示意图 [21]（见彩图）

其中，分类标签为 0 时表示背景；分类标签为 255 时表示不确定；θ_{fg} 和 θ_{bg} 分别代表前景和背景的阈值。该方法中注意到，虽然定位图中有一些像素的分类是不正确的，但是对背景和前景边界像素的分类结果是比较可靠的。为了找出背景和前景的边界，该方法假设在这些边界的周围，被分类为某一类前景物体的像素和背景像素的数量应该是近似相等的。该方法使用滑动窗口来计算局部同类像素的数目，并利用统计信息来判断窗口中心的像素是否为边界。给出一个以像素 i 为中心，大小为 w 的滑动窗口，记 N_i^c 为窗口中标签为 c 的像素的个数。对每个类 c，窗口的统计比例 S_i^c 就可以表示为

$$S_i^c = \frac{N_i^c}{w \times w}, \quad \forall c \in \mathcal{C} \cup \{0\} \tag{7.10}$$

其中，$\mathcal{C}$ 代表所有类的集合。

为了确定哪些像素应被分类为边界，该方法中提出了两条准则：首先，在边界像素的一个固定大小的邻域内，某一类前景物体的像素数和背景像素数应该至少大于阈值 θ_{scale}。其次，在这个邻域中某一类前景物体的像素数与背景像素数之间的差距应该小于阈值 θ_{diff}。利用这一准则得到的像素 i 的边界标签 $\hat{B}_i$ 可以表示为

$$
\hat{B}_i = \begin{cases} 0, & \min\left\{\max_{c\in\mathcal{C}} S_i^c, S_i^0\right\} > 2\theta_{\text{scale}} \text{且} \left|\max_{c\in\mathcal{C}} S_i^c - S_i^0\right| \geqslant 2\theta_{\text{diff}} \\ 1, & \min\left\{\max_{c\in\mathcal{C}} S_i^c, S_i^0\right\} > \theta_{\text{scale}} \text{且} \left|\max_{c\in\mathcal{C}} S_i^c - S_i^0\right| < \theta_{\text{diff}} \\ 255, & \text{其他} \end{cases}
$$

$$(7.11)$$

随后在生成的边界标签的监督下,该方法训练 BENet 来预测边界图 $B \in [0,1]^{W\times H}$。边界附近的像素点往往很难识别,可能会对 BENet 的训练造成不良影响。因此,该方法给边界附近的像素分配一个表示"不确定"的标签,这样在训练阶段这些像素就不会提供监督信息。为了解决训练过程中前景背景边界像素不平衡的问题,需要分别计算边界像素、前景像素、背景像素三部分的交叉熵损失,然后合并得到最终的边界损失函数:

$$
\begin{aligned}
L_B = &-\sum_{i\in\varphi_{\text{bry}}} \frac{W_i \log\left(P_i\right)}{|\varphi_{\text{bry}}|} \\
&-\frac{1}{2}\left(\sum_{i\in\varphi_c} \frac{\log\left(1-P_i\right)}{|\varphi_c|} + \sum_{i\in\varphi_{\text{bg}}} \frac{\log\left(1-P_i\right)}{|\varphi_{\text{bg}}|}\right)
\end{aligned}
$$

$$(7.12)$$

其中,$\varphi_{\text{bry}} = \left\{i \mid \hat{B}_i = 1\right\}$ 是边界像素集合;$\varphi_c = \left\{i \mid \hat{B}_i = 0, \max_{c\in\mathcal{C}} S_i^c > S_i^0\right\}$ 是前景像素集合;$\varphi_{\text{bg}} = \left\{i \mid \hat{B}_i = 0, S_i^0 > \max_{c\in\mathcal{C}} S_i^c\right\}$ 是背景的像素集合;P_i 是 BENet 预测的边界概率。

经过训练的 BENet 可以提取目标的主要边界。在这之后,还需要利用得到的边界信息作为约束条件来引导粗定位图,得到语义分割结果。该方法中还采用了随机游走方法来进一步改进定位图,该方法比基于洪泛法的一系列方法 [28] 更加有效。该方法使用文献 [29] 中的方式将 BENet 得到的 $B \in [0,1]^{W\times H}$ 转化为语义亲和度矩阵(Semantic Affinity Matrix)。在矩阵中,像素 i 和像素 j 之间的亲和度记为 a_{ij},定义为从 i 到 j 的路径中的最大边界置信度。该方法以 a_{ij} 作为随机游走的转移概率,在定位图上进行若干次随机游走迭代。为了提高计算效率,当两个像素的距离大于阈值 γ 时,亲和度就置为 0。这一过程可以表示为

$$
a_{ij} = \begin{cases} \left(1 - \max_{k\in\Pi_{ij}} B_k\right)^{\beta}, & P(i,j) < \gamma \\ 0, & \text{其他} \end{cases}
$$

$$(7.13)$$

其中,Π_{ij} 是从 i 到 j 的路径上的像素的集合;$P(i,j)$ 是 i 与 j 的欧几里得距离;β 是控制随机游走转移概率的超参数。在得到改进的定位图后,再使用稠密条件随机场(dense Conditional Random Field,dCRF)方法 [30] 对分割质量进行改进。

BES 方法的另一个亮点在于初始化定位图的方法时使用的注意力池化 CAM 方法。该方法保留了 CAM 中使用的全卷积网络，这一结构可以获取目标的空间信息。在注意力池化 CAM 方法中，利用注意力池化来获取分类分数。注意力池化可以动态地给像素分配不同的权重。定义类别 $c \in \mathcal{C}$ 的定位图为 M^c，对应的注意力图为 A^c，M^c 在位置 i 处的激活值为 M_i^c，对应的注意力值为 A_i^c，则 s^c 可以通过计算各位置的响应之和来得到，也就是

$$s^c = \sum_i \left(M_i^c \times A_i^c \right), \quad \forall c \in \mathcal{C} \tag{7.14}$$

其中，注意力掩码 A^c 是通过在相关的类的定位图上计算 Softmax 函数来得到的，即

$$A_i^c = \frac{\exp\left(k M_i^c\right)}{\displaystyle\sum_{j \in \mathcal{J}} \exp\left(k M_j^c\right)}, \quad \forall c \in \mathcal{C} \tag{7.15}$$

其中，$\mathcal{J}$ 是 M^c 中的像素集合；k 是调整注意力强度的超参数。当 k 为 0 时，注意力池化会给所有像素都分配相等的权重，此时该方法退化为全局均值池化（Global Average Pooling），而当 k 增大时，注意力机制将给响应值高的像素赋予更高的权值。当 k 足够大的时候，该方法就与全局最大值池化（Global Max Pooling，GMP）的结果很相近。在训练之后，该方法去掉了注意力池化机制。随后，对定位图进行归一化，以计算类概率 P_i^c：

$$P_i^c = \frac{M_i^c}{\displaystyle\max_{j \in \mathcal{J}} M_j^c}, \quad \forall c \in \mathcal{C} \tag{7.16}$$

7.1.4　边缘引导的图像平滑

对于图像平滑任务而言，图像分为纹理和结构信息，平滑的目标就是去除图像中的纹理而保留结构信息。保留结构信息就要保留图像中的边缘。边缘保持滤波是一个经典的图像处理问题，它可以平滑掉噪声或纹理，同时保留锐利的边缘，如中值、双边、引导和各向异性扩散滤波器等 [31]。近年来，基于优化的图像平滑方法也取得了很好的效果，如 L_0 梯度最小化 [32] 方法。由于这些图像平滑滤波器计算开销较大，人们考虑通过深度神经网络来实现图像平滑。

记原始图像为 I，经过平滑处理得到的图像为 I'。对于位置 x_0, y_0 以及其对应的 I_{x_0, y_0}，传统的图像平滑算法通常考虑其邻域 S 中其他像素的信息，如在均值滤波器中，$I'_{x_0, y_0} = \sum_{(x,y) \in S} \dfrac{|I_{x,y} - I_{x_0, y_0}|}{|S|}$，中值滤波器中，$I'_{x_0, y_0}$ 则等于邻域内像素值的中值。以边缘信息引导的图像平滑模型可以定义为 $f_B(I, E)$，它的输入是原始图像 I 和边缘信息 E，输出则是经过平滑的图像 I'。比起传统的图像平滑方

法，基于深度学习的图像平滑模型具有一系列优势：首先，这些基于深度学习的模型有着更好的并行化的潜力，时间开销也往往比达到类似效果的传统方法更低，而且由于经过图像平滑处理的图像往往需要作为下游图像处理任务的输入，基于深度学习的图像平滑模型可以更加方便地与其他的模型整合。

CEILNET [33] 就是一个使用边缘信息引导图像平滑任务的例子。CEILNET 模型主要包括两个部分，分别是边缘预测网络（E-CNN）和图像重建网络（I-CNN），其中 E-CNN 的输入是原始图片和初始的边缘图，初始的边缘图是通过计算每个像素与其四联通像素的绝对平均误差得到的。I-CNN 则利用上一步预测的准确的边缘图来引导图像平滑任务。图7.8是使用 CEILNET 执行图像平滑任务的一个例子，其中，左图是原始图像，中间图是通过 CEILNET 处理得到的平滑图像，右图是通过 L_0 梯度最小化 [32] 方法得到的平滑图像。

图 7.8　　边缘引导的图像平滑示意图 [33]

具体而言，对于边缘预测网络，给定原图像 I^s，该方法使用一个 CNN 来学习目标图像 I^t 的边缘图 E^t，这里的目标图像对于图像平滑任务而言就是平滑后的图像。由于二值的边缘图包含的信息较少，不利于接下来的图像重建，所以这一方法中并没有使用二值的边缘图，而是设计了一种简单有效的边缘表示，即中心像素与其四个相邻像素之间的平均绝对色差。对于一幅图像 I，它的边缘图 E 可通过以下公式计算：

$$
\begin{aligned}
E_{x,y} = \frac{1}{4} \sum_c (&|I_{x,y,c} - I_{x-1,y,c}| + |I_{x,y,c} - I_{x+1,y,c}| \\
&+ |I_{x,y,c} - I_{x,y-1,c}| + |I_{x,y,c} - I_{x,y+1,c}|)
\end{aligned}
\tag{7.17}
$$

其中，x,y 是像素的坐标；c 指的是 RGB 颜色空间的通道序号。为了简化计算，该方法使用原图像的边缘图作为额外的输入通道。因为经过滤波过程得到的平滑图像可以视为原始原图像的"简化"版本，它们的边缘图大致是原图像边缘图的"衰减"。而这样的增强在该方法中不仅可以得到更好的结果，而且在训练过程中可以明显加速网络的收敛。于是，E-CNN 可以用函数 $f : E^t = f(I^s, E^s)$ 表示。

第二个子网络 I-CNN 通过学习如何在给定 E-CNN 预测的目标边缘图的情况下对输入图像进行处理来重构目标图像。换言之，它近似于函数 $g : I^t =$

$g\left(I^s, E^t\right)$。输入图像和目标边缘组合为一个 4 通道的张量作为输入,这和 E-CNN 类似,因此它们整体结构是相同的。该方法中网络的训练分成了两个阶段,首先用真值图像和它们的边缘图分别训练两个子网络,从而确保两个网络的性能都能达到最好。然后对整个网络进行端到端的微调,从而使两个子网络能够更好地协作。子网络通过最小化其预测的均方误差(MSE)来进行训练。用符号 * 来表示真值,则边缘预测的损失为 $l_E(\theta) = \|E^t - E^{t*}\|_2^2$。而对于图像的预测,该方法不仅要最小化颜色上的均方误差,还要最小化梯度的差异:$l_I(\theta) = \alpha \|I^t - I^{t*}\|_2^2 + \beta \left(\|\nabla_x I^t - \nabla_x I^{t*}\|_1 + \|\nabla_y I^t - \nabla_y I^{t*}\|_1\right)$,这一损失有助于防止深度卷积网络产生模糊的图像。在联合训练阶段,该方法通过最小化损失来训练整个网络:$l(\theta) = l_I(\theta) + \gamma l_E(\theta)$。

7.1.5　小结

在本小节中我们介绍了使用边缘作为引导或先验知识的若干思路,并引用了具体的方法加以说明。可以看到除图像平滑和语义分割等本身和边缘强相关的任务可以从边缘先验中得到帮助外,图像补全、图像超分辨率以及图像去反射等偏向于对未知结构进行预测的任务也能从中获益。可以想见,图像生成以及图像编辑等使用生成式模型的任务也能从中受益。

7.2　图像与图像平滑

在前面图像平滑的章节中已经提到,图像平滑的主要目标是消除图像的细节纹理以及噪声,同时尽量保持图像的主要结构信息。从人类视觉的角度来看,对比原始图像,图像平滑处理后的图像保持了原图的大致轮廓,具有类似于绘画的效果。不同于边缘图像,平滑图像中包含了丰富的色彩信息。如果说边缘图像可以类比于绘画中的草图,那么平滑图像就可以类比于在图像的草图基础上进行上色得到的图像。介于边缘图像和原始图像之间,平滑图像具有很好的引导其他图像处理任务的潜力。

本节将从图像平滑引导的图像补全这一角度出发,阐释平滑语义引导其他任务的能力。

7.2.1　图像平滑引导的图像补全

正如前面所述,经过平滑处理的图像具有较强的先验信息。如果能够先生成图像缺失区域的平滑图,然后使用平滑图作为图像补全任务的引导,我们就可以简化图像补全任务。

Structure Flow [34] 方法使用这种模式进行图像补全。该方法中使用了一个结构重建器 G_s 和一个纹理重建器 G_t,其中结构重建器用于重建包括缺失区域在内的完整图像的平滑图，而纹理重建器则在重建后的平滑图上补充纹理并生成最终的结果。类似于本书中提到的其他图像补全方法，该方法中的两部分模型同样使用了对抗训练的模式。图 7.9 是该模型的效果图，从左往右依次为待补全图像、补全后的平滑图和重建的清晰图像。图7.10是该方法的结构示意图。该方法中为了在生成纹理时能够考虑全局信息还引入了 Appearance Flow [35] 方法。

图 7.9   图像平滑引导的图像补全效果图 [34]

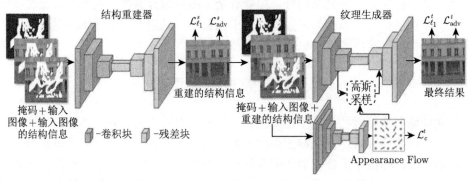

图 7.10   Structure Flow 的结构示意图 [34]（见彩图）

该方法中的结构重建器 G_s 用来恢复输入图像的全局结构。保边平滑方法的目的就是去除高频纹理，同时保留锐利的边缘和低频结构，这就很好地表示了图像的全局结构。令 I_{gt} 表示图像真值，S_{gt} 是图像 I_{gt} 使用保边平滑方法处理的结果。该方法的结构重建器 G_s 的处理过程可以写成 $\hat{S} = G_s(I_{in}, S_{in}, M)$，其中 $\hat{S}$ 表示预测的结构；M 是输入图像 I_{in} 的二值掩码矩阵，其中 1 代表缺失区域，0 代表背景。$S_{in} = S_{gt} \circ (1 - M)$ 是输入图像 I_{in} 的结构。G_s 的重建损失定义为预测的结构 $\hat{S}$ 和真值结构之间的 S_{gt} 的 ℓ_1 距离。同时，为了拟合目标结构 S_{gt}，该方法在结构重建器中同样使用了生成对抗的框架，G_s 的对抗损失可以写为

$$
\begin{aligned}
\mathcal{L}_{\text{adv}}^s = &\; \mathbb{E}\left[\log\left(1 - D_s\left(G_s\left(I_{\text{in}}, S_{\text{in}}, M\right)\right)\right)\right] \\
&+ \mathbb{E}\left[\log D_s\left(S_{\text{gt}}\right)\right]
\end{aligned}
\tag{7.18}
$$

其中，D_s 表示判别器，该方法通过优化下面的公式来训练生成器 G_s 和辨别器 D_s，其中 $\lambda_{\ell_1}^s$ 和 λ_{adv}^s 是正则化参数。

$$\min_{G_s} \max_{D_s} \mathcal{L}^s\left(G_s, D_s\right) = \lambda_{\ell_1}^s \mathcal{L}_{\ell_1}^s + \lambda_{\mathrm{adv}}^s \mathcal{L}_{\mathrm{adv}}^s \tag{7.19}$$

该方法中使用纹理生成器 G_t 生成更为真实的纹理。这一过程可以写为

$$\hat{I} = G_t\left(I_{\mathrm{in}}, \hat{S}, M\right) \tag{7.20}$$

其中，$\hat{I}$ 表示最后的输出结果。重建损失依然使用 ℓ_1 损失，为了生成更真实的结果，这里依然使用对抗损失来训练纹理生成器：

$$\begin{aligned}
\mathcal{L}_{\mathrm{adv}}^t = {} & \mathbb{E}\left[\log\left(1 - D_t\left(G_t\left(I_{\mathrm{in}}, \hat{S}, M\right)\right)\right)\right] \\
& + \mathbb{E}\left[\log D_t\left(I_{\mathrm{gt}}\right)\right]
\end{aligned} \tag{7.21}$$

由于具有相似结构的图像区域之间是高度相关的，所以可以使用重建的结构 $\hat{S}$ 来提取这些相关性来进行纹理生成从而提高模型的性能。卷积神经网络往往无法有效地捕捉长距离的依赖，为了在不同区域之间建立清晰的关系，该方法将 Appearance Flow 引入到了 G_t 中。如图7.10所示，Appearance Flow 用于对输入特征进行变形。因此，包含生动纹理信息的特征可以"流动"到缺失的区域。

然而，以无监督的方式训练 Appearance Flow 比较困难，网络可能很难捕捉到较大幅度的位移，并陷入一个比较差的局部最优解中。为了解决这个问题，该方法提出用高斯采样代替双线性采样来扩展感受野，并提出一个采样正确性损失来限制可能的收敛结果。采样过程根据输入像素（特征）来计算梯度。核大小为 n 的高斯采样操作的表达式为

$$F_o = \sum_{i=1}^n \sum_{j=1}^n \frac{a_{i,j}}{\displaystyle\sum_{i=1}^n \sum_{j=1}^n a_{i,j}} F_{i,j} \tag{7.22}$$

其中，$F_{i,j}$ 是采样中心周围的特征；F_o 是输出特征；权重 $a_{i,j}$ 通过下面的公式来计算：

$$a_{i,j} = \exp\left(-\frac{\Delta h^2 + \Delta v^2}{2\sigma^2}\right) \tag{7.23}$$

其中，Δh 和 Δv 分别是采样中心和特征 $F_{i,j}$ 之间的水平和垂直距离；参数 σ 表示高斯采样核的方差。

7.2.2　小结

由于相关方法较少，本小节仅介绍了一种思路，不过事实上图像平滑本身和图像边缘是相关度很高的两种表示，因为图像平滑方法往往是保边的。所以事实上能够从边缘先验中受益的任务也应该能够从平滑先验中得到帮助，还有很多思路值得读者去尝试。

7.3　图像与语义分割

语义分割可以为图像中的每个像素分配预定义类别中的一类，因此，语义分割结果可以为需要引入高语义信息的其他任务提供有价值的语义信息。

7.3.1　语义分割引导的图像补全

虽然相较于边缘图，语义分割图缺少了许多纹理细节，但是由于它蕴含着更高层的语义信息，对于提升图像补全任务的效果很有帮助。在引入语义分割信息的图像补全方法中，由于已知缺失区域对应物体的类别，模型就可以在缺失区域轮廓、类别和上下文剩余像素的共同约束下，生成类别相关的补全像素。

类似于 7.1.1 节中使用边缘引导进行图像补全分成的两个阶段，在这里同样可以分为分割图预测和语义分割引导的图像补全。使用这种模式进行图像补全的方法有 SPG-Net [36]，在这一方法中，先使用一个现有的语义分割网络对除缺失区域外的图像其他区域进行语义分割，然后使用待补全的图像和上一步得到的待补全的语义分割图作为分割图补全网络的输入，对分割图进行补全。在这之后，将补全后的分割图和待补全的图像作为图像补全网络的输入，使用分割图作为引导进行图像补全。和 EdgeConnect 类似，在 SPG-Net 中也是使用生成对抗训练的模式来训练分割图补全网络和图像补全网络。图7.11为该方法的示意图。该方法的分割图预测网络 SP-Net 的输入包括：不完整的标签图像 $S_0 \in \mathbb{R}^{256 \times 256 \times C}$ 以及不完整图像 $I_0 \in \mathbb{R}^{256 \times 256 \times 3}$，其中 C 是标签的类别数。

图 7.11　语义分割引导的图像补全示意图 [36]（见彩图）

和此前的工作类似 [37]，SP-Net 的生成器是基于 FCN 的。该方法使用残差块的结构替换了空洞卷积层，并使用了逐层增大的膨胀因子来提升模型的感受野。

在生成对抗训练模式中,该方法使用了多尺度的判别器,分别在三种不同的图像分辨率尺度下工作。每个判别器是一个全卷积的 PatchGAN。判别器 D_1、D_2、D_3 的输入分别对原始图像取下采样系数为 1、2、4。并能在不同尺度上对全局和局部的 patch 进行分类,从而使生成器 G 既能捕获全局结构又能捕获局部纹理。记输出的标签图像为 $S \in \mathbb{R}^{256 \times 256 \times C}$,则这部分的对抗损失可以定义为

$$
\begin{aligned}
&\min_{G} \max_{D_1, D_2, D_3} \sum_{k=1,2,3} L_{\text{GAN}}(G, D_k) \\
&= \sum_{k=1,2,3} \mathbb{E}[\log\left(D_k\left((S_0)_k, (S_{\text{gt}})_k\right)\right) + \log\left(1 - D_k\left((S_0)_k, (G(S_0)_k)\right)\right)]
\end{aligned}
\tag{7.24}
$$

其中,$(S_0)_k$ 和 $(S_{\text{gt}})_k$ 分别表示输入的标签图像和真值的第 k 个图像尺度。该方法还应用了感知损失来改进图像修复的效果。由于输入图像是包含 C 个通道的标签图,所以不能像通常那样使用一个预先训练好的模型来获得感知损失。为了避免这一问题,该方法从生成器和辨别器的多个层级中提取特征图来匹配中间表示,这样导出的感知损失可以表示为

$$
L_{\text{perceptual}}(G) = \sum_{l=0}^{n} \frac{1}{H_l W_l} \sum_{h,w} \left\| M_l \odot \left(D_k\left(S_0, S_{\text{gt}}\right)_{hw}^l - D_k\left(S_0, G(S_0)\right)_{hw}^l \right) \right\|_1
\tag{7.25}
$$

其中,l 代表特征的层级;$\odot$ 表示逐像素的乘法;M_l 表示 l 层上缺失区域的掩码。该方法完整的损失函数定义如下:

$$
\min_{G}(\lambda_{\text{adv}}(\max_{D_1, D_2, D_3} \sum_{k=1,2,3} L_{\text{GAN}}(G, D_k)) + \lambda_{\text{perceptual}} \sum_{k=1,2,3} L_{\text{perceptual}}(G))
\tag{7.26}
$$

其中,λ_{adv} 和 $\lambda_{\text{perceptual}}$ 用来控制两项损失的比例。分割引导网络(SG-Net)的网络结构和 SP-Net 结构类似。区别在于 SG-Net 的最后一个卷积层使用了 tanh 激活函数来生成值域为 $[-1, 1]$ 的激活,然后将数值变换到一般图像的值域。

7.3.2 语义分割结合图像超分辨率

经过超分辨率处理的图像往往包含更加丰富的细节信息,这有利于对图像进行更加精细的语义分割。如果我们先对图像进行超分提升图像的分辨率,再对超分后的图像进行语义分割,或许就可以得到更为精细的语义分割结果。

使用这一思路的方法有 DSRL [38]。该方法提出了一种双超分辨率学习(Dual Super-Resolution Learning,DSRL)框架,在不增加计算量和显存占用的情况下,有效地提高了性能。如图 7.12所示,该方法的体系结构由三部分组成:① 语义分割超分辨率(Semantic Segmentation Super-Resolution,SSSR)模块;② 单图像

超分辨率（Single Image Super-Resolution，SISR）模块；③ 特征亲和性（Feature Affinity，FA）模块。

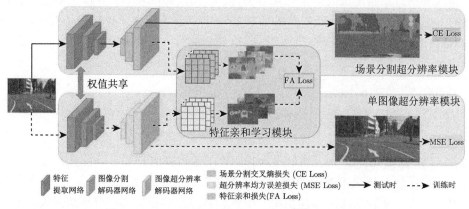

图 7.12   DSRL 的网络结构示意图[38]（见彩图）

语义分割超分模块和单图像模块共享同一个编码器网络，利用特征仿射变换模块对齐这两个任务的特征。语义分割超分辨率模块的任务是生成超分辨率的语义分割图，而单图像超分辨率模块的任务是生成超分辨率的原始图像。SSSR 模块通过附加一个额外的上采样模块来生成最终的预测掩码。图 7.13 是 SSSR 模块的示意图，在输入尺寸为 512×1024 的情况下，该方法得到的输出尺寸为 1024×2048，是输入图像的 2 倍。该方法额外的语义分割上采样模块由一组反卷积层组成，然后是 BN 层和 ReLU 层。

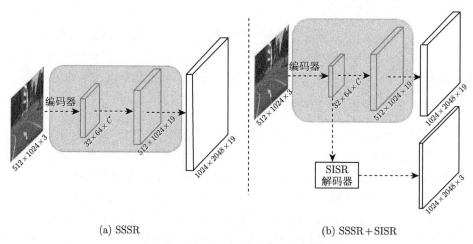

(a) SSSR   (b) SSSR＋SISR

图 7.13   SSSR 模块结构示意图[38]

由于输入是低分辨率的图像，而且解码器网络结构较为简单，因而仅依靠语义分割任务的解码器模块往往难以获得高分辨率的语义分割图像。SISR 模块从低分辨率的输入中构建高分辨率的图像，可以在低分辨率输入下有效地重建图像的细粒度结构信息。在 SISR 模块的帮助下，语义分割任务的效果也得到了提升。图 7.14 是 SSSR 模块和 SISR 模块的特征可视化图。通过比较图 (b) 和图 (c)，可以发现 SISR 模块得到的物体结构更加完整。尽管这些结构中没有标注物体的类别，但是可以通过像素与像素或区域与区域之间的关系对它们进行分组。因而这些关系可以隐式地传递语义信息，改善语义分割超分的效果。该方法利用从 SISR 中恢复出来的高分辨率特征来引导 SSSR 模块学习高分辨率的表征，这些细节可以通过内部像素之间的相关性或关系来建模。如图 7.13(b) 所示，SISR 模块和 SSSR 模块共享特征提取器，整个分支在原始图像的监督下进行训练。

(a)　　　　　　　　　　(b)　　　　　　　　　　(c)

图 7.14　SSSR 模块和 SISR 模块的特征可视化示意图 [38]（见彩图）

由于 SISR 比 SSSR 包含更完整的结构信息，该方法我们引入特征亲和学习来引导 SSSR 学习高分辨率的表征。FA 的目的是学习 SISR 和 SSSR 分支之间相似矩阵的距离，对应的损失函数 L_{fa} 如式 (7.27) 所示。相似矩阵 S 主要描述像素之间的成对关系，如式 (7.28) 所示。

$$L_{\text{fa}} = \frac{1}{W'^2 H'^2} \sum_{i=1}^{W'H'} \sum_{j=1}^{W'H'} \left\| S_{i,j}^{\text{seg}} - S_{i,j}^{\text{sr}} \right\|_q \tag{7.27}$$

$$S_{i,j} = \left(\frac{F_i}{\|F_i\|_p} \right)^{\text{T}} \cdot \left(\frac{F_j}{\|F_j\|_p} \right) \tag{7.28}$$

其中，S^{seg} 和 S^{sr} 分别是语义分割相似性矩阵和 SISR 相似性矩阵；p 和 q 表示用来归一化特征的范数，这里设置 $p = 2$ 和 $q = 1$。具体地说，对于特征图 $F \in \mathbb{R}^{W \times H \times C}$，其中 $W \times H$ 表示空间维数，该方法建立了每两个像素之间的关系。因此，关系图包含 $WH \times WH$ 条连接，S_{ij} 表示特征图 F 上第 i 个和第 j 个像素之间的关系。由于计算每一对像素的亲和力（Affinity）会带来过大的空间开销，该方法对像素对进行了 1/8 的子采样。此外，为了减少由于 SISR 和 SSSR 分支的特征分布不一致而引起的训练不稳定性，该方法在应用 FA 损失之前在 SSSR 分支的特征映射上添加了一个特征变换模块，该模块由 1×1 卷积层、BatchNorm 层和 ReLU 层组成。然后是 BN 层和 ReLU 层。图 7.15 为图像超分辨率结合语义分割的示意图。

图 7.15　图像超分辨率结合语义分割的示意图 [38]（见彩图）

7.3.3　语义分割引导的图像重定向

在调整图像的大小或长宽比时，可能会让图像中的物体出现失真的情况。而图像重定向任务的目标就是在调整图像大小、长宽比的同时减少图像中显著物体的失真，从而改善图像视觉体验。例如，在调整图像的宽度时，若使用线性缩放方法，则图像中的物体都会变"扁"或变"宽"，出现了失真。图像重定向任务希望能找出图像中显著的、重要的物体，尽量使这些物体不要变得失真，这样，既达成了改变图像宽度的目标，又使得图像的观感很好。传统的图像重定向方法包括接缝裁剪（Seam Carving）[39]、接缝搜索（Seam Search）[40]、轴对齐变形（Axis-Aligned Deformation）[41] 等。图像的语义分割的结果给我们提供了图像中物体的位置和轮廓的信息，因此，在语义分割的引导下，图像重定向任务可以更好地维持图像的显著物体。

不失一般性，我们约定在接下来的叙述中，我们只在水平方向上进行图像重定向，即要改变图像的宽度，而不影响长度。记原始图像为 I，其大小为 $W \times H$，我们要把这一图像重定向为 I_r，其大小为 $W' \times H$。

接缝裁剪方法是一种经典的图像重定向方法。在这一方法中，每次都从图像中删去一条从图像顶部到图像底部的路径，这一路径称为接缝。在这里，从图像顶部到图像底部的路径可以定义为一系列点组成的集合 $P := \{(x_1, 1), (x_2, 2), \cdots, (x_H, H)\}$，满足 $\forall i \in \mathbb{Z}, i \in [1, H-1], |x_i - x_{i+1}| \leqslant 1$。在接缝裁剪方法中，每次删去的这条路径都是能量最低的，这样，在图像的一行或一列中插入或删除一个像素，直到达到目标的图像尺寸。然而当图像的大小变化比较剧烈时，这一方法会带来明显的失真。接缝裁剪同样可以被认为是一种分配比例因子的方法，其中被删去的像素的缩放比例因子被设置为 0，而其他像素的缩放比例因子被设置为 1。

接缝搜索方法在接缝裁剪方法的基础上进行了改进。它并不是简单地将缩放比例因子设置为 0 和 1，而是更加合理地分配缩放比例因子，从而改善图像重定向的效果。首先，执行接缝裁剪方法，寻找 $|W - W'|$ 条接缝，将每个接缝中的像素作为一个组，对于剩余的像素，将每列中的像素作为一个组这样就可以把像素分成 W 组。接下来，通过显著性检测得到像素重要性图，用以表示像素的重要性。然后，根据各组的平均重要性，分配比例因子，用于表示像素对新图像的贡献度。但是在这一方法后，可能会出现某些组的缩放因子大于 1 的情况，这意味着在缩放图像的任务中，一些像素甚至会被"放大"，这显然是不合理的，就可能会带来失真。为了解决这一点，接缝搜索方法将大于 1 的缩放比例因子直接设置为 1。在解决了这一问题后，再次按比例为其余组分配比例因子，使得所有比例因子之和为 W'。多次迭代更新比例因子，直到所有的像素都有合理的比例因子。在确定了比例因子之后，就可以按比例因子将图像重定向成新的图像了。

文献 [42] 提出使用语义分割信息引导图像重定向任务，从而在接缝搜索的基础上进一步改善图像重定向任务的效果。该方法首先计算出图像的重要性图，然后利用与接缝搜索 [40] 相同的方法给不同的位置分配不同的缩放比例，在这之后，利用语义分割得到的标签信息调整缩放比例，最后对图像进行缩放。图7.16是该方法与其他图像重定向方法的对比，其中，从左至右分别为原图、使用线性缩放的结果、使用接缝裁剪方法 [39] 的结果、使用接缝搜索 [40] 方法的结果、使用轴对齐变形方法 [41] 的结果、使用语义分割引导的图像重定向方法的结果。

图 7.16　语义分割引导的图像重定向的示意图 [42]

具体而言，该方法可以分为像素分组、重要性图计算、缩放比例分配以及像素融合四个阶段。

第一个阶段是像素分组阶段，这里的使用的方法与接缝搜索方法是相同的。第二个阶段要确定图像的重要性图。所谓重要性图，就是一张与原图像大小相同的图像，图像中每个位置的值表示对应原图像素的重要度。接缝搜索方法直接使用像素的显著性来表示，然而，在一些情况下这样做是不够准确的。为了更加准确地分离背景和重要对象，我们采用显著性检测和语义评分图相结合的方法作为重要度图。语义得分图能够弥补显著性检测的缺陷，提供更有效的重要度图。该方法中使用 RefineNet 作为语义分割网络，在 PASCAL VOC 2012 数据集上进行预训练。输入 $I \in \mathbb{R}^{H \times W}$ 的图像，语义分割任务可以将图像分成 L 类，则分类的结果可以被表示为一张大小为 $H \times W \times L$ 的语义分割分数图 SM，其中，SM $\in \{0, 1, \cdots, 255\}$。从语义分割分数图中计算语义分割信息对重要度的贡献 SO $\in \mathbb{R}^{H \times W}$，定义为

$$SO(x,y) = \begin{cases} \dfrac{255 - \text{SM}(x,y,C(x,y))}{255}, & C(x,y) = 0 \\ \dfrac{\text{SM}(x,y,C(x,y))}{255}, & C(x,y) \neq 0 \end{cases} \tag{7.29}$$

其中，$C(x,y)$ 代表 (x,y) 点像素所属的类的标签，特别地，$C(x,y) = 0$ 表示该像素属于背景。在显著性计算上，使用的是 Itti 提出的方法 [43]，计算得到显著性得分图 SD，其中，$\text{SD}(x,y) \in [0,1]$。最终的重要性得分图 E 可以定义为

$$E(x,y) = \alpha \text{SD}(x,y) + (1 - \alpha)\text{SO}(x,y) \tag{7.30}$$

其中，$\alpha \in [0,1]$，是调节二者权重的比例系数。

第三个阶段是缩放比例分配阶段。该方法首先利用与接缝搜索相同的方式，通过上一步获取的重要性图，先对缩放比例进行一次分配。在这之后，考虑语义分割对此的影响，再对缩放比例因子进行重分配。第四个阶段是像素融合。该方法使用了文献 [44] 中提出的方法，这与接缝搜索方法中像素融合的方法是一致的。该方法在实验中比之前的其他方法更能维持图像中显著的物体。

7.3.4 场景分割引导的图像融合

在图像融合任务中，我们需要给每张图像中的信息在合成后的新图像不同位置上分配一个权重。这是一个非常重要的问题，它直接影响到图像融合任务的效果。而场景分割恰恰可以将图片分割成若干个并不相交的区域，而每个区域内的像素在某些意义下属于同一类。因此，将场景分割与图像融合任务结合起来，就可以降低权重分配的难度，使得融合得到的图像更加自然。

设待融合的 n 幅图像为 $I_1, I_2, \cdots, I_n$。在场景分割引导的图像融合算法中，首先应用场景分割算法，从 n 幅图像中提取场景信息，即寻找坐标集合 P 的 m 个子集 $P_1, P_2, \cdots, P_m$，使得对任意 $i,j \leqslant m$，$P_i \cap P_j = \varnothing$，同时 $\bigcup_{i=1}^{m} P_i = P$，且每个 P_i 对应的像素都属于同一个场景。在分割之后，综合 $P_1, P_2, \cdots, P_m$ 中的信息，将 n 幅图像 $I_1, I_2, \cdots, I_n$ 融合到一张图像 I_f 中。

基于场景分割的多曝光图像融合算法 [45] 就使用了这样的思路。所谓多曝光图像融合，就是把具有各种曝光级别的一系列低动态范围图像融合到一个观感更好的图像中。该方法首先对待处理的图像进行局部对比度增强，然后综合这些图像来导出一种划分方式，使得对于待处理的任意一幅图片，在这种划分方式下相

同区域都处于相近的光照场景下。在这之后，该方法把每个区域内的光照统一进行调整，然后进行图像融合。图7.17是这一方法的流程图，其中 TMO 表示色调映射算子，$\mathcal{F}$ 表示任意多曝光图像融合方法。

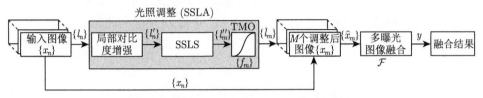

图 7.17　场景分割引导的图像融合方法流程图 [45]

该方法由局部对比度增强、基于场景分割的明度调节（Scene Segmentation-bases Luminance Scaling，SSLS）、色调映射（Tone Mapping）以及图像融合这四个阶段组成。

记图像的宽度和高度为 W 和 H，则可以定义像素集合 $P = \{(u,v)^{\mathrm{T}} \mid u \in \{1,2,\cdots,U\} \wedge v \in \{1,2,\cdots,V\}\}$。图像中的一个像素 p 就可以表示为 $p = (u,v)^{\mathrm{T}} \in P$。在这一视角下，二维的彩色图像可以看作 $P \to \mathbb{R}^3$ 的一个映射。注意到 CIE XYZ 色彩空间中的 Y 分量可以表示图像的明度（Luminance），而 XYZ 色彩空间与 RGB 色彩空间可以通过线性变换实现互相转换，在这一方法中，首先通过线性变换将输入的 RGB 色彩空间的图像转化到 XYZ 色彩空间，然后提取明度分量进行进一步处理。与彩色图像的定义类似，图像的明度分量 l 可以表示为 $P \to \mathbb{R}$ 的一个映射。

首先对图像进行局部对比度增强。使用了局部加亮和加深（Dodging and Burning）算法 [46] 来增强图像的局部对比度。记 N 张原始图像中提取的明度分量集合为 $\{l_n(p)\}$，则局部对比度增强处理后得到的明度分量集合可以记为 $\{l'_n(p)\}$。

随后，在场景分割阶段，该方法中有两种模式：模式一考虑利用一系列不同曝光图像中曝光合适的一张作为场景分割的参照。令 l'_{med} 为明度集合 $\{l'_n\}$ 中处于中间明度的一个。观察到在 l'_{med} 中过曝光或欠曝光的区域是 $\{l'_n\}$ 中最小的一个。也就是说 l'_{med} 的质量是最好的，因此我们应用 l'_{med} 来分割场景。在这一方法中，区域 $P_1, P_2, \cdots, P_M$ 是通过把 l'_{med} 按光照值大小等分成 M 份，也就是

$$P_m = \{p \mid \theta_m \leqslant l'_{\mathrm{med}}(p) \leqslant \theta_{m+1}\} \tag{7.31}$$

其中，θ_m 定义为

$$\theta_m = \frac{N - m + 1}{N}\left(\max l'_{\mathrm{med}}(p) - \min l'_{\mathrm{med}}(p)\right) + \min l'_{\mathrm{med}}(p) \tag{7.32}$$

　　这一模式的计算速度很快，但是效果并不是很好。为了提高计算的速度，第一种模式仅仅考虑一张图像作为场景分割的参照。与之不同的是，模式二考虑首先通过高斯混合模型（Gaussian Mixture Model，GMM）拟合所有输入图像的亮度分布的模型，然后，使用聚类算法对像素进行分类，从而实现场景分割。为了得到亮度分布模型，首先，把在像素点 p 处 N 张图片的光照信息看作一个 N 维向量 $l'(p) = (l'_1(p), l'_2(p), \cdots, l'_N(p))^{\mathrm{T}}$。这样 $l'(p)$ 的分布就可以通过 GMM 来建模：

$$p\left(l'(p)\right) = \sum_{k=1}^{K} \pi_k \mathcal{N}\left(l'(p) \mid \mu_k, \Sigma_k\right) \tag{7.33}$$

其中，K 是分量的个数；π_k 是混合系数；$\mathcal{N}\left(l'(p) \mid \mu_k, \Sigma_k\right)$ 是具有均值向量 μ 和协方差矩阵 Σ_k 的 N 元正态分布。为了利用高斯混合模型来拟合明度的分布，这里使用了变分贝叶斯推断方法。引入一个 K 维的二值随机变量 z，其中有且只有一个分量为 1，其余分量为 0。z 上的边缘分布可以用混合系数 π 表示，使得 $p(z_k = 1) = \pi_k$。为了使 $p(z_k = 1)$ 满足概率性质，$\{\pi_k\}$ 就必须满足 $0 \leqslant \pi_k \leqslant 1$，且 $\sum_{k=1}^{K} \pi_k = 1$。进而，像素 p 的分类就由 $\gamma(z_k \mid l'(p))$ 决定：

$$\begin{aligned} \gamma\left(z_k \mid l'(p)\right) &= p\left(z_k = 1 \mid l'(p)\right) \\ &= \frac{\pi_k \mathcal{N}\left(l'(p) \mid \mu_k, \Sigma_k\right)}{\displaystyle\sum_{j=1}^{K} \pi_j \mathcal{N}\left(l'(p) \mid \mu_j, \Sigma_j\right)} \end{aligned} \tag{7.34}$$

这样，像素 p 就可以被划入使得 $\gamma(z_k \mid l'(p))$ 最大的 k 对应的类。在对图像进行场景分割后，再对图像进行照度调整。对场景分割后的每一个场景集合 P_m，计算场景的几何平均照度 $G(l|P_m)$：

$$G\left(l \mid P_m\right) = \exp\left(\frac{1}{|P_m|} \sum_{p \in P_m} \log(\max(l(p), \epsilon))\right) \tag{7.35}$$

其中，ϵ 是为了防止 $l'(p) = 0$ 时函数无定义而设置的极小常数值。随后，计算缩放比例系数 $\alpha_m = \dfrac{0.18}{G\left(l'_n \mid P_m\right)}$。则图像照度调整可以表示为 $l''_m(p) = \alpha_m l'_n(p)$。其中，$n$ 是从图像的明度集合 $\{l'_n(p)\}$ 中选取的参考图像，其选取方式为

$$n = \psi(m) = \arg\min\left(0.18 - G\left(l'_j \mid P_m\right)\right)^2 \tag{7.36}$$

　　随后，再从明度调整的结果中获取调整后的图像：

$$\hat{x}_m(p) = \frac{\hat{l}_m(p)}{l_{\psi(m)}(p)} x_{\psi(m)}(p) \tag{7.37}$$

这样就得到了 m 张经过明度调整的图像, 对于每个分割场景, 都有一张关注这一区域的明度调整图像。注意到此时经过明度调整的明度值往往会超出常用图像格式的精度范围, 就会造成损失, 因此还需要通过色调映射操作将调整后的亮度值映射到 $[0,1]$ 上。该方法使用了莱因哈德全局算子（Reinhard's Global Operator）[47] 来实现色调映射。在图像融合阶段, $\mathcal{F}$ 采用了文献 [48] 和 [49] 的策略。实验证明, 该方法很好地融合了不同曝光度的图像中的细节, 改善了图像的质量。

7.3.5　小结

本小节相比于 7.1 节和 7.2 节, 使用了高语义的图像先验信息, 即图像的语义分割信息。因为自然图像中的语义区域通常都是连续的, 所以即便是原图有所缺失, 往往能够预测出相对准确的语义图。图像的语义图可以对图像未知区域的生成起到约束作用, 从而提高低语义任务的处理效果。

7.4　图像理解与图像增强和复原

图像增强和图像复原对于日常中的应用有着很重要的意义。在夜间、雨雾天气场景下, 或是由受干扰、受限摄像设备拍摄的图像如果要进一步进行高语义的视觉任务, 就首先需要进行图像增强和图像复原。一些方法会分别先进行增强或恢复任务让图像符合人类视觉要求再进行高语义任务, 另一些方法选择联合学习这两种任务。

图像复原算法是面向退化模型的, 往往针对退化的特点进行处理从而恢复出原图像, 如图像去模糊、去噪等, 这类任务通常有一个清楚的目标, 是一个客观的过程。而图像增强技术往往是一个主观的过程, 是根据人类的审美来设计改善图像的方法, 如低光照增强、多曝光融合等。

传统的图像增强方法主要包括空间域方法、频域方法、Retinex 方法等。空间域方法指的是直接对图像的像素进行处理的一系列方法, 如以直方图均衡化思想为核心的一系列方法。朴素的直方图均衡化方法通过将原始图像每个通道的直方图变换为在整个灰度范围的均匀分布来改善图像的观感。作为一种图像增强的经典方法, 直方图均衡化方法经过几十年的发展, 形成了一系列改进算法。

自适应直方图均衡化（Adaptive Histogram Equalization, AHE）方法 [50] 将直方图均衡化处理的范围从整张图像变成局部图像, 随后引入插值方法来消除对图像局部处理导致的边缘过渡不平衡; 对比度有限的自适应直方图均衡（Contrast Limited Adaptive Histogram Equalization, CLAHE）方法 [51] 则考虑到 AHE 方法在一些情况下会放大图像的噪声, 带来失真, 通过预先定义的阈值对直方图进行裁剪来限制直方图放大的幅度, 从而在 AHE 的基础上进一步提升图像增强的效果；亮度保持双直方图均衡化（Brightness Preserving Bi-Histogram Equalization，BBHE）方法 [52] 则首先利用图像亮度均值为阈值分割图像，然后对两张分割后的图像分别进行直方图均衡化，以期在增强图像的对比度和观感的同时保持输入图像的平均亮度。

Retinex 方法建立在 Retinex 假设 [53] 下，考虑消除原始图像中照度分量对图像的影响。多尺度 Retinex（Multi-Scale Retinex，MSR）方法 [54] 首先对原始图像进行不同尺度的高斯模糊，再将不同尺度的结果进行加权平均。带色彩恢复的多尺度 Retinex（Multi-Scale Retinex with Color Restore，MSRCR）方法则在 MSR 方法的基础上加入了色彩恢复因子来调节由图像局部区域对比度增强而导致颜色失真的缺陷。

频域方法指的是将图像转化为频域空间表示，再对频域空间的表示进行处理，如小波变换方法。小波变换方法主要是通过小波变换将图像信号分解为不同的子带：图像中的大部分噪声以及一些边缘细节属于高频子带，而图像的低频子带表征了图像的近似信号。因此可以考虑在低频信号的图像上进行图像增强，在高频部分做降噪，再将处理后的图像合并。

除此之外，图像融合方法也往往作为图像增强的方法，如多曝光图像融合方法通过融合同一位置拍摄的多张不同曝光强度的照片来改善图像各个区域的视觉效果，从而实现图像增强。

近年来，深度学习方法也被广泛地应用在图像增强问题中，如 WESPE [55]、CDDIE [56]、HDRNet [57] 等。

7.4.1　图像增强结合目标检测

如前面所述，目标检测的任务是从图像中找出感兴趣的物体的位置，同时对物体进行分类。目前，图像目标检测的主流方法是深度学习方法，如 YOLO [58]、CornerNet [59]、Faster R-CNN [60]、Cascade RCNN [61] 等。

设图像为 I，感兴趣的物体一共有 C 类，定义一个目标框为五元组 $f = (x_l, y_l, x_r, y_r, t), x_l \leqslant x_r, y_l \leqslant y_r, 1 \leqslant t \leqslant C$，其中 (x_l, y_l) 是目标框左上角的点，(x_r, y_r) 是目标框右下角的点，t 是目标所属分类对应的标签。可以看出，这个五元组既要表示图像中目标的大小、位置，也要表示出目标的类别。图像目标检测任务就是要从 I 中找出一个集合 $S = \{f_1, f_2, \cdots, f_n\}$，其中 $f_1, f_2, \cdots, f_n$ 是图像中的 n 个目标框五元组。

从人类视觉的角度出发，经过增强处理的图像自然比原始图像更容易让人观察到图像中的物体。由此我们可以考虑在目标检测方法中应用图像增强方法作为预处理，对机器视觉而言，用图像增强方法对图像进行预处理同样有提升处理效果的潜力。事实上，图像增强方法已经被应用于目标检测问题的一系列细分领域中。在本章介绍的这些多语义方法中，图像增强与目标检测的结合可以说是应用最为广泛的一种多语义方法。

近年来，以直方图均衡化为核心的图像增强预处理方法在目标检测任务中应用广泛，例如，在农业自动化领域，文献 [62] 提出可以用直方图均衡化方法预处理图像，然后用 YOLO V3 方法识别图像中的水果并对其进行计数。文献 [63] 提出首先通过卷积网络对图像进行去雾，然后使用 CLAHE 方法进一步增强图像。在图像增强处理完成后，该文献利用 YOLO V3 模型对图像增强前后的图像进行检测，通过对比说明，经过图像增强预处理后目标检测的效果得到明显改善。

Retinex 方法也作为目标检测任务的一类预处理方法受到了学术界的关注，尤其是在低光照环境下，基于 Retinex 理论的一系列方法往往能很好地增强图片的质量。由于水下环境的光照情况复杂多样，水下成像的质量往往是很差的。这给水下目标检测任务带来了巨大的挑战。文献 [64] 提出可以首先使用 MSRCR 方法改善图像的质量，然后使用 Mask R-CNN 模型进行目标检测，改善了目标检测的效果。文献 [65] 则专注于水下鱼类目标的检测，该方法同样利用了 MSRCR 方法对图像进行预处理，再利用 Faster R-CNN 模型进行目标检测。雨雪天气下，人类对视野中的障碍物、人和车辆的识别能力明显降低，这一现象对机器视觉的影响也是十分严重的。文献 [66] 将 MSRCR 算法应用于雨雪天气下人车目标的检测：该文献利用 MSRCR 方法先改善雨雪环境下图像的质量，再通过 YOLO V3 模型对图像中的人和车进行检测。

暗通道去雾方法是一种建立在暗通道先验（Dark Channel Prior）假设基础上的去雾方法 [67]。此前提出的一种交通标志检测方法 [68] 中首先通过暗通道假设算法移除图像中雾、霾、沙尘的影响，然后利用交通标志的几何特征，联合椭圆检测、方向梯度直方图等方法实现目标位置的检测，然后通过支持向量机来得到目标的类型，从而实现目标识别任务。

基于深度学习的一系列图像增强方法与图像目标检测的结合也是近年来的一大热门。一方面，基于深度学习的图像增强算法普遍具有比较好的效果，另一方面，由于目前人们普遍使用深度学习方法来实现目标检测，基于深度学习的一系列图像增强预处理方法可以很容易地与目标检测模块集成到一起。文献 [69] 提出将 AOD-Net 去雾法与 SSD 目标检测算法相结合，实现了雾天城市交通环境下的车辆和行人检测。红外图像中的目标检测在交通监控、应急救灾等领域具有巨大的应用潜力。文献 [70] 提出首先利用 BASNet 模型从红外图像中提取显著图，然后以显著图作为参照在 RGB 三个通道上融合以增强图像，最后使用 YOLO V3 模型执行目标检测任务。

7.4.2 图像增强结合语义分割

在前面内容中我们讨论了图像增强对其他数字图像处理任务的作用，经过图像增强处理的图像具有更容易被深度网络处理的潜力。很自然地，人们开始思考其他高层语义信息对提升图像增强的效果是否有帮助。在7.3.4节，我们讨论过场景分割对多曝光图像融合效果的提升。可以说，多曝光图像融合任务的目标和评价方法与图像增强是类似的。因此，图像的语义分割信息这一高层语义也可能具有改善图像增强效果的潜力。

此前提出的一种利用语义分割信息提升低光照图像增强效果的模型[71]认为图像中的语义分割结果可以为低光照图像增强问题提供丰富的信息，例如，如果噪声出现在图像的天空部分，就可以很容易地利用周围像素的信息将它消去，而不影响图像的视觉效果。如果可以预先获取图像的分割信息，就可以更好地根据图像不同区域的物体性质，利用最适合的方式来修复图像。由于不同的物体有着不同的材质与反射率，同一张图像内的不同区域可能需要不同程度的调整，以户外的街道为例，这一场景可以分成天空、地面和前景对象三部分。这三个区域在透视和反射属性上通常是不同的：图像的天空部分往往看上去更加平滑，其他的前景物体通常比地面更亮且往往包含更丰富的细节。

该模型提出通过引入语义分割信息来改善图像增强的效果，可以分成三个阶段：信息提取、反射增强、光照调整。这个模型由四个子模型组成：SegNet、DecompNet、ReflectNet、RelightNet。记原始图像为 I_L，SegNet 是语义分割网络，它输出分割图 S_L。该模型用 DecompNet 网络从图像中分解反射分量 R_L 和光照分量 L_L。ReflectNet 网络输入反射分量 R_L 和分割图 S_L，通过语义分割信息改善反射分量的质量。而 RelightNet 则参考 ReflectNet 输出的 $\tilde{R}_L$，调整光照分量 L_L。在这些处理工作完成后，模型将改善的反射分量 $\tilde{R}_L$ 和光照分量 $\tilde{L}_L$ 重新组合，得到处理结果。图7.18是该方法的结构示意图。

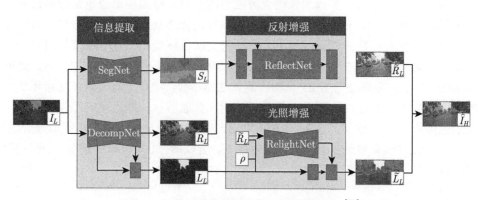

图 7.18　结合图像增强的语义分割示意图 [71]

低光增强的第一步是信息提取。该模型估计了三种特征：反射率 R，照明度 L，语义分割信息 S。前两者是通过深度 Retinex 分解过程获得的，而最后一个是通过语义分割网络获得的。在 Retinex 假设 [53] 中，原始图像 I_L 可以被分解为反射分量 R_L 和光照分量 L_L，可以表示为 $I_L = R_L \circ L_L$，显然这样的分解方式并不是唯一的。如果一个问题的解唯一存在，且解随着起始条件连续地改变，就称该问题是适定性问题。然而通过传统方法实现的这一分解往往是非适定性（ill-posed）的。由于同一物体在不同的环境光下的观感往往是不同的，该方法假设低光照图像 I_L 及其对应的正常光图像 I_H 在其反射层上具有一致的结构。DecompNet 是用于分解图像的网络。这个有监督网络的是通过成对的弱光和正常光图像训练的。网络的损失包括互平滑度损失、重建损失和光照平滑度损失。

随后要执行语义分割。在这一步中，SegNet 从输入的微光图像 I_L 中估计语义分割信息 S_L。SegNet 模型采用了 U-Net [72] 的结构。记 I_L 和 I_H 的语义分割结果为 S_L 和 S_H，正确的分割结果为 S_{GT}。则 SegNet 训练的目标函数可以表示为 $\mathcal{L}_{\text{seg}} = \lambda_{\text{seg}}^H \mathcal{L}_{\text{seg}}^H + \lambda_{\text{seg}}^L \mathcal{L}_{\text{seg}}^L + \lambda_1 \mathcal{L}_1$。其中，$\mathcal{L}_{\text{seg}}^H$、$\mathcal{L}_{\text{seg}}^L$ 分别表示 S_H 与 S_{GT} 的交叉熵损失、S_L 与 S_{GT} 的交叉熵损失，即 $\mathcal{L}_{\text{seg}}^H = \text{CE}(S_H, S_{GT})$、$\mathcal{L}_{\text{seg}}^L = \text{CE}(S_L, S_{GT})$。考虑到无论低光照还是正常光照环境下，拍摄对象的语义分割结果应该是相同的，因此将给低光照与正常光照下的分割结果加上一致性约束 $\mathcal{L}_1 = \|S_H - S_L\|_1$。其中，$\lambda_{\text{seg}}^H$、$\lambda_{\text{seg}}^L$、$\lambda_1$ 是调整损失项之间权重的参数。

该方法的第二个阶段是反射增强阶段。在上一步通过 DecompNet 分解之后，低光照图像 I_L 被分解为 R_L 和 L_L。这里 R_L 的分解往往会受到强噪声和颜色偏差的影响，并不是完全准确的。在这一阶段中，反射增强子网 ReflectNet 借助语义信息来提升 R_L 的质量。这一网络堆砌了多个残差中残差（Residual in Residual，RIR）[73] 块。为了进一步提升 ReflectNet 的像素调整能力，网络前后之间还添加了一些基于串接和基于加法的跳过连接，这有利于噪声抑制和色彩校正。此外，为了引入语义信息，该方法还提出一种特殊的残差中残差块，称为语义残差中残差（Sematic Residua in Residual，SRIR）模块。在 SRIR 块中，语义信息 S_L 经过多个卷积层处理后得到 α 和 β。R_L 的特征首先与 β 相乘，然后与 α 相加。ReflectNet 是使用正常光照下提取的反射 R_H 来引导的。它的目标函数主要包括均方误差（MSE）、结构相似度指数（SSIM）以及梯度损失三部分，即 $\mathcal{L}_R = \text{MSE}(\tilde{R}_L, R_H) + \lambda_R^S \text{SSIM}(\tilde{R}_L, R_H) + \lambda_R^G \text{Grad}(\tilde{R}_L, R_H)$，其中，$\tilde{R}_L$ 是经过 ReflectNet 得到的反射图，而 λ_R^S、λ_R^G 是调整损失项之间权重的参数。

最后一个阶段是光照调整阶段。通过 DecompNet 分解得到的 L_L 受到低光照影响，一些细节往往并不明显。为了调整 L_L，该方法还使用了 RelightNet，使用上一步得到的 $\tilde{R}_L$ 和增强比例 ρ 来纠正光照的分布，从而改善 L_L 分量的质量，这样相当于间接地引入了图像的语义分割信息。首先通过一个 U-Net 结构从 $\tilde{R}_L$

中提取特征，然后结合这些特征获取改善的光照分量 $\widetilde{L}_L$。与 ReflectNet 的做法类似，使用正常光照下分解得到的光照分量 I_H 来引导网络的训练。这个网络的目标函数可以表示为

$$\mathcal{L}_{\mathrm{RE}} = \mathrm{MSE}(\hat{I}_H, I_H) + \lambda_L^S \mathrm{SSIM}(\hat{I}_H, I_H) + \lambda_L^G \mathrm{Grad}(\hat{I}_H, I_H) + \lambda_L^\rho \mathcal{L}_\rho \qquad (7.38)$$

其中，$\mathcal{L}_\rho = |\rho I_L - \widetilde{L}_L \times \widetilde{R}_L|$；$\lambda_L^S$、$\lambda_L^G$、$\lambda_L^\rho$ 是调整损失项之间权重的参数。在这些阶段结束之后，按照 Retinex 理论，就可以通过 $\widetilde{I}_L = \widetilde{R}_L \circ \widetilde{L}_L$ 得到改善的图像。经过实验可以证明，语义分割信息提升了图像增强的效果。

7.4.3　图像去噪与图像理解

如前面所述，图像去噪属于图像恢复的范畴，它的通常目标是从一张有噪声的观测 y 中恢复一张清晰图像 x，噪声观测 y 遵循图像退化模型 $y = x + v$，一个通常的假设是 v 是标准差为 σ 的加性高斯白噪声。从贝叶斯学派的观点来说，当似然已知时，图像先验模型将会在图像去噪中扮演一个重要角色。在过去的几十年中，出现了很多对图像先验的建模模型，如非局部的自相似模型（NSS）、稀疏模型、梯度模型和马尔可夫随机场模型。特别地，NSS 模型在 SOTA 方法中很流行，如 BM3D、LSSC、NCSR 和 WNNM 等。

图像去噪在工业、医学和航天图像等领域有着非常广泛的应用。在早期多是分别先使用通用的去噪方法对图像进行去噪，再进行分割和检测等高语义任务，而我们希望能够利用反向传播联合学习去噪和高语义任务，从而在维持较高的去噪质量的同时还能够满足高语义任务的需要，当然从理论上来讲，因为缺少直接的监督，这种联合学习的收益并没有直接使用监督的图像增强方法高。

使用这种思路的有文献 [74]，这一方法中的去噪网络使用了类 U-Net 和残差学习的结构，首先在无噪声数据上预训练高语义视觉任务的网络，然后以端到端的方式训练两个部分的级联网络，并对高语义视觉任务固定网络权重。对于高语义视觉任务，只有去噪网络中的权重由后续网络传播的误差进行更新，这也类似于感知损失的工作。而采用这种训练策略的目的是使训练后的去噪网络具有足够的鲁棒性，同时又不丧失对各种高级视觉任务的通用性。具体而言，这一模式中为某一高语义视觉任务训练的去噪模块可以直接插入到其他高语义任务的网络，而无须对去噪器或高语义的网络进行微调。这一方法将去噪器应用到不同的高语义任务时有很好的泛化性能，同时还可以保持高级视觉网络对噪声和无噪声图像的一致性，而且使得去噪网络能够产生高质量的感知并保持语义的结果。

7.4.4 图像分类驱动的图像增强

由于图像增强任务一般不存在作为基准的参考图像，因此，许多图像增强任务都是以无监督的方式进行的。在一些图像增强任务，如多曝光融合任务中，有时人们为了降低任务的难度，会通过人工挑选和人工调整的方法来得到符合人类审美的、没有明显失真的参考图像。这一过程需要大量的人力、物力，无论从时间上还是经济上都有比较大的开销。此外，人类的干预还会带来一个严重的问题：人类视觉对图像质量的评分与机器视觉对图像进行进一步处理的需求未必是一致的。因此，引入人类干预的图像增强模型未必可以获取到最适合后续视觉任务中网络模型的增强图像。

作为一种有监督的任务，图像分类模型的训练通常并不需要人的干预。因而，我们可以考虑训练一个图像分类模型，并把图像分类的结果作为对图像增强的评价和反馈，以期得到更适合后续网络模型进行处理的增强结果。

使用这一思路的方法有 CDDIE[56]。这一方法提出了一个统一的 CNN 架构，它使用了一系列增强滤波器，可以通过端到端的动态滤波器学习来增强特定于图像的细节。整个训练的过程分为两个阶段：第一个阶段是图像增强阶段，使用该方法设计的网络进行图像增强；第二个阶段是图像分类，用 AlexNet、GoogLeNet、VGG 等分类模型对增强后的图片进行分类。在这个模型中，图像分类的效果作为评价图像增强效果的手段。图7.19是该模型的结构示意图。

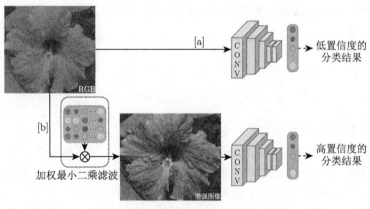

图 7.19 图像分类驱动的图像增强模型结构示意图 [56]

CDDIE 方法并没有关注图像增强网络得到的图像的视觉效果，而是希望这一方法可以更好地改善下游图像处理任务的效果，因此，其总体目标不再是图像的质量，而是处理后的图像的分类结果。对一张输入的 RGB 图像 I，首先将这一图像转换到亮度-色度 YCbCr 色彩空间中。CDDIE 方法是在亮度分量上进行操作的，这使得学习到的滤波器可以在不影响颜色的情况下改善图像的整体色调特性和清晰度。在这之后，通过图像增强方法 $E: Y \rightarrow T$ 对亮度图像 $Y \in \mathbb{R}^{h \times w}$ 进行卷积，得到增强的目标输出 $T \in \mathbb{R}^{h \times w}$，其中 h 和 w 分别表示图像输入 Y 的高度与宽度。

第一个阶段是图像增强阶段。该方法使用一个由卷积层和全连接层组成的网络实现图像增强，称为 EnhanceNet。EnhanceNet 以光照通道的图像 Y 作为输入，它的输出是一系列滤波器 $f_\theta, \theta \in \mathbb{R}^{s \times s \times n}$，其中 θ 是这个图像增强网络动态生成的一系列滤波器的参数，s 是滤波器的尺寸，n 是滤波器的数量。可以说，EnhanceNet 的作用就是将输入映射成一些滤波器的参数。这些滤波器被应用于输出图像 $Y(i,j)$ 的每一个位置 (i,j) 上，来预测输出图像 $Y' = f_\theta(Y(i,j)) \in \mathbb{R}^{h \times w}$。为了生成增强滤波器参数 θ，这里使用了目标图像 T 和网络的预测输出图像 Y 之间的均方误差来训练网络。由于滤波器的参数是作为 EnhanceNet 的输出获得的，因此对于不同的样本，输出的滤波器也是不同的。在 EnhanceNet 处理完成后，色度通道的图像与亮度通道的图像重新合并，并转换为 RGB 图像 I'。

第二个阶段是图像分类阶段。在第一阶段中获得的增强图像 I' 作为这一阶段分类网络 ClassNet 的输入。这个阶段使用一些经典的图像分类模型对图像进行分类。

两个阶段的任务有两个不同的目标函数：MSE 损失是增强阶段的目标函数，而在分类阶段采用的是 Softmax 损失。因此，要实现端到端学习，就要联合训练 ClassNet 和 EnhanceNet。整个流程的损失函数就可以写为

$$\mathcal{L}_{\text{Filters}} = \text{MSE}(T, Y') + \mathcal{L}(P, y)$$
$$P_q = \frac{\exp(a_q)}{\sum_{r=1}^{C} \exp(a_r)}, \mathcal{L}(P, y) = -\sum_{q=1}^{C} y_q \log(P_q) \quad (7.39)$$

其中，a 是 ClassNet 网络最后的全连接层的输出；y 是图像 I 的正确类标签组成的向量；C 是类的数量。通过这样的设计，CDDIE 实现了端到端的学习。

进一步地，该方法还提出可以通过多个增强网络同时学习多个滤波器，然后利用一个分类网络执行图像分类任务。考虑到增强网络也可能学习到使图像分类降低的滤波器，在多个滤波器的 CDDIE 中，把原始图像也作为增强网络的一个输出，这也就相当于学习了一个恒等滤波器，使得网络生成的图像跟输入的图像相同。这样，如果增强网络没有学习到提升分类性能的滤波器，也有退化成对原图进行分类的潜能。设使用了 K 个增强网络，则此时的损失函数就可以写为

$$\mathcal{L}_{\text{Dyn}} = \sum_{k=1}^{K} \text{MSE}_k(T_k, Y'_k) + \sum_{k=1}^{K+1} W_k \mathcal{L}_k(P, y) \quad (7.40)$$

其中，$T_1, T_2, \cdots, T_k$ 是增强网络的一系列目标输出；$Y_1', Y_2', \cdots, Y_k'$ 是增强网络的实际输出；$W_1, W_2, \cdots, W_{k+1}$ 是各个滤波器结果的权重。

为了计算权重 W_i，首先，令 $W_k = \text{MSE}_k / \sum\limits_{m=1}^{K+1} \text{MSE}_m$，随后对 W 进行归一化：$W_i = W_i - \max(W)/(\min(W) - \max(W))$。注意到此时由于引入了恒等滤波器，所以上式中 $\min(W)$ 会等于 0。为了不给出 0 权重，记 nonzero-$\min(W)$ 为向量中非 0 元素的最小值，对每一个 $W_i, i = 1, 2, \cdots, K+1$，令 $W_i = W_i -$ nonzero-$\min(W)/2$。在这之后，令 $W_d = W_d + $ nonzero-$\min(W)$，其中，$d = \arg\min(W)$。最后，令 $W_i = W_i / \sum\limits_{m=1}^{K+1}$ 对权重再进行一次缩放。通过这样计算，误差越小的滤波器有着越大的权重。

实验结果表明，多个增强网络联合的 CDDIE 方法能够改善实验的效果，这说明图像分类语义可以改善图像增强的效果。

7.4.5　小结

在本小节中，我们进一步地引入图像增强方法和高语义的目标检测、语义分割和图像分类等任务相结合的思路，因为我们常常希望图像增强或复原任务是没有参照的，例如，通过图像自身的结构、噪声的性质来得到相对清晰的图像。而在本小节，我们认识到高语义的任务还能够用来引导低语义的图像增强方法，此外，我们还可以探讨是否能够只使用对单张图像的重建和预训练的高语义模型来生成清晰的图像。

参 考 文 献

[1] Martin D, Fowlkes C, Tal D, et al. A database of human segmented natural images and its application to evaluating segmentation algorithms and measuring ecological statistics. IEEE International Conference on Computer Vision, Vancouver, 2001: 416–423.

[2] Dollár P, Zitnick C L. Fast edge detection using structured forests. IEEE Transactions on Pattern Analysis and Machine Intelligence, 2014, 37(8): 1558–1570.

[3] Bertasius G, Shi J, Torresani L. DeepEdge: A multi-scale bifurcated deep network for top-down contour detection. IEEE Computer Vision and Pattern Recognition, Boston, 2015: 4380–4389.

[4] Xie S, Tu Z. Holistically-nested edge detection. International Conference on Computer Vision, Santiago, 2015: 1395–1403.

[5] Zhang L, Ji Y, Lin X, et al. Style transfer for anime sketches with enhanced residual u-net and auxiliary classifier GAN. Asian Conference on Pattern Recognition, Nanjing, 2017: 506–511.

[6]   Zhang L, Li C, Wong T T, et al. Two-stage sketch colorization. ACM Transactions on Graphics, 2018, 37(6): 1–14.

[7]   Ci Y, Ma X, Wang Z, et al. User-guided deep anime line art colorization with conditional adversarial networks. ACM Multimedia Conference on Multimedia Conference, Seoul, 2018: 1536–1544.

[8]   Isola P, Zhu J Y, Zhou T, et al. Image-to-image translation with conditional adversarial networks. IEEE Computer Vision and Pattern Recognition, Honolulu, 2017: 1125–1134.

[9]   Goodfellow I J, Pouget-Abadie J, Mirza M, et al. Generative adversarial networks. Neural Information Processing Systems Conference, Montreal, 2014.

[10] Nazeri K, Ng E, Joseph T, et al. EdgeConnect: Generative image inpainting with adversarial edge learning. arXiv preprint arXiv:1901.00212, 2019.

[11] Shao H, Wang Y, Fu Y, et al. Generative image inpainting via edge structure and color aware fusion. Signal Processing: Image Communication, 2020, 87: 115929.

[12] Johnson J, Alahi A, Li F F. Perceptual losses for real-time style transfer and super-resolution. European Conference on Computer Vision, Amsterdam, 2016: 694–711.

[13] Barnes C, Shechtman E, Finkelstein A, et al. PatchMatch: A randomized correspondence algorithm for structural image editing. ACM Transactions on Graphics, 2009, 28(3): 24.

[14] Dong C, Loy C C, He K, et al. Learning a deep convolutional network for image super-resolution. European Conference on Computer Vision, Zurich, 2014: 184–199.

[15] Dong C, Loy C C, Tang X. Accelerating the super-resolution convolutional neural network. European Conference on Computer Vision, Amsterdam, 2016: 391–407.

[16] Xie J, Feris R S, Sun M T. Edge-guided single depth image super resolution. IEEE Transactions on Image Processing, 2015, 25(1): 428–438.

[17] Ma C, Rao Y, Cheng Y, et al. Structure-preserving super resolution with gradient guidance. IEEE Conference on Computer Vision and Pattern Recognition, Seattle, 2020: 7769–7778.

[18] Gilboa G, Sochen N, Zeevi Y Y. Image enhancement and denoising by complex diffusion processes. IEEE Transactions on Pattern Analysis and Machine Intelligence, 2004, 26(8): 1020–1036.

[19] Li X, Li X, Zhang L, et al. Improving semantic segmentation via decoupled body and edge supervision. European Conference on Computer Vision, Glasgow, 2020.

[20] Zhen M, Wang J, Zhou L, et al. Joint semantic segmentation and boundary detection using iterative pyramid contexts. IEEE Conference on Computer Vision and Pattern Recognition, Seattle, 2020: 13666–13675.

[21] Chen L, Wu W, Fu C, et al. Weakly supervised semantic segmentation with boundary exploration. European Conference on Computer Vision, Glasgow, 2020: 347–362.

[22] Dosovitskiy A, Fischer P, Ilg E, et al. FlowNet: Learning optical flow with convolutional networks. International Conference on Computer Vision, Santiago, 2015: 2758–2766.

[23] Zhu X, Xiong Y, Dai J, et al. Deep feature flow for video recognition. IEEE Conference on Computer Vision and Pattern Recognition, Honolulu, 2017: 2349–2358.

[24] Zhu Y, Sapra K, Reda F A, et al. Improving semantic segmentation via video propagation and label relaxation. IEEE Conference on Computer Vision and Pattern Recognition, Long Beach, 2019: 8856–8865.

[25] Khoreva A, Benenson R, Hosang J, et al. Simple does it: Weakly supervised instance and semantic segmentation. IEEE Conference on Computer Vision and Pattern Recognition, Honolulu, 2017: 876–885.

[26] Wei Y, Feng J, Liang X, et al. Object region mining with adversarial erasing: A simple classification to semantic segmentation approach. IEEE Conference on Computer Vision and Pattern Recognition, Honolulu, 2017: 1568–1576.

[27] Lin D, Dai J, Jia J, et al. ScribbleSup: Scribble-supervised convolutional networks for semantic segmentation. IEEE Conference on Computer Vision and Pattern Recognition, Las Vegas, 2016: 3159–3167.

[28] Huang Z, Wang X, Wang J, et al. Weakly-supervised semantic segmentation network with deep seeded region growing. IEEE Conference on Computer Vision and Pattern Recognition, Salt Lake City, 2018: 7014–7023.

[29] Ahn J, Cho S, Kwak S. Weakly supervised learning of instance segmentation with inter-pixel relations. IEEE Conference on Computer Vision and Pattern Recognition, Long Beach, 2019: 2209–2218.

[30] Krähenbühl P, Koltun V. Efficient inference in fully connected CRFs with Gaussian edge potentials. arXiv preprint arXiv:1210.5644, 2012.

[31] Zhu F, Liang Z, Jia X, et al. A benchmark for edge-preserving image smoothing. IEEE Transactions on Image Processing, 2019, 28(7): 3556–3570.

[32] Xu L, Lu C, Xu Y, et al. Image smoothing via L_0 gradient minimization. SIGGRAPH Conference and Exhibition on Computer Graphics and Interactive Techniques in Asia, Hong Kong, 2011: 1–12.

[33] Fan Q, Yang J, Hua G, et al. A generic deep architecture for single image reflection removal and image smoothing. International Conference on Computer Vision, Venice, 2017: 3238–3247.

[34] Ren Y, Yu X, Zhang R, et al. StructureFlow: Image inpainting via structure-aware appearance flow. International Conference on Computer Vision, Seoul, 2019: 181–190.

[35] Zhou T, Tulsiani S, Sun W, et al. View synthesis by appearance flow. European Conference on Computer Vision, Amsterdam, 2016: 286–301.

[36] Song Y, Yang C, Shen Y, et al. SPG-Net: Segmentation prediction and guidance network for image inpainting. arXiv preprint arXiv:1805.03356, 2018.

[37] Iizuka S, Simo-Serra E, Ishikawa H. Globally and locally consistent image completion. ACM Transactions on Graphics, 2017, 36(4): 1–14.

[38] Wang L, Li D, Zhu Y, et al. Dual super-resolution learning for semantic segmentation. IEEE Conference on Computer Vision and Pattern Recognition, Seattle, 2020: 3774–3783.

[39] Avidan S, Shamir A. Seam carving for content-aware image resizing. SIGGRAPH Conference and Exhibition on Computer Graphics and Interactive Techniques, San Diego, 2007: 10.

[40] Yan B, Li K, Yang X, et al. Seam searching-based pixel fusion for image retargeting. IEEE Transactions on Circuits and Systems for Video Technology, 2014, 25(1): 15–23.

[41] Panozzo D, Weber O, Sorkine O. Robust image retargeting via axis-aligned deformation. Computer Graphics Forum, 2012, 31(2): 229–236.

[42] Yan B, Niu X, Bare B, et al. Semantic segmentation guided pixel fusion for image retargeting. IEEE Transactions on Multimedia, 2019, 22(3): 676–687.

[43] Itti L, Koch C, Niebur E. A model of saliency-based visual attention for rapid scene analysis. IEEE Transactions on Pattern Analysis and Machine Intelligence, 1998, 20(11): 1254–1259.

[44] Yen T C, Tsai C M, Lin C W. Maintaining temporal coherence in video retargeting using mosaic-guided scaling. IEEE Transactions on Image Processing, 2011, 20(8): 2339–2351.

[45] Kinoshita Y, Kiya H. Scene segmentation-based luminance adjustment for multi-exposure image fusion. IEEE Transactions on Image Processing, 2019, 28(8): 4101–4116.

[46] Huo Y, Yang F, Brost V. Dodging and burning inspired inverse tone mapping algorithm. Journal of Computational Information Systems, 2013, 9(9): 3461–3468.

[47] Reinhard E, Stark M, Shirley P, et al. Photographic tone reproduction for digital images. ACM Conference on Computer Graphics and Interactive Techniques on Graphics, San Antonio, 2002: 267–276.

[48] Mertens T, Kautz J, Reeth F V. Exposure fusion: A simple and practical alternative to high dynamic range photography. Computer Graphics Forum, 2009, 28(1): 161–171.

[49] Nejati M, Karimi M, Soroushmehr S R, et al. Fast exposure fusion using exposedness function. International Conference on Image Processing, Beijing, 2017: 2234–2238.

[50] Pizer S M, Amburn E P, Austin J D, et al. Adaptive histogram equalization and its variations. Computer Vision, Graphics, and Image Processing, 1987, 39(3): 355–368.

[51] Pizer S M, Johnston R E, Ericksen J P, et al. Contrast-limited adaptive histogram equalization: Speed and effectiveness. International Conference on Visualization in Biomedical Computing, Atlanta, 1990: 337–338.

[52] Moniruzzaman M, Shafuzzaman M, Hossain M F. Brightness preserving bi-histogram equalization using edge pixels information. International Conference on Electrical Information and Communication Technology, Khulna, 2014: 1–5.

[53] Land E H. The retinex. American Scientist, 1964, 52(2): 247–264.

[54] Rahman Z U, Jobson D J, Woodell G A. Multi-scale retinex for color image enhancement. International Conference on Image Processing, Lausanne, 1996: 1003–1006.

[55] Ignatov A, Kobyshev N, Timofte R, et al. WESPE: Weakly supervised photo enhancer for digital cameras. IEEE Conference on Computer Vision and Pattern Recognition Workshops, Salt Lake City, 2018: 691–700.

[56] Sharma V, Diba A, Neven D, et al. Classification-driven dynamic image enhancement. IEEE Conference on Computer Vision and Pattern Recognition, Salt Lake City, 2018: 4033–4041.

[57] Gharbi M, Chen J, Barron J T, et al. Deep bilateral learning for real-time image enhancement. ACM Transactions on Graphics, 2017, 36(4): 1–12.

[58] Redmon J, Divvala S, Girshick R, et al. You only look once: Unified, real-time object detection. IEEE Conference on Computer Vision and Pattern Recognition, Las Vegas, 2016: 779–788.

[59] Law H, Deng J. CornerNet: Detecting objects as paired keypoints. European Conference on Computer Vision, Munich, 2018: 734–750.

[60] Ren S, He K, Girshick R, et al. Faster R-CNN: Towards real-time object detection with region proposal networks. arXiv preprint arXiv:1506.01497, 2015.

[61] Cai Z, Vasconcelos N. Cascade R-CNN: Delving into high quality object detection. IEEE Conference on Computer Vision and Pattern Recognition, Salt Lake City, 2018: 6154–6162.

[62] Liu X G, Fan C, Li J N, et al. Identification method of strawberry based on convolutional neural network. Transactions of the Chinese Society for Agricultural Machinery, 2020, 51(2): 237–244.

[63] Kou D, Qian M, Quan J Y, et al. Fast image dehazing algorithm based on multi-scale convolutional network. Computer Engineering and Applications, 2020, 56(20): 191–198.

[64] Song S, Zhu J, Li X, et al. Integrate MSRCR and mask R-CNN to recognize underwater creatures on small sample datasets. IEEE Access, 2020, 8: 172848–172858.

[65] Yuan H, Zhang S. Detection of underwater fish based on faster R-CNN and image enhancement. Journal of Dalian Ocean University, 2020, 35(4): 612–619.

[66] 刘洋, 姜涛, 段学鹏. 基于 YOLOv3 的复杂天气条件下人车识别方法的研究 [J]. 长春理工大学学报 (自然科学版), 2020, (6): 57-65.

[67] He K, Sun J, Tang X. Single image haze removal using dark channel prior. IEEE Transactions on Pattern Analysis and Machine Intelligence, 2010, 33(12): 2341–2353.

[68] Wang G. Research on traffic sign detection and classification algorithms. Harbin: Harbin Institute of Technology, 2013.

[69] 陈琼红, 冀杰, 种一帆, 等. 基于 AOD-Net 和 SSD 的雾天车辆和行人检测 [J]. 重庆理工大学学报：自然科学, 2021, 35(5): 108–117.

[70] Zhao X, Li M, Zhang G, et al. Object detection method based on saliency map fusion for UAV-borne thermal images. Acta Automatica Sinica, 2021, 47(9): 2120-2131.

[71] Fan M, Wang W, Yang W, et al. Integrating semantic segmentation and retinex model for low-light image enhancement. International Conference on Multimedia, Seattle, 2020: 2317–2325.

[72] Ronneberger O, Fischer P, Brox T. U-Net: Convolutional networks for biomedical image segmentation. International Conference on Medical Image Computing and Computer Assisted Intervention, Munich, 2015: 234–241.

[73] Cai J, Zuo W, Zhang L. Extreme channel prior embedded network for dynamic scene deblurring. arXiv preprint arXiv:1903.00763, 2019.

[74] Liu D, Wen B, Jiao J, et al. Connecting image denoising and high-level vision tasks via deep learning. IEEE Transactions on Image Processing, 2020, 29: 3695–3706.

彩　　图

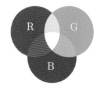

(a) RGB 颜色空间

(b) HSV 颜色空间

(c) YUV 颜色空间

(d) CMYK 颜色空间

图 1.9　图像的色彩空间

(a) 清晰图像

(b) 高斯噪声影响的图像

(c) 椒盐噪声影响的图像

图 3.1　被高斯噪声和椒盐噪声影响的图像

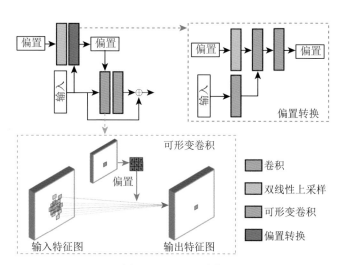

图 3.9　RSAB 结构

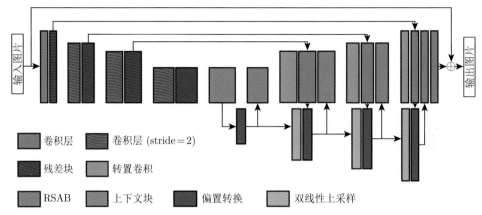

图 3.11　SADNet 网络结构

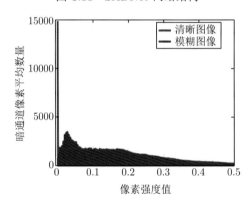

图 3.16　暗通道直方图

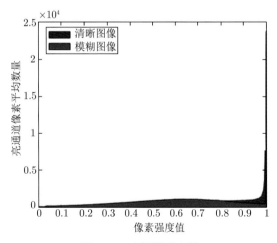

图 3.17　亮通道直方图

图 3.22 光条纹候选图像块

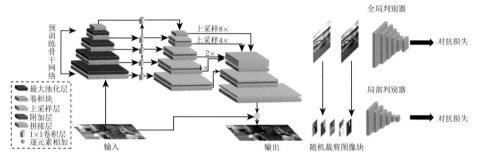

图 3.25 DeblurGAN-v2 网络结构

(a)输入图像   (b)图像去雾结果   (c)深度估计结果

图 3.27 暗通道先验去雾结果

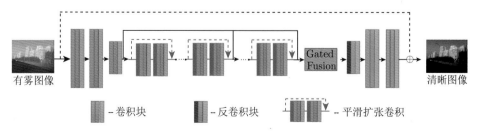

图 3.29 GCANet 结构

(a) 欠曝光图像　　　　　　　(b) 正常曝光图像　　　　　　　(c) 过曝光图像

图 4.13　不同曝光等级的图像

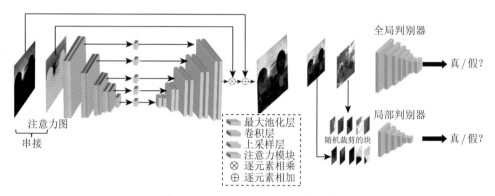

图 4.19　EnlightenGAN 网络架构

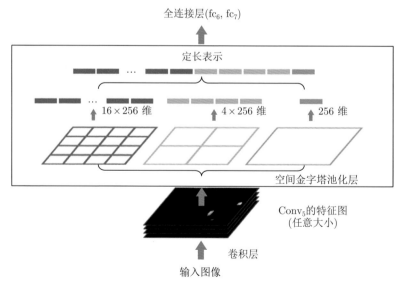

图 5.10　SPP 层的结构示意图

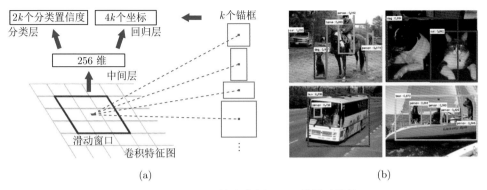

图 5.14 RPN 网络和使用 RPN 的测试结果

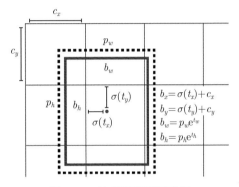

$$b_x = \sigma(t_x) + c_x$$
$$b_y = \sigma(t_y) + c_y$$
$$b_w = p_w e^{t_w}$$
$$b_h = p_h e^{t_h}$$

图 5.23 边界框预测示意图

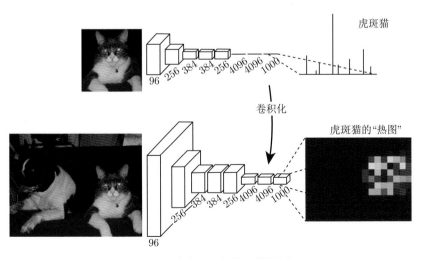

图 6.3 全卷积网络输出的热图

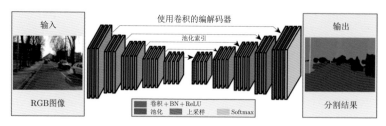

图 6.5 SegNet 网络结构图

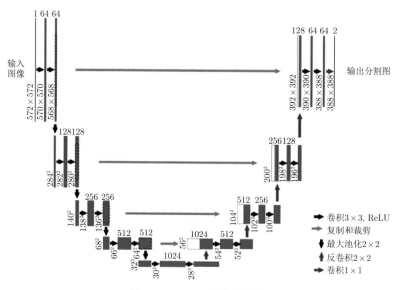

图 6.6 U-Net 网络结构图

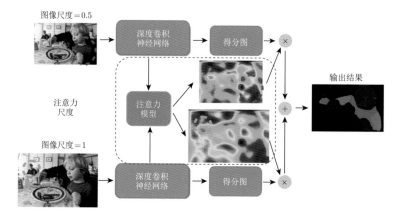

图 6.19 Attention to Scale 网络结构图

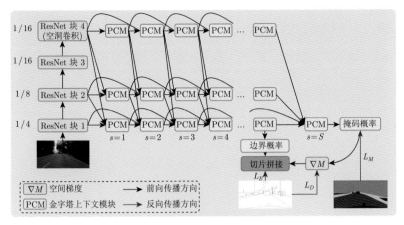

图 7.5 RPCNet 网络结构示意图

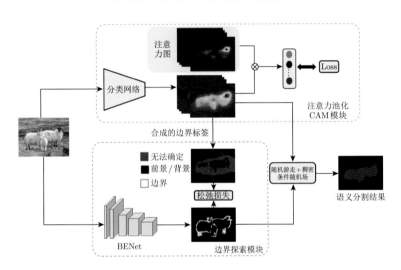

图 7.7 BES 的结构示意图

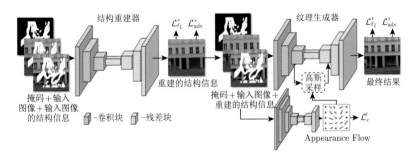

图 7.10 Structure Flow 的结构示意图

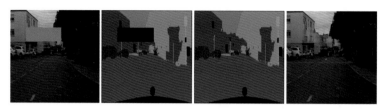

图 7.11　语义分割引导的图像补全示意图

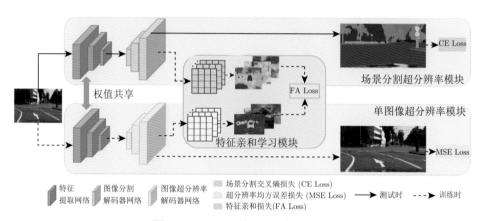

图 7.12　DSRL 的网络结构示意图

(a)　　　　　　　　　(b)　　　　　　　　　(c)

图 7.14　SSSR 模块和 SISR 模块的特征可视化示意图

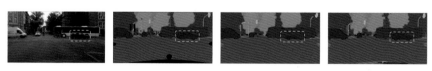

图 7.15　图像超分辨率结合语义分割的示意图